ANSYS 电池仿真与实例详解

——结构篇

张 寅 井文明 宋述军 编著

机械工业出版社

本书以 ANSYS Mechanical 为平台，以理论知识为辅，以具体软件案例操作为主，讲述了电池包结构仿真的思路以及具体实施过程，可以很好地帮助读者理解从理论知识到行业要求和标准，再到实践的具体过程。

全书共分 4 章，包括有限元仿真分析理论、电池包结构分析前处理、电池包结构强度仿真计算、电池包结构疲劳仿真计算。

本书适用于从事新能源电池行业的工程技术人员，以及工科相关专业的高年级本科生、研究生，同时可以作为学习 ANSYS 软件分析应用的相关人员的参考教材。

图书在版编目（CIP）数据

ANSYS 电池仿真与实例详解. 结构篇/张寅，井文明，宋述军编著. —北京：机械工业出版社，2021.8（2024.2 重印）

ISBN 978-7-111-68776-4

Ⅰ.①A… Ⅱ.①张… ②井… ③宋… Ⅲ.①锂离子电池—仿真—有限元分析—应用软件 ②燃料电池—仿真—有限元分析—应用软件 Ⅳ.①TM912-39 ②TM911.4-39

中国版本图书馆 CIP 数据核字（2021）第 148333 号

机械工业出版社（北京市百万庄大街 22 号　邮政编码 100037）

策划编辑：付承桂　责任编辑：付承桂　赵玲丽
责任校对：郑　婕　封面设计：马精明
责任印制：单爱军

北京虎彩文化传播有限公司印刷

2024 年 2 月第 1 版第 3 次印刷

184mm×260mm・24.25 印张・539 千字

标准书号：ISBN 978-7-111-68776-4

定价：99.00 元

电话服务　　　　　　　　　　网络服务

客服电话：010-88361066　　机　工　官　网：www.cmpbook.com
　　　　　010-88379833　　机　工　官　博：weibo.com/cmp1952
　　　　　010-68326294　　金　书　网：www.golden-book.com
封底无防伪标均为盗版　　机工教育服务网：www.cmpedu.com

目前我国正经历从中国制造到中国创造的转型期，也是处于充满挑战与机遇的经济大环境背景下。迈入国家"十四五"规划，"坚持创新驱动发展，全面塑造发展新优势"、"加快数字化发展，建设数字中国"等一系列指导方针给我们指明了发展的方向。

企业要想在越来越短的设计周期里设计出更创新更有竞争力的产品，就必须依靠数字化技术，尤其是工程仿真技术来优化和创新产品，新能源动力电池行业同样如此。因此越来越多的电池企业认识到工程仿真的重要性，不断加强应用水平和拓展应用场景，希望借此来提升企业的行业竞争力。大量的产品研发及工程案例证实，工程仿真技术的使用已经成为企业研发不可或缺的手段和工具。

工程仿真是一件复杂的工作，工程师不但要有丰富的理论知识和工程实践经验，还要掌握多种不同的工业软件。与发达国家相比，我国电池行业仿真的应用成熟度还有较大差距，如何快速培养出有技能、有经验的仿真工程师对于推动电池行业快速发展有重大意义。

ANSYS 作为世界领先的工程仿真软件供应商，为电池行业提供了完善且成熟度极高的通用软件及配套的解决方案，并且专门针对电池行业的特点制作了电池行业的最佳实践集。因此对于正在从事和有意从事电池仿真行业的工程人员来说，选择业内领先、应用广泛、前景广阔、覆盖面广的 ANSYS 产品作为仿真工具，无疑将为您的职业发展提供重要助力。

为满足读者的仿真学习需求，ANSYS 与机械工业出版社合作，联合国内多个领域仿真的专家，出版了《ANSYS 电池仿真与实例详解——流体传热篇》和《ANSYS 电池仿真与实例详解——结构篇》两本书，覆盖了 ANSYS 软件在电池共轭传热、电化学、水管理、热失控、结构强度、应力应变、振动模态、挤压碰撞、针刺跌落、疲劳寿命等常见锂电池或燃料电池仿真场景的具体应用。

作为工程仿真软件的领导者，我们坚信，培养用户走向成功，是仿真驱动产品设计、设计创新驱动行业进步的关键。

ANSYS 公司副总裁，大中华区总经理

　　近年来在能源技术变革以及以特斯拉公司为首的新兴科技企业带动下，全球新能源汽车产业取得了爆发性增长。动力电池是新能源汽车的核心之一，其需求受新能源汽车产销量拉动同样急剧增长，国内电池产业快速发展，相关企业产能规模不断扩张。目前，国内电池行业经历了前期野蛮式发展后，正在进入加速洗牌期，制约电池行业发展的设计能力水平亟待提升。同时国家也颁布了一系列强制性关于新能源电池的相关标准，对电池企业的设计水平提出了越来越高的要求。更重要的是，市场激烈的竞争使得电池设计周期也越来越短，传统的试验测试方法不仅时间周期长，而且花费昂贵，因此电池企业越来越多地将仿真技术应用在电池设计流程之中。

　　ANSYS 公司是目前世界上最大的仿真技术公司，从 1970 年成立至今一直专注于仿真领域的研发和推广。目前 ANSYS 公司产品覆盖了结构、流体、电磁、光学、系统、嵌入式软件、芯片以及增材制造等多个领域，致力于给客户提供完整的技术解决方案。ANSYS 公司旗下众多软件可解决电池行业的不同维度仿真问题，其中尤其以 ANSYS Fluent 和 ANSYS Mechanical应用最广，Fluent 聚焦于电池工作过程中的流动、传热、电化学、热电耦合和热失控等场景仿真，Mechanical 聚焦于电池工作过程中的强度、振动、疲劳、挤压、碰撞、跌落等场景仿真。ANSYS Fluent 和 ANSYS Mechanical 因其强大的功能和良好的应用性在全球各大电池厂家均有深度应用。本系列书共有两本，其中《ANSYS 电池仿真与实例详解——流体传热篇》以 Fluent 为主体，《ANSYS 电池仿真与实例详解——结构篇》以 Mechanical 为主体，分别从两大物理域来详细阐述 ANSYS 电池解决方案。

　　以 Fluent 为主的《ANSYS 电池仿真与实例详解——流体传热篇》，介绍了 ANSYS 软件在电池流体仿真的案例应用，包含了锂电池流体仿真和燃料电池流体仿真两个部分。从流体仿真的基础流程到具体场景的特殊应用，书中都将一一阐述清楚，读者可以了解到 Fluent 软件针对新能源行业仿真要求做的一些友好和高效的设定，以便得到更好的仿真结果。

　　以 Mechanical 为主的《ANSYS 电池仿真与实例详解——结构篇》，从力学分析基本理论与工程应用实践相结合的角度，介绍了 ANSYS 软件在新能源电池包行业中结构仿真的案例应用，包含电池包结构强度仿真和疲劳仿真两个部分。以理论知识为辅，以具体软件案例操作为主，讲述了电池包结构仿真的思路以及具体实施过程，可以很好地帮助读者理解从理论知识到行业要求和标准，再到实践的具体过程。

　　尽管本书讲到了部分 Fluent 和 Mechanical 的基础知识，但并不全面，主要是为了帮助读者系统性学习电池仿真技术做铺垫。因此，读者在阅读本书前需要掌握 Fluent 和 Mechanical 的基础应用，或系统地参加过相应基础培训课程。

为方便读者学习，本书所用到的电池包模型文件等资料均置于以下链接的百度网盘中，链接：https://pan. baidu. com/s/1P9c62Eez1zAElVHcpQWg3A，提取码：pack。

本书由张寅、井文明和宋述军编写，限于作者的知识水平和经验，书中难免存在疏漏之处，恳请广大读者批评、指正与交流，以便再版时修正。作者联系邮箱：zhangyin8615@ 163. com。

在本书重印勘误过程中，感谢以下老师、同行和读者提供宝贵的意见和建议：马燕鹏、何鹏、谭逸鹏、曲树平、刘坤、李浚远、董兴宇、邹湘、李睿鑫、冯磊等。

另外，为更好地服务读者，我们创建了电池仿真技术支持微信群，感兴趣的读者可扫描下方二维码加入。

作　者

CONTENTS
目 录

第1章 有限元仿真分析理论

1.1 有限元分析方法概述

1.1.1 有限元方法

有限元方法（Finite Element Method，FEM），是将有限个单元的连续体离散化，通过对有限个单元做分片插值并求解各种力学和物理问题的一种求解方法。在早期，有限元方法是在变分原理的基础上发展起来的，广泛地应用于与泛函的极值问题相联系的泊松方程和拉普拉斯方程所描述的物理场中，后来在流体力学中利用加权余数法中的最小二乘法或伽辽金法（Galerkin）等也获得了有限元方程，不需要与泛函的极值有关系，可以应用到任何微分方程所描述的物理场中。

有限元方法是20世纪50年代末60年代初兴起的应用数学、现代力学及计算机科学相互渗透、综合利用的交叉学科。经过50年特别是近30年的发展，已经成为当今工程技术领域应用最广泛、成效最显著的数值分析方法，例如，在基础产业（汽车、船舶、飞机等）和高新技术产业（宇宙飞船、空间站、微机电系统、纳米器件等），更需要新的设计理论和制造方法。

有限元方法分析计算的基本步骤可以归纳为以下5点：

1）结构离散化。将某个机械结构划分成有限个单元组成体，离散后的单元体和单元体之间用节点相互连接起来，并将有限个单元组合成集合体，然后用集合体来代表原来的物体或机械结构。

2）单元分析。

① 选择位移模式：位移模式是表示单元内任意点的位移随位置变化的函数式，这种函数式不能精确地反映单元中真实的位移分布，也是有限元的一种近似行为。采用位移法的时候，物体和结构被离散后，单元中的一些物理量，如位移、应变、应力等都可以用节点位移来表示。通常将有限元方法中的位移表示为坐标变量的简单函数，这种函数叫做位移函数或者位移模式，如

$$y = \sum_{i}^{n} \alpha_i \phi_i$$

式中，α_i 为待定系数；ϕ_i 为与坐标有关的某种函数。

② 建立单元刚度方程：选好位移模式和单元的类型后，就可以按照最小势能原理或虚功原理建立单元刚度方程，它实际上是单元的每个节点上的平衡方程，其系数矩阵被称作单元刚度矩阵

$$k^e \sigma^e = F^e$$

式中，e 为单元编号；σ^e 为单元的节点位置向量；F^e 为单元的节点力向量；k^e 为单元刚度矩阵，它的每一个元素都反映了一定的刚度特性。

③ 计算等效节点力：物体被离散后，假设力是通过节点从其中一个单元传递到了另一个单元。但是实际物体为连续体，力是从单元的公共边界传递到另一个单元中去的。因此，这种在单元边界的表面力、集中力或体积力都要等效地移动到节点上去，也就是要用等效节点力来替代作用在单元上的力。

3）整体分析。有限元方法的分析过程为先分后合，即在建立单元刚度方程后，先进行单元分析，再进行整体分析，把这些方程式集合起来，形成求解域所需要的刚度方程，其称为有限元位移法的基本方程。集成所遵守的原则为各个相邻的单元在共同拥有的节点处具有相同位移。利用结构力学的边界条件和平衡条件把每个单元按照原来的结构方式重新连接起来，形成整体有限元方程

$$K\sigma = F$$

式中，K 是结构的总刚度矩阵；σ 是节点的位移方向向量；F 是载荷方向向量。

4）求解方程并得出节点各方向位移：选择最为简明的计算方法得到有限元方程，并且得出位移各方向结果。

5）由节点各方向位移得出所有单元的应变和应力，算出节点各方向位移，可以根据弹性力学弹性方程和几何方程计算应力和应变。

1.1.2 ANSYS 分析流程简介

ANSYS 分析流程主要包含 3 个步骤，分别为

1. 建立有限元模型

1）创建或者导入几何模型；

2）定义材料的各项属性；

3）对模型划分有限元网格，使其产生单元和节点；

4）定义节点和单元的各项属性。

2. 对有限元单元施加载荷并且求解

1）对有限元单元施加载荷；

2）设定模型的边界约束条件；

3）求解运算。

3. 查看后处理结果

1）查看需要得到的分析结果；

2）检查结果。

1.2　材料力学分析理论基础

1.2.1　材料力学基本概念

1. 强度概念

材料抵抗外力破坏的能力称为材料的强度。

任何的零件都是由特定的材料制造完成的，如果没有外力的作用，则该零件不会发生破坏，如果对该零件施加一定的外力，当外力达到一定的水平时，零件就会被破坏。换句话说，任何材料都有某种抵抗外力破坏的能力，而这种抵抗的能力被称为材料强度。将不同的材料做成标准的试棒在拉伸试验机上进行拉压实验，可以发现有些材料需要较大的力才能被破坏，而有些材料只需要很小的力就能被破坏，也就是说，不同的材料抵抗外力的能力不一样，所以材料强度是有高低的差别。

另外需要知道一个概念叫做零件强度，即使是同一种材料做成的试棒，如果试棒的截面积不同，则截面积较大的试棒需要更大的外力才能被破坏，而截面积较小的试棒只需要较小的外力就能发生破坏。所以材料强度和零件强度是两个概念，零件抵抗外力破坏的能力叫做零件强度，它不仅和材料的强度有关，还和零件的几何尺寸大小有关。

2. 刚度概念

材料抵抗外力变形的能力被称为材料的刚度。

与材料的强度概念类似，任何材料做成的零件，如果没有外力作用就不会发生变形，如果要使零件发生变形则必须对其施加一定的外力，所以任何材料都有抵抗外力变形的能力，而这种能力被称为材料的刚度。将不同的材料做成标准试棒在拉伸试验机上进行拉压实验，在相同的载荷下，有些材料做成的试棒变形比较大，有些材料做成的试棒变形比较小，变形大的零件其材料的刚度较小，而变形小的零件其材料的刚度较大。

与强度概念类似，同一种材料做成的试棒，如果试棒的截面积和长度不同，则在相同的载荷下，其变形也是不相同的，所以零件的刚度和材料的刚度也是两个概念，零件抵抗外力变形的能力被称为零件的刚度，而材料抵抗外力变形的能力被称为材料的刚度。

3. 稳定性概念

零件保持其原有平衡状态的能力被称为零件的稳定性。

零件在受到外力的作用时处于一种相对平衡的状态，而这种相对平衡的状态有时候是不稳定的。例如，一个细长的零件受到压力作用，当压力 F 比较小的时候，细长零件保持平衡状态，当压力 F 达到某一个临界值时，如果外界有一个很小的扰动，则细长零件就会突然弯曲，有时甚至会直接发生折断，这种现象被称为零件的失稳。零件的失稳是由一种平衡状态变成了另外一种平衡状态，使得整个零件失去了正常工作的能力，有时候会发生非常严重的破坏，所以有些零件也必须考虑稳定性的问题。

1.2.2 材料力学基本假设

1. 连续性假设

真实的材料组成的零件不可能是完全连续的，一定会有各种孔洞和裂纹等缺陷。这里做了一个简化，假定材料所占的空间区域内全部都占满了物质，不存在各种缺陷。因此，在整个零件内的每一个位置的力学属性都可以用空间坐标位置的连续性函数来表示。这个假设建立起来了物理空间和数学计算之间的一个桥梁，可以用数学分析方法来表述整个零件的属性。

另外，这个假设不仅指出零件在受力变形之前是连续的，而且在受力变形过程中和受力变形过程后都是连续的。也就是说，整个零件在受力变形的前后过程中材料一直都是连续的，并且不会产生新的裂纹和孔洞。

2. 均匀性假设

零件是由材料组成的，零件内各个部分的材料的性质都是均匀的，即假设同种材料所组成的零件中任何地方的材料力学属性都一样，这样的话就可以用数学的分析方法确定零件每一个坐标位置的力学属性，另外需要知道，连续性是均匀性的前提，首先材料必须是连续的，才能给出材料是均匀的假设。

这个均匀性假设也是材料从宏观尺度来衡量的，实际上不管任何零件从微观层面上看都会存在很大的差异。本质是由材料所组成的原子、分子的排列不同所造成的。但是从宏观尺度来看，不管局部原子、分子如何排列不均匀，从统计学的角度来看，材料都是均匀的，其力学性能也是均匀的。

3. 各向同性假设

沿各个方向力学性能完全相同的材料叫做各向同性材料，沿各个方向力学性能不完全相同的材料叫做各向异性材料，这里假设材料是各向同性的，易知材料的连续性和均匀性是各向同性的前提。各向同性的材料有金属材料、玻璃材料、混合均匀的混凝土材料等。各向异性的材料有木头、竹子、复合材料等。

对于各向同性的材料来说，只需要给出材料的均一性材料属性即可，而对于各向异性的材料来说，只需要指明材料在不同方向上的材料属性也可以进行求解，比如对于木头，只要描述清楚沿着木头纹理方向的属性和垂直木头纹理方向的属性即可。

以上连续性假设、均匀性假设、各向同性假设合称材料的基本假设，它是对实际材料进行理想化以后所得到的模型。

1.2.3　材料力学基本力学性能

材料所固有的力学方面的性能叫做材料的力学性能。比如说，材料的强度和刚度、材料的弹性模量、剪切模量、泊松比、材料的强度极限以及一些力学规律，比如说胡克定律，都属于材料的力学性能范畴。

材料的力学性能是零件强度、刚度和稳定性计算的基本物理量和基本规律，它们只能通过实验确定。实验条件和加载方式的不同都将影响材料的力学性能，即使是同一种材料，在高温、常温、低温的情况下表现出来的力学性能也不会相同。快速加载或缓慢加载条件下，材料的力学性能也有很大差别。同一种材料在受到拉伸、压缩、弯曲、扭转不同变形形式下也表现出不同的力学性能。总之，材料的力学性能是非常复杂的，和很多因素有关。

特别需要强调的是，同一材料在不同的变形程度下其力学性能相差甚大。因此材料力学中的物理规律，比如胡克定律等都是有条件的，并不是在任何情况下都成立。另外，材料的强度和刚度直接影响零件的强度和刚度。

材料依据其变形程度，可以分为塑性材料和脆性材料两大类。变形较大的情况下而不被破坏的材料称为塑性材料，例如，大多数金属材料以及橡胶材料就是塑性材料。变形较小情况下就被破坏的材料称为脆性材料，例如，砖头、瓦砾、石头、玻璃以及金属材料中的铸铁等就是脆性材料。

下面介绍一些材料基本力学性能名词：

1）弹性模量：在比例极限范围内，应力与应变成正比时的比例常数。它反应的是材料刚性大小的力学指标，又被称为杨氏模量。

2）弹性极限：材料只产生弹性变形时的最大应力值。它是反映材料产生最大弹性变形能力的指标。

3）比例极限：材料的应力与应变保持正比时的最大应力值。它是反应材料弹性变形按线性变化时的最大能力的指标。

4）泊松比：在弹性变形范围内，材料横向线应变与纵向线应变的比值。一般金属材料的泊松比在 0.3 左右。

5）屈服点：材料内应力不再增加，应变仍大量增加时的最低应力值。它反映金属材料抵抗起始塑性变形的能力指标。这时部分材料表面会出现与轴线呈 45°夹角的滑移线。图 1-2-1 所示为弹塑性应力-应变曲线。

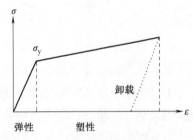

图 1-2-1　弹塑性应力-应变曲线

6）冷拉时效：对材料加载，使其屈服后卸载，接着又重新加载，引起的弹性极限升高和塑性降低的现象。

7）缩颈现象：材料达到最大载荷后，局部截面明显变细的现象。

8）伸长率：材料被拉断后，标距内的残余变形与标距原长的比值。

9）断面收缩率：材料被拉断后，断裂处横截面与原面积的比值。

10）屈服准则：对于单向受拉试件，可以通过简单地比较轴向应力与材料的屈服应力来决定是否有塑性应变发生，然而，对于一般应力状态，是否到达屈服点并不明显。屈服准则是一个可以用来与单轴测试的屈服应力相比较的应力状态的变量表示。因此，知道了应力状态和屈服准则，程序就能确定是否发生塑性应变产生。

在多轴应力状态下，屈服准则可以用下式来表示：

$$\sigma_e = f(\{\sigma\}) = \sigma_y$$

式中，σ_e 为等效应力，σ_y 为屈服应力。当等效应力超过材料的屈服应力时，将会发生塑性变形。

Von Mises 屈服准则是一个比较通用的屈服准则，尤其适用于金属材料。对于 Von Mises 屈服准则，其等效应力为

$$\sigma_e = \sqrt{\frac{1}{2}\left[(\sigma_1-\sigma_2)^2+(\sigma_2-\sigma_3)^2+(\sigma_1-\sigma_3)^2\right]}$$

式中，σ_1、σ_2、σ_3 为三个主应力。

可以在主应力空间中画出 Von Mises 屈服准则，见图 1-2-2。

在 3D 主应力空间中，Mises 屈服面是一个以 $\sigma_1=\sigma_2=\sigma_3$ 为轴的圆柱面，在 2D 中，屈服面是一个椭圆，在屈服面内部的任何应力状态，都是弹性的，屈服面外部的任何应力状态都会引起屈服。

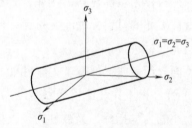

图 1-2-2　主应力空间中的 Von Mises 屈服准则

11）流动准则：流动准则描述了发生屈服时塑性应变的方向，也就是说，流动准则定义了单个塑性应变分量（ε_x^{pl}，ε_y^{pl} 等）随着屈服是怎样发展的。流动准则由以下方程给出：

$$\{d\varepsilon^{pl}\} = \lambda\left\{\frac{\partial Q}{\partial \sigma}\right\}$$

式中，λ 为塑性乘子（决定了塑性应变量）；Q 为塑性势，是应力的函数（决定了塑性应变方向）。

12）强化准则：强化准则描述了初始屈服准则随着塑性应变的增加是怎样发展的。一般来说，屈服面的变化是以前应变历史的函数，在 ANSYS 程序中，使用了 3 种强化准则：

① 等向强化：是指屈服面以材料中所作塑性功的大小为基础在尺寸上扩张。对 Mises 屈服准则来说，屈服面在所有方向均匀扩张。示意图见图 1-2-3。

由于等向强化，在受压方向的屈服应力等于受拉过程中所达到的最高应力。

② 随动强化：假定屈服面的大小保持不变而仅在屈服的方向上移动，当某个方向的屈服应力升高时，其相反方向的屈服应力应该降低。示意图见图 1-2-4。

在随动强化中，由于拉伸方向屈服应力的升高导致压缩方向屈服应力的降低，所以在对应的两个屈服应力之间总存在一个 $2\sigma_y$ 的差值，初始各向同性的材料在屈服后将不再是各向同性的。

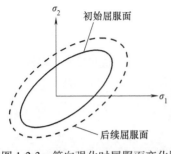

图 1-2-3　等向强化时屈服面变化图

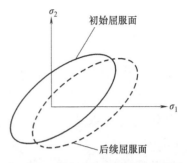

图 1-2-4　随动强化时屈服面变化图

③ 混合强化：是等向强化和随动强化的结合，屈服面不仅在大小上扩张，而且还在屈服的方向上移动。示意图见图 1-2-5。

1.2.4　应力与应变分析

零件内部内力的大小并不能决定零件是否被破坏，即内力大的零件不一定被破坏，内力小的零件不一定不被破坏，内力不能用来衡量材料的强度，因此就需要引进应力的概念。

应力是度量材料强度的物理量，研究应力的目的就是研究零件结构的强度。

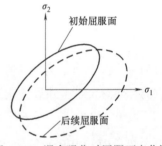

图 1-2-5　混合强化时屈服面变化图

在零件上任意一个界面 ϕ 上一点 A 的周围取一微小面积 ΔA，假定施加在该微小面积上的内力是 ΔF，则公式为 $P = \lim\limits_{\Delta A \to 0} \dfrac{\Delta F}{\Delta A}$，表示零件在 A 点处 ϕ 平面上的全应力矢量，也就是说应力就是某点处沿某个方向单位面积上内力的大小。

全应力在截面 ϕ 的法线方向的分量称为零件 A 点处平面 ϕ 上的正应力，用符号 σ 表示。而全应力在截面 ϕ 上的分量称为构件 A 点处平面 ϕ 上的切应力，用符号 τ 表示。

在国际单位制中，长度的单位为米（m），力的单位为牛顿（N），应力的单位为帕斯卡（Pa），即 1m^2 面积上的内力为 1N，则应力就被叫做 1Pa，即 $1\text{Pa} = 1\text{N/m}^2$，由于该单位很小，工程上基本上都采用兆帕（MPa）或者吉帕（GPa）。

$$1\text{MPa} = 10^6\text{Pa} = \frac{1\text{N}}{\text{mm}^2}$$

$$1\text{GPa} = 10^9\text{Pa} = 10^3\text{MPa}$$

除了以上使用国际单位制外，还有一种经常使用的特殊单位，$1\text{psi} = 1\text{lbf/in}^2$。

需要注意的是应力有 3 个要素：

1）应力是对零件中某个点来说的；

2）应力是对某个平面来说的；

3）应力具有大小和单位。应力实际上是零件中某点处沿某个方向内力强弱程度的衡量。

应变概念

材料力学研究应力的目的是为了要研究改进结构的强度，除此之外，还要研究零件结构的变形和刚度，而零件刚度的好坏，不能用零件的总体变形来度量，从而也不能度量材料的刚度。要度量材料的刚度以及计算零件的变形，必须引进相对变形，应变就是描述材料相对变形的量，它是纯几何量。

应变是度量材料刚度的几何量，研究应变的目的就是为了研究零件结构的变形和刚度。

（1）正应变的定义　材料力学中应变有两种：一种为正应变或线应变，另一种称为切应变或角应变。假设零件中的一点 P 沿方向 S 有一微元长度的线段 $\overline{PP_1}$，零件变形后线段变为 $\overline{P'P_1'}$，则应变为

$$\varepsilon_s(P) = \lim_{\overline{PP_1} \to 0} \frac{\overline{P'P_1'} - \overline{PP_1}}{\overline{PP_1}}$$

称为零件在 P 点处沿着 S 方向的正应变或线应变，正应变就是单位长度的线段的伸长量。它的几何意义是零件材料在该点处沿所考察方向的变形程度的大小。

（2）切应变的定义　假设零件中的一点 P 沿两个相互垂直的方向 α 和 β 分别由两个微元长度的线段 $\overline{PP_1}$ 和 $\overline{PP_2}$，零件变形以后两线段分别变为 $\overline{P'P_1'}$ 和 $\overline{P'P_2'}$，若两线段相对于原来的方位转动的角度分别为 γ_α 和 γ_β，则

$$\gamma_{\alpha\beta}(P) = \gamma_\alpha + \gamma_\beta$$

称为零件在 P 点处 α 和 β 两个方向之间的切应变或角应变。也可以简单地说，切应变就是考察点处某个直角的改变量，它的几何意义是零件材料在该点处的两个垂直方向之间，变形前后疏密程度的大小。

切应变以直角的减小为正，增大为负，特别的 P 点处，有 3 个坐标轴之间的切应变可表示为

$$\gamma_{xy}(P) = \gamma_x + \gamma_y, \ \gamma_{yz}(P) = \gamma_y + \gamma_z, \ \gamma_{zx}(P) = \gamma_z + \gamma_x$$

以上表达式，在以后的变形分析中将会应用到，同样切应变也是无量纲的量，以弧度计（rad）。

与应力类似，应变也有 3 个要素：①应变是对零件中某点来说的；②应变是对通过该点的某个方向来说的；③应变具有大小，但无单位。另外从应变的几何意义可以看出，应变实质上是零件中某点材料沿某个方向的变形程度的度量，以及绕该点的材料变形前后的疏密程度的度量。

（3）单元体概念　在零件中一点 P 处的近旁连续使用 6 次截面法可得到一个微小的六面体，该六面体的边长均为微元长度，则该六面体称为零件 P 处的一个单元体或微元体，单元体的表面称为微分面，法线方向和坐标轴的正方向一致的微分面称为正向面，和坐标轴

的负方向一致的微分面称为负向面。

需注意的是，材料力学中单元体应理解为边长为零但有方位的六面体，单元体中任何点都是所考察的点。

若以单元体作为研究对象，则每个微分面上作用有一个正应力和一个切应力，由于切应力的方向是未知的，可将切应力在微分面内向两个坐标方向分解，则单元体的每个微分面上均有一个正应力和两个相互垂直的切应力。图中只画出了单元体正向面上的应力情况，负向面上的应力和相对应的正向面上的应力大小相等，方向相反。

特别要注意的是，单元体的 3 个正向面或 3 个负向面，实际指的是通过 P 点的三个相互垂直的面，所以应力也就是 P 点的三个相互垂直的面上的应力。

单元体在 6 个微分面上的内力作用下处于平衡状态，对单元体中心与坐标轴平行的轴取力矩平衡，可以很容易证明相互垂直的微分面上的切应力在数值上是相等的。

$$\tau_{xy} = \tau_{yx}, \ \tau_{yz} = \tau_{zy}, \ \tau_{zx} = \tau_{xz}$$

此关系称为切应力互等定理。

材料的破坏是从 1 点开始的，研究单元体的目的是为了研究材料的强度和变形，从而分析实际工程构件的强度和变形，在安全经济条件下选择构件的材料和几何尺寸。

单元体受力最基本最简单的情况有两种：一种称为单向应力状态；另一种称为纯剪切应力状态。在单向应力状态下，单元体的微分面上只有唯一的正应力作用，而在纯剪切应力状态下，单元体的微分面上只有唯一的切应力作用，这两种基本应力状态统称为简单应力状态，而其他应力状态称为复杂应力状态。

拉伸压缩杆件中各点的应力状态就是单向应力状态，而扭转圆轴中各点的应力状态是纯剪切应力状态。

（4）简单胡克定律　应力具有两种形式即正应力和切应力，同样应变也具有两种形式即正应变和切应变，显然对某种材料而言，应力和应变之间必然存在某种关系，这种关系称为应力应变关系或物理关系。

在简单应力状态即单向应力状态和纯剪切应力状态下，材料的应力应变关系具有十分简单的形式。

单向拉伸试验表明，当正应力 σ 不超过一定限度时，材料在应力作用方向的正应力和正应变成正比，可写为

$$\sigma = E\varepsilon$$

上式称为胡克定律，常数 E 称为弹性模量，是材料常数，仅与材料的力学性能有关。

圆柱简单扭转试验表明当前应力 τ 不超过一定限度时，材料的切应力与切应变成正比，可写为

$$\tau = G\gamma$$

上式称为剪切胡克定律常数，G 称为剪切弹性模量，是材料常数，仅与材料的力学性能有关。

胡克定律和剪切胡克定律通称为简单胡克定律，满足简单胡克定律的材料称为线弹性材料，必须注意的是，两个胡克定律的应用是有条件的，即必须是小变形的情况下才适用，当材料变形比较大时，胡克定律不能反映实际材料的应力应变关系，另外只适用于单向应力状态，对其他应力状态来说，即使是小变形情况也不适用。

1.2.5　强度理论分析

材料在外力作用下有两种不同的破坏形式：一是在不发生显著塑性变形时的突然断裂，称为脆性破坏；二是因发生显著塑性变形而不能继续承载的破坏，称为塑性破坏。破坏的原因十分复杂。对于单向应力状态，由于可直接作拉伸或压缩试验，通常就用破坏载荷除以试样的横截面积而得到的极限应力（强度极限或屈服极限，见材料的力学性能）作为判断材料破坏的标准。但在二向应力状态下，材料内破坏点处的主应力 σ_1、σ_2 不为零；在三向应力状态的一般情况下，三个主应力 σ_1、σ_2 和 σ_3 均不为零。不为零的应力分量有不同比例的无穷多个组合，不能用实验逐个确定。由于工程上的需要，两百多年来，人们对材料破坏的原因，提出了各种不同的假说。但这些假说都只能被某些破坏试验所证实，而不能解释所有材料的破坏现象。这些假说统称强度理论。

4 个基本的强度理论分别为第一强度理论、第二强度理论、第三强度理论和第四强度理论。

1. 第一强度理论

第一强度理论又称为最大拉应力理论，其表述是材料发生断裂是由最大拉应力引起，即最大拉应力达到某一极限值时材料发生断裂。

在简单拉伸试验中，3 个主应力有两个是零，最大主应力就是试件横截面上该点的应力，当这个应力达到材料的极限强度 σ_b 时，试件就断裂。因此，根据此强度理论，通过简单拉伸试验，可知材料的极限应力就是 σ_b。于是在复杂应力状态下，材料的破坏条件是

$$\sigma_1 \geq \sigma_b$$

考虑安全系数以后的强度条件是

$$\sigma_1 \leq [\sigma]$$

需指出的是：上式中的 σ_1 必须为拉应力。在没有拉应力的三向压缩应力状态下，显然是不能采用第一强度理论来建立强度条件的。

2. 第二强度理论

第二强度理论又称最大伸长应变理论。它是根据 J.-V. 彭赛列的最大应变理论改进而成的。主要适用于脆性材料。它假定，无论材料内一点的应力状态如何，只要材料内该点的最大伸长应变 ε_1 达到了单向拉伸断裂时最大伸长应变的极限值 ε_i，材料就发生断裂破坏，其破坏条件为

$$\varepsilon_1 \geq \varepsilon_i (\varepsilon_i > 0)$$

对于三向应力状态，$\varepsilon_1 = \dfrac{1}{E}\left[\sigma_1 - \mu(\sigma_2 + \sigma_3)\right]$，式中，$\sigma_1$、$\sigma_2$ 和 σ_3 为危险点由大到小的 3 个主应力；E 为材料的弹性模量；μ 为泊松比（见材料的力学性能）。在单向拉伸时有 $\varepsilon_1 = \dfrac{1}{E}\sigma_1$，所以这种理论的破坏条件可用主应力表示为

$$\sigma_1 - \mu(\sigma_2 + \sigma_3) = \sigma_b$$

考虑安全系数以后的强度条件是

$$\sigma_1 - \mu(\sigma_2 + \sigma_3) \leqslant [\sigma]$$

第二强度理论适用于脆性材料，且最大压应力的绝对值大于最大拉应力的情形。

3. 第三强度理论

第三强度理论又称最大剪应力理论或特雷斯卡屈服准则。法国的 C. -A. de 库仑于 1773 年，H. 特雷斯卡于 1868 年分别提出和研究过这一理论。该理论假定，最大剪应力是引起材料屈服的原因，即不论在什么样的应力状态下，只要材料内某处的最大剪应力 τ_{max} 达到了单向拉伸屈服时剪应力的极限值 τ_y，材料就在该处出现显著塑性变形或屈服。由于 $\tau_{max} = \dfrac{1}{2}(\sigma_1 - \sigma_3)$，$\tau_y = \dfrac{1}{2}\sigma_y$，所以这个理论的塑性破坏条件为 $\sigma_1 - \sigma_3 \geqslant \sigma_y$，式中，$\sigma_y$ 是屈服正应力。

4. 第四强度理论

第四强度理论又称最大形状改变比能理论。它是波兰的 M. T. 胡贝尔于 1904 年从总应变能理论改进而来的。德国的 R. von 米泽斯于 1913 年，美国的 H. 亨奇于 1925 年都对这一理论作过进一步的研究和阐述。

该理论认为，无论什么应力状态，只要畸变能密度 v_d 达到与材料性质有关的某一极限值，材料就发生屈服。单向拉伸下，屈服应力为 σ_s，响应的畸变能密度为 $\dfrac{1+\mu}{6E}(2\sigma_s^2)$，这就是导致屈服的畸变能密度的极限值。任意应力状态下，只要畸变能密度 v_d 达到上述极限值，便引起材料的屈服。故畸变能密度屈服准则为

$$v_d = \frac{1+\mu}{6E}(2\sigma_s^2)$$

在任意应力状态下

$$v_d = \frac{1+\mu}{6E}\left[(\sigma_1 - \sigma_2)^2 + (\sigma_2 - \sigma_3)^2 + (\sigma_3 - \sigma_1)^2\right]$$

该理论适用于塑性材料，由这个理论导出的屈服准则为

$$\sqrt{\frac{1}{2}\left[(\sigma_1 - \sigma_2)^2 + (\sigma_2 - \sigma_3)^2 + (\sigma_1 - \sigma_3)^2\right]} = \sigma_s$$

把 σ_s 除以安全因子得到许用应力 $[\sigma]$，按第四强度理论得到的强度条件是

$$\sqrt{\frac{1}{2}\left[(\sigma_1 - \sigma_2)^2 + (\sigma_2 - \sigma_3)^2 + (\sigma_1 - \sigma_3)^2\right]} \leqslant [\sigma]$$

几种塑性材料钢、铜、铝的试验表面，畸变能密度屈服准则与试验相当吻合，比第三强度理论更为符合试验结果。

可以把四个强度理论的强度条件写成统一的公式：

$$\sigma_r \leq [\sigma]$$

式中，σ_r 为相当应力。它由 3 个主应力按一定形式组合而成。按照第一强度理论到第四强度理论的顺序，相当应力分别为

$$\sigma_{r1} = \sigma_1$$

$$\sigma_{r2} = \sigma_1 - \mu(\sigma_2 + \sigma_3)$$

$$\sigma_{r3} = \sigma_1 - \sigma_3$$

$$\sigma_{r4} = \sqrt{\frac{1}{2}[(\sigma_1 - \sigma_2)^2 + (\sigma_2 - \sigma_3)^2 + (\sigma_3 - \sigma_1)^2]}$$

以上介绍了 4 种常用的强度理论。铸铁、石料、混凝土、玻璃等脆性材料，通常以断裂的形式失效，宜采用第一和第二强度理论。碳钢、铜、铝等塑性材料，通常以屈服的形式失效，宜采用第三和第四强度理论。

1.3 动力学分析基础

1.3.1 振动的产生及其分类

在机械设计的结构分析中，存在静力分析和动力分析两种情况。在不考虑裂纹扩展、材料变质、侵蚀等缺陷对结构的影响下，静力学分析现在求解已经非常成熟。但是实际上动力学分析是在工程应用中是更加普遍的现象。在很多情况下，静力学计算并不能满足工程使用要求，必须要考虑动力学分析和动态因素。

动力学分析可以理解为载荷的大小、方向、作用位置随时间发生变化，而且在动力学载荷作用下，结构的响应，比如应力、应变、位移等，也是随时间发生变化的。因此，动力学分析比静力学分析更加复杂，需要的求解资源也更多。

动力学与静力学分析最重要的区别是，静力学分析是根据力的平衡原理求解，如果载荷是动力的就要考虑到加速度，这些加速度又会产生惯性力，因此，在求解动力学方程时，不仅要考虑外部载荷平衡，也要考虑到加速度引起的惯性力平衡。

结构体系的运动方程为

$$[M]\{\ddot{\mu}\} + [C]\{\dot{\mu}\} + [K]\{\mu\} = \{F(t)\}$$

当作用力为零时的自由振动方程为

$$[M]\{\ddot{\mu}\} + [C]\{\dot{\mu}\} + [K]\{\mu\} = 0$$

自由振动方程若忽略阻尼，得到无阻尼自由振动，则方程为

$$[M]\{\ddot{\mu}\}+[K]\{\mu\}=0$$

式中，$[M]$ 为质量矩阵；$[C]$ 均为阻尼矩阵；$[K]$ 为刚度矩阵；$\{\mu\}$ 为节点位移向量；$\{\ddot{\mu}\}$ 为节点加速度向量；$\{\dot{\mu}\}$ 为节点速度向量；$\{F(t)\}$ 为节点载荷向量。

这里对动载荷和阻尼进行介绍：

1）动载荷：动载荷是时间的函数，如果动载荷的变化是时间的确定函数，则称为确定性载荷，如简谐载荷、冲击载荷和突加载荷等。如果动载荷随时间的变化不能用确定时间函数表示，则称为非确定性载荷，如脉动载荷和地震载荷。

在 ANSYS 中，动力学分析包括模态分析、谐响应分析、瞬态分析和谱分析。模态分析用于确定结构的振动特性，即固有频率和振型。它们是动力学分析的重要参数。谐响应分析用于确定线性结构在承受随时间按正弦规律变化的载荷时的稳态响应，分析结构的持续动力特性。瞬态分析用于确定结构在承受任意随时间变化载荷的动力响应，如冲击载荷和突加载荷等。谱分析是将模态分析的结果和已知谱结合，进而确定结构的动力响应，如不确定载荷或随时间变化的载荷（如地震、风载、波浪、喷气推力等）。

2）阻尼：阻尼的机理非常复杂，它与结构周围介质的性质、结构本身的性质、内部摩擦损耗等都有关系。通常用瑞利阻尼表示，即

$$[C]=\alpha[M]+\beta[K]$$

式中，α 为 Alpha 阻尼，也被称为质量阻尼系数；β 为 Beta 阻尼，也被称为刚度阻尼系数。这两个阻尼系数可通过振型阻尼比计算得到，即

$$\alpha=\frac{2\omega_i\omega_j(\xi_i\omega_j-\xi_j\omega_i)}{\omega_j^2-\omega_i^2}$$

$$\beta=\frac{2(\xi_j\omega_j-\xi_i\omega_i)}{\omega_j^2-\omega_i^2}$$

式中，ω_i 和 ω_j 分别为结构的第 i 和第 j 阶固有频率；ξ_i 和 ξ_j 为相应第 i 和第 j 阶振型的阻尼比，由试验确定。

1.3.2　模态分析方法

模态分析用于确定结构的动力特性，即结构的自振频率和振型等。

ANSYS 可进行一般结构的模态分析、有应力模态分析、大变形有应力模态分析、循环对称结构的模态分析、有应力循环对称结构的模态分析、无阻尼和有阻尼结构的模态分析等。这里"有应力"一词与"有预应力"等同，即结构中存在应力或内力时的模态分析，而产生应力的因素可以是荷载、温度、初应变等，如不同张紧程度琴弦的模态分析和荷载作用下结构的模态分析等。

根据式 $[M]\{\ddot{\mu}\}+[C]\{\dot{\mu}\}+[K]\{\mu\}=\{F(t)\}$，无阻尼结构体系的自由振动运动方程为

$$[M]\{\ddot{\mu}\}+[K]\{\mu\}=\{0\}$$

在特定的初始条件下，体系按同一频率做简谐振动，可写成

$${\mu} = {\phi}\sin(\omega t+\theta)$$

对式${\mu}$求导，代入无阻尼结构体系的自由振动运动方程，并注意到$\sin(\omega t+\theta)$任意性，有

$$([K]-\omega^2[M]){\phi} = {0}$$

则体系的频率方程或特征方程为

$$\left|[K]-\omega^2[M]\right|=0$$

上式的根ω_i^2（$i=1，2，\ldots N$）称为第i个特征值，ω_i（$i=1，2，..，N$）称为第i阶自振圆频率（rad/s）。由上式可知，自振圆频率仅与体系的刚度矩阵$[K]$和质量矩阵$[M]$有关，因此也称为固有圆频率。当体系有N个自由度时，体系存在N阶自振圆频率ω_i和N阶振型${\phi}_i$（$i=1，2，\ldots N$），自振圆频率ω_i与自振频率f_i（周/s或Hz）和自振周期$T_i(s)$的关系为

$$\omega_i = 2\pi f = \frac{2\pi}{T_i}$$

自振频率f，也称工程频率，单位为Hz。为方便起见，有时自振圆频率也称自振频率。

需要注意的是，体系的刚度矩阵$[K]$包括应力刚度矩阵时，则为有应力模态分析。

模态分析主要有3个步骤，即建模、加载与求解、观察结果。

模态分析建模与静力分析基本相同，主要有定义单元类型、单元实常数、材料性质，创建几何模型并转换为有限元模型等。但模态分析需要注意3个问题：

1）模态分析中只有线性行为有效。如果定义了非线性单元，它们将被当作是线性的。如分析中包含了接触单元，则系统取其初始状态的刚度值，并且在模态分析过程中不再改变此刚度值。

2）材料性质可以是线性、各向同性或正交各向异性，可为恒定的或与温度相关的。在模态分析中必须定义弹性模量EX（或某种形式的刚度）和密度DENS（或某种形式的质量）。忽略非线性材料特性。

3）若定义单元阻尼，需根据不同单元类型通过实常数定义。

模态分析加载与求解需要首先定义分析类型、荷载和边界条件、加载过程和求解选项，然后进行固有频率的求解。

只有在缩减法模态分析中，才需要定义主自由度。采用缩减法的主要目的是提高求解速度和效率，但必须选择主自由度。

在模型上加载：在典型的模态分析（有应力模态分析之外的）中唯一有效的"荷载"是零位移约束。如果在某个自由度上指定了一个非零位移约束，程序将以零位移约束替代。在未施加约束的方向上，程序将求解刚体模态（零频）以及高阶（非零频）自由体模态。荷载可以施加在几何模型上，也可以施加在有限元模型上。除位移约束之外的其他荷载也可施加，但在模态提取时将被忽略，程序会计算出相应于所加荷载的荷载向量，并将这些向量写到振型文件中，以便在模态叠加法谐响应分析或瞬态分析中使用。

荷载步选项：模态分析的荷载步选项仅有阻尼选项。只在有阻尼的模态提取法中使用，

在其他模态提取法中忽略阻尼。如果模态分析存在阻尼并指定阻尼模态提取方法，那么计算出的特征值和特征向量将是复数解。

如果在模态分析后进行单点响应谱分析，则可在无阻尼模态分析中指定阻尼，虽然阻尼并不影响特征值解，但它将被用于计算每个模态的等效阻尼比，此阻尼比将用于计算响应谱。

求解：若在求解之前设置了模态扩展选项，则求解后就不再单独进行模态扩展。若未定义模态扩展选项，则需要在进一步求解中进行模态扩展，否则将无法观察结果。因为还没有将计算结果写入结果文件（.RST 文件）。对缩减法"扩展"是指将缩减解扩展到完整的自由度集上，易于理解"扩展"一词的含义。但对其他模态提取方法，除扩展选项外，"扩展"不过是指将振型写入结果文件，以便在/POST1 中观察结果。

最后模态分析的结果，列表显示所有频率获得实部、虚部、幅值或相位，各阶模态频率、模态参与系数、模态系数、模态等效阻尼比等结果。读入结果文件显示某阶振型结果并绘制某阶振型云图。

1.3.3　谐响应分析方法

任何持续的周期荷载将在结构系统中产生持续的周期响应，该周期响应称为谐响应。谐响应分析是用于确定线性结构在简谐荷载作用下的稳态响应。其目的是计算出结构在几种频率下的响应，并得到响应值和频率的变化关系曲线（如幅频），从这些曲线上可以找到"峰值"响应，并进一步观察峰值频率对应的应力。谐响应分析只计算结构的稳态受迫振动，而不考虑在激励开始时的瞬态振动。谐响应分析能预测结构的持续动力特性，从而克服共振、疲劳及其他受迫振动引起的不良影响。

谐响应分析仅考虑按荷载的激励频率振动的稳态响应部分，因阻尼作用一般与激励荷载不同相，因此可设节点位移向量为

$$\{u\} = \{u_{max} e^{j(\Omega t+\varphi)}\} = \{u_{max} e^{j\varphi}\} e^{j\Omega t}$$

式中，u_{max} 为最大位移，一般各自由度的最大位移各不相同；Ω 为荷载的激励圆频率（rad/s），$\Omega = 2\pi f$ 其中 f 为荷载的某个激励频率（Hz），输入为激励频率范围；t 为时间；φ 为相对参照系的位移相位角（rad），一般各自由度的相位不同；j 同前文，$j = \sqrt{-1}$。

为便于描述，根据欧拉公式，上面公式可写成

$$\{u\} = \{u_{max}(\cos\varphi + j\sin\varphi)\} e^{j\Omega t} = (\{u_1\} + j\{u_2\}) e^{j\Omega t}$$

式中，$\{u_1\}$ 为位移向量的实部，$\{u_1\} = \{u_{max}\cos\varphi\}$；$\{u_2\}$ 为位移向量的虚部，$\{u_2\} = \{u_{max}\sin\varphi\}$。

与位移向量类似，荷载向量也可写成如下形式：

$$\{F\} = \{F_{max} e^{j(\Omega t+\varphi)}\} = \{F_{max} e^{j\varphi}\} e^{j\Omega t}$$

$$= \{F_{max}(\cos\varphi + j\sin\varphi)\} e^{j\Omega t} = (\{F_1\} + j\{F_2\}) e^{j\Omega t}$$

式中，$F_{\max}$ 为荷载的幅值；φ 为荷载相对参照系的相位角（rad）。$\{F_1\}$ 为荷载向量的实部，$\{F_1\}=\{F_{\max}\cos\varphi\}$ $\{F_2\}$ 为荷载向量的虚部，$\{F_2\}=\{F_{\max}\sin\varphi\}$。

将式上面位移向量和载荷向量代入结构体系运动方程得

$$(-\Omega^2[M]+\mathrm{j}\Omega[C]+[K])(\{u_1\}+\mathrm{j}\{u_2\})\mathrm{e}^{\mathrm{j}\Omega t}=(\{F_1\}+\mathrm{j}\{F_2\})\mathrm{e}^{\mathrm{j}\Omega t}$$

考虑到 $\mathrm{e}^{\mathrm{j}\Omega t}$ 的任意性，得特征方程为

$$([K]-\Omega^2[M]+\mathrm{j}\Omega[C])(\{u_1\}+\mathrm{j}\{u_2\})=\{F_1\}+\mathrm{j}\{F_2\}$$

上式的求解可采用完全法、缩减法和模态叠加法，下面分别介绍。

完全法：完全法是 3 种方法中最简单的，它采用完整的系统矩阵计算谐响应而不是缩减矩阵，矩阵可为对称或非对称，其特点是：

1）容易使用，因为不必关心如何选取主自由度或振型；

2）使用完整矩阵，因此不涉及质量矩阵的近似；

3）允许有非对称矩阵，这种矩阵在声学或轴承问题中很典型；

4）用单一处理过程计算出所有的位移和应力；

5）可定义各种类型的荷载，节点力、外加位移、单元荷载（压力和温度）；

6）可在几何模型上定义荷载；

7）当采用波前求解器时，这种方法通常比其他方法费用高。

缩减法：缩减法通过采用主自由度和缩减矩阵来降低问题的规模。主自由度处的位移被计算出来后，解可以扩展到初始的完整自由度集上，其特点是：

1）在采用 Frontal 求解器时比完全法更快且费用低；

2）可以考虑预应力效应；

3）初始解只计算主自由度处的位移，要得到完整的位移、应力和力的解，需执行扩展过程；

4）不能施加单元荷载（压力、温度等）；

5）所有荷载必须施加在用户定义的主自由度上，不能在几何模型上加载。

模态叠加法：模态叠加法通过模态分析得到的振型乘上因子，并求和计算结构响应，其特点是：

1）对于许多问题，此法比缩减法或完全法更快且费用低；

2）模态分析中施加的荷载可以通过命令用于谐响应分析中；

3）可以使解按结构的固有频率聚集，可得到更平滑、更精确的响应曲线图；

4）可以考虑预应力效应；

5）允许考虑振型阻尼（阻尼系数为频率的函数）；

6）不能施加非零位移；

7）在模态分析中使用 PowerDynamics 法时，初始条件中不能有预加的荷载。

另外，需要说明的是，谐响应分析的 3 种方法存在共同的限制，所有荷载必须随时间按正弦规律变化；所有荷载必须有相同的频率，谐响应分析不能计算频率不同的多个荷载同时

作用时的响应，但在 POSTI 中可以对两种荷载工况进行叠加得到总体响应；不考虑非线性特性；不考虑瞬态效应；重启动分析不可用，如要再施加其他简谐荷载，需另进行一次新的分析。

1.3.4　随机振动分析方法

随机振动过程一般都是随时间变化的，随机过程理论是由无限多个样本函数组成的集合。假如有 n 个加速度传感器安装在 n 个车辆上并且行驶在同一条高低不平的道路上，通过传感器测量加速度的变化分别为 $a_1(t)$，$a_2(t)$，$\cdots$，$a_n(t)$，车辆通过该道路的加速度也是一个随机过程，这些加速度被称为随机过程的样本函数。这个随机过程可以表示为

$$A(t)=\{a_1(t),a_2(t),\cdots,a_n(t)\}$$

假如在某一个时间 t_1，随机过程 $A(t)$ 的所有样本函数 $a_i(t)$ 在 t_1 时刻的加速度值构成了随机变量，可以表示为 $A(t_1)=\{a_i(t_1)\}$，此时研究了一个时间点的问题，工程上也将 $A(t_1)$ 称为随机过程 $A(t)$ 在时间 $t=t_1$ 时刻的状态。因此车辆行驶的随机过程可以又被表示为

$$A(t)=\{A(t_1),A(t_2),\cdots,A(t_n)\}$$

整个随机过程是由无限多个样本构成的一个集合，也是随时间发生变化的随机变量集合。因此随机过程有两种统计学方法：一种是平均集合；另一种是平均时间集合。

功率谱密度（PSD）是结构在随机动态载荷激励下响应的统计结果，它是一条体现功率谱密度值和频率值的关系曲线，随机振动过程中，在一定频率范围内激励幅值在不断变化，但激励幅值的均值基本趋于一个相对稳定的常量。随机振动过程的总频率范围可以分解为若干个子频率范围，在每个子频率范围计算二次方和的平均值，如图 1-3-1 所示。

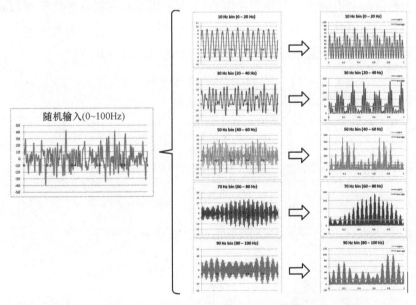

图 1-3-1　总频率范围分解为子频率范围

在实际工程中，一般采用激励的方均值和频率带宽的比值来评估，即 PSD = 方均值$/(f_1 - f_2)$，其单位是 unit²/Hz。将值绘制成随子频率范围变化的曲线，然后在子频率范围内取中间值，最后在对数坐标系中绘制该曲线，如图 1-3-2 所示。

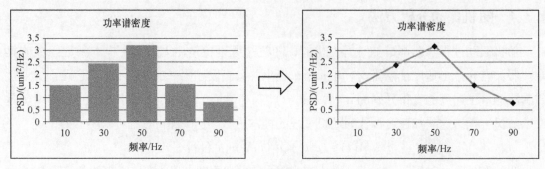

图 1-3-2　PSD 转化过程

ANSYS Mechanical 功率谱密度可以采用多种形式，主要包括位移功率谱密度、速度功率谱密度、加速度功率谱密度和重力加速度功率谱密度等。位移功率谱密度、速度功率谱密度和加速度功率谱密度三者之间通过乘（除）频率 $2\pi f$ 的二次方能够较为容易地进行转换：

$$S_d = S_v / (2\pi f)^2 = S_a / (2\pi f)^4$$

加速度功率谱密度与重力加速度功率谱密度也可以通过乘（除）g^2 进行相互转换：

$$S_G = S_a / g^2$$

ANSYS Mechanical 随机振动分析分为单点随机振动分析和多点随机振动分析，随机振动分析过程中，PSD 激励的施加位置在固定约束的位置点上，其中，多点随机振动分析需要在模型不同位置上施加不同的功率谱密度。

当输入随机振动 PSD 值并且用单自由度传递函数 $H(\omega)$ 和模态叠加分析技术，就可以求解得到 PSD 响应（RPSD）。在实际工程中，幅值和相位可以分别进行描述，也可以采用复数形式进行描述，这个描述的方法称为频率响应函数 $H(\omega)$（FRF）：

$$H(\omega) = A(\omega) - iB(\omega)$$

其中，频响函数的幅值是输入与输出幅值的比值，计算公式如下：

$$|H(\omega)| = \sqrt{A^2 + B^2} = \frac{a_{out}}{a_{in}}$$

另外，频响函数虚部与实部的比值等于相位角的正切值，计算公式如下：

$$\frac{\mathrm{Im}[H(\omega)]}{\mathrm{Re}[H(\omega)]} = \frac{B}{A} = \tan\varphi$$

根据随机振动理论，对于单个输入的 PSD 值，系统输出为

$$S_{out}(\omega) = \left(\frac{a_{out}}{a_{in}}\right)^2 S_{in}(\omega)$$

式中，$S_{in}(\omega)$ 为谱密度输入（来自于输入的 PSD 曲线）；$S_{out}(\omega)$ 为谱密度响应；a_{in} 为单自

由度输入；a_{out} 为计算的单自由度输出。

功率谱密度的响应 RPSD 计算通过输入的功率谱密度乘以传递函数进行表示，计算公式如下：

$$S_{out}(\omega) = \left(\frac{a_{out}}{a_{in}}\right)^2 S_{in}(\omega) \text{ 或者 } RPSD = \left(\frac{a_{out}}{a_{in}}\right)^2 PSD$$

响应谱分析有 6 个步骤：建模、获得模态解、获得谱解、扩展模态、模态组合、观察结果。结构的振型和固有频率是谱分析所必需的数据，因此，要先进行模态分析。在扩展模态时，只需扩展到对最后进行的谱分析有影响的模态即可。

1.3.5　显式动力学分析方法

LS-DYNA 是世界上最著名的通用显式动力分析程序，能够模拟真实世界的各种复杂问题，特别适合求解各种二维、三维非线性结构的高速碰撞、爆炸和金属成型等非线性动力冲击问题，同时可以求解传热、流体及流固耦合问题。在工程应用领域被广泛认可为最佳的分析软件包。与实验的无数次对比证实了其计算的可靠性。

LS-DYNA 程序是功能齐全的几何非线性（大位移、大转动和大应变）、材料非线性（140 多种材料动态模型）和接触非线性（50 多种）程序。它以拉格朗日算法为主，兼有 ALE 和欧拉算法；以显式求解为主，兼有隐式求解功能；以结构分析为主，兼有热分析、流体-结构耦合功能；以非线性动力分析为主，兼有静力分析功能（如动力分析前的预应力计算和薄板冲压成型后的回弹计算）；军用和民用相结合的通用结构分析非线性有限元程序。

LS-DYNA 采用中心差分时间积分的显式方法，计算结构系统各节点在第 n 个时间步结束时刻 t_n 的加速度向量为

$$a(t_n) = M^{-1}\lfloor P(t_n) - F^{int}(t_n) \rfloor$$

式中，P 为施加的外力向量（包括体力经转换的等效节点力）；F^{int} 为内力矢量，它由下面几项构成：

$$F^{int} = \int_{\Omega} B^T \sigma d\Omega + F^{hg} + F^{contact}$$

三项依次为在当前时刻单元应力场等效节点力（相当于动力平衡方程的刚度项，即单元刚度矩阵与单元节点位移的乘积）、沙漏阻力以及接触力矢量。

节点速度和位移矢量通过下面两式计算：

$$v(t_{n+1/2}) = v(t_{n-1/2}) + 0.5a(t_n)(\Delta t_{n-1} + \Delta t_n)$$
$$u(t_{n+1}) = u(t_n) + v(t_{n+1/2})\Delta t_n$$

其中所有黑体字均表示向量，时间步和时间点的定义为

$$\Delta t_{n-1} = (t_n - t_{n-1}), \Delta t_n = (t_{n+1} - t_n)$$
$$t_{n-1/2} = 0.5(t_n + t_{n-1}), t_{n+1/2} = 0.5(t_{n+1} + t_n)$$

新的几何构型由初始构型 x_0 加上位移增量获得，即

$$x_{t+\Delta t} = x_0 + u_{t+\Delta t}$$

上述方法是一种显式方法，其基本特点是：

1）不形成总体刚度矩阵，弹性项放在内力中，避免了矩阵求逆，这对非线性分析是很有意义的，因为每个非线性增量步，刚度矩阵都在变化。

2）质量阵为对角时，利用上述递推公式求解运动方程时，不需要进行质量矩阵的求逆运算，需利用矩阵的乘法获取右端的等效载荷向量。

3）上述中心差分方法是条件稳定算法，保持稳定状态需要小的时间步。

关于显式算法的条件稳定性，保证收敛的临界时必须满足如下公式：

$$\Delta t \leqslant \Delta t_{cr} = 2/\omega_n$$

其中，ω_n 为系统的最高阶固有振动频率，系统中最小单元的特征值方程：

$$|K^e - \omega^2 M^e| = 0$$

由此方程得到的最大特征值即为 ω_n。为保证收敛，LS-DYNA 3D 采用变步长积分法，每一时刻的积分步长由当前构形网格中的最小单元决定。

与 ANSYS 的结构分析模块操作过程相似，一个完整的 ANSYS/LS-DYNA 显式动力分析过程包括前处理、求解以及后处理 3 个基本操作环节，如图 1-3-3 所示。

下面对每个环节进行介绍：

1）前处理——建立分析模型。指定分析所用的单元类型，定义实常数，指定材料模型，建立几何模型，进行网格划分，形成有限单元模型，定义与分析有关的接触信息、边界条件与荷载等，利用 ANSYS 的前处理器 PREP7 完成。

2）分析选项设置和求解。指定分析的结束时间以及各种求解控制参数，形成关键字文件（LS-DYNA计算程序的数据输入文件），递交 LS-DYNA970 求解器进行计算。

3）结果处理和分析。对计算的结果数据进行可视化处理和相关分析，可以利用 ANSYS 的通用后处理器 POSTI 和时间历程后处理器 POST26 完成，必要时也可调用 LS-POST 后处理程序进行结果后处理。

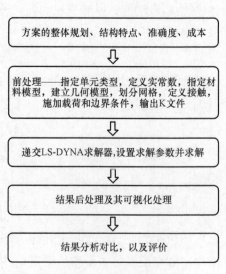

图 1-3-3　LS-DYNA 求解流程

第2章 电池包结构分析前处理

2.1 电池包几何模型处理

从 Windows 的开始菜单找到目录 ANSYS 2019 R3，如图 2-1-1 所示单击展开以后，从子目录中找到 SCDM 2019 R3，双击打开 ANSYS SpaceClaim Direct Model 模型处理软件。

打开 ANSYS SpaceClaim Direct Model 以后，如图 2-1-2 所示，SDCM 的界面是中文界面，当然也可以调整为英文界面，在最上面的工具栏有文件、设计、显示、组件、测量、刻面、修复、准备、Workbench、详细、钣金、工具

图 2-1-1 Windows 开始菜单打开 SCDM

等；左侧是结构、图层、选择、群组、视图卡片，以及选项和属性栏；右侧是图形窗口，所有模型都会在这里显示；下面是状态栏，会显示状态、尺寸、选择方式的快捷选项。

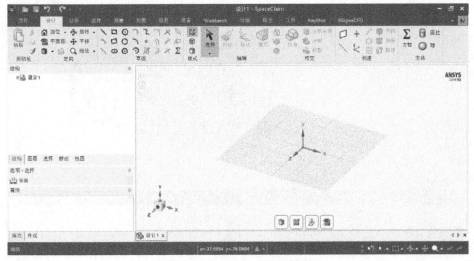

图 2-1-2 ANSYS SDCM 界面

如图 2-1-3 所示打开文件，选择文件格式为 STEP（*.stp，*.step），打开目录下的"新能源电池包模型 . stp"文件，打开以后如图 2-1-4 所示。

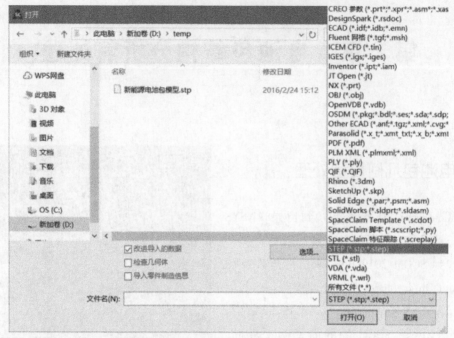

图 2-1-3　打开电池包模型 STEP 文件

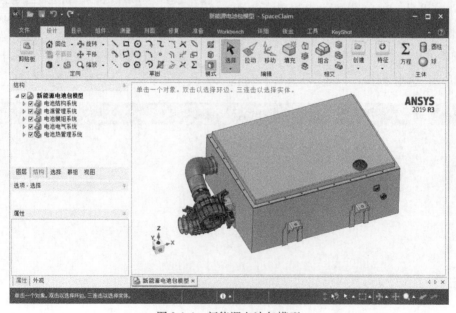

图 2-1-4　新能源电池包模型

汽车动力电池由电池模组系统、电池结构系统、电池电气系统、电源管理系统等组成，在这里对这些零件进行删除、简化、修复处理，为后面网格划分做好准备。

2.1.1 电池结构系统模型处理

这里将整个电池包模型分为 4 个部分，即电池结构系统、电池电源管理系统、电池模组系统、电池电气系统。先对电池包结构系统进行处理，如图 2-1-5 所示，所有部件均为实体，这里是透明显示，可以看清楚内部结构。

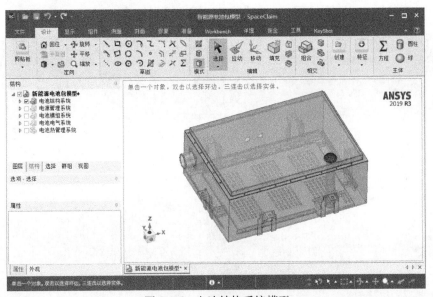

图 2-1-5 电池结构系统模型

单独显示"电池结构系统-箱体盖板"，如图 2-1-6 所示，此盖板处理思路是清除掉模型中的倒圆角特征，然后进行抽中面处理。选择盖板上端一个圆弧倒角，显示圆弧半径为

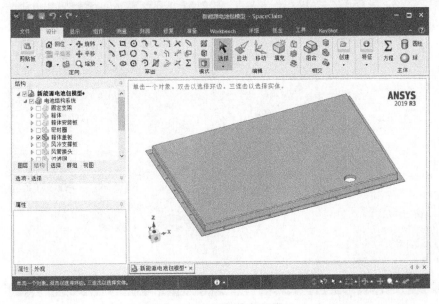

图 2-1-6 显示箱体盖板模型

3mm，单击"选择"→"圆角"→"所有圆角等于 3mm"→"填充"，将所有半径为 3mm 的倒圆角删除掉，如图 2-1-7 所示，然后选择盖板下端一个圆弧倒角，半径为 1.5mm，单击"所有圆角等于 1.5mm"→"填充"，将所有半径为 1.5mm 的倒圆角删掉，如图 2-1-8 所示，然后翻转模型，显示风道与盖板接口地方，选择圆弧倒角，显示圆弧半径为 2mm，单击"填充"将其删掉，如图 2-1-9 所示。以上操作中"所有圆角等于 3mm 或 2mm"是 SCDM 中根据特征批量选择，可以加快模型处理速度，对于复杂模型特别有效。

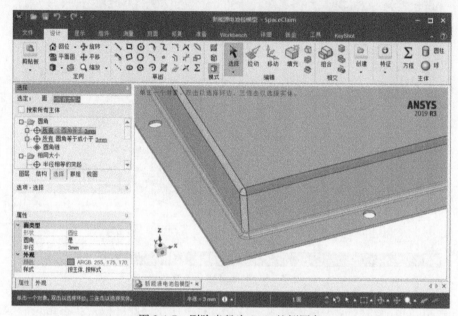

图 2-1-7　删除半径为 3mm 的倒圆角

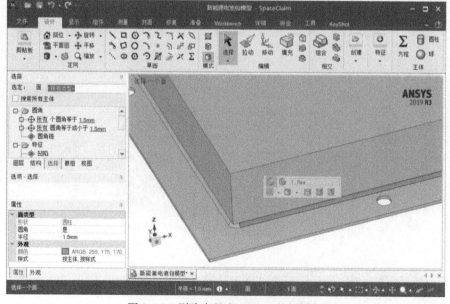

图 2-1-8　删除半径为 1.5mm 的倒圆角

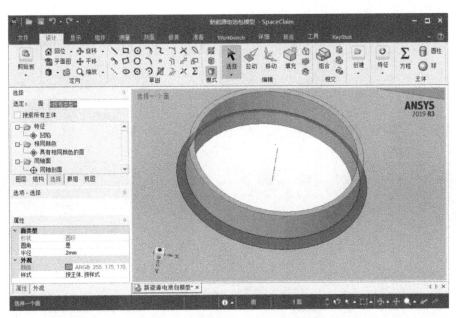

图 2-1-9　删除半径为 2mm 倒圆角

下面对"电池结构系统-箱体盖板"进行抽中面处理，单击"准备"→"中间面"，这时图形显示区域显示需要"选择一对偏移面"，双击盖板上表面，盖板上表面变为蓝色，下表面变为绿色，如图 2-1-10 所示，这表示已经选择好需要偏移的两个面，然后单击绿色"对号"进行抽中面，中面抽取完成以后图形显示仍然为实体，双击实体变为透明壳体，在左边"结构"显示"中间面-箱体盖板"厚度为 1.5mm，如图 2-1-11 所示。

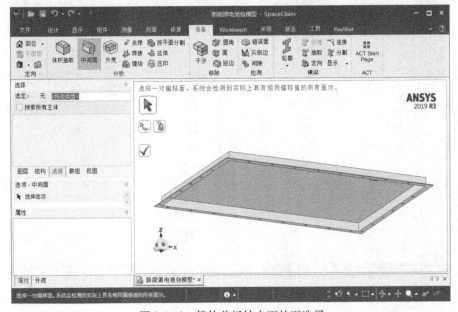

图 2-1-10　箱体盖板抽中面的面选择

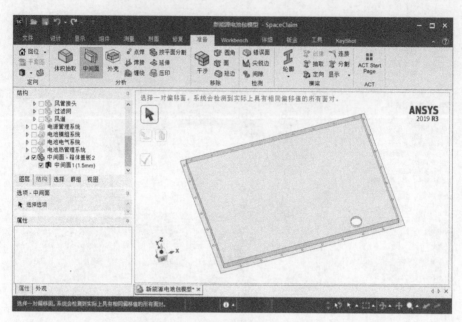

图 2-1-11 箱体盖板抽中面为壳体

显示"电池结构系统-密封圈",如图 2-1-12 所示,此密封圈的处理思路是直接抽取中面。单击"准备"→"中间面",双击密封圈上表面,然后单击图形显示区左上角的对号进行抽中面,双击实体变为透明壳体,在左边"结构"显示"中间面-密封圈"厚度为3mm,如图 2-1-13 所示。

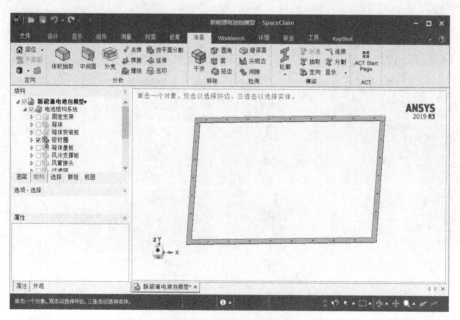

图 2-1-12 箱体密封圈模型

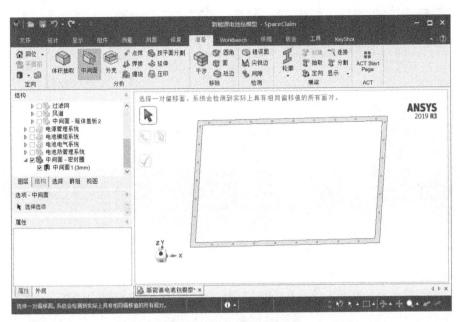

图 2-1-13　箱体密封圈抽中面

　　显示"电池结构系统-箱体",如图 2-1-14 所示,此箱体的处理思路是直接抽取中面。单击"准备"→"中间面",双击箱体外表面,外表面变为蓝色,内表面变为绿色,然后单击左上角"对号"进行抽中面,双击外表面变为透明壳体,在左边"结构"显示"中间面-箱体"厚度为 3mm,如图 2-1-15 所示。

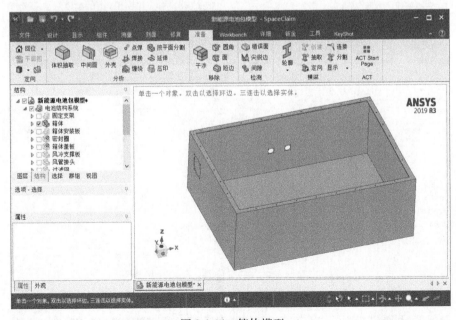

图 2-1-14　箱体模型

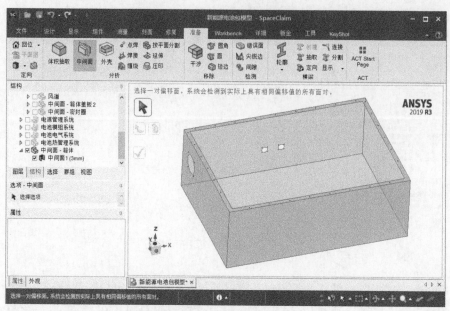

图 2-1-15　箱体模型抽中面

显示"电池结构系统-箱体安装板"如图 2-1-16 所示,箱体安装板一共有 6 个模型完全一样,并且它们在一个组件中,在 SCDM 中,此 6 个箱体安装板在左侧结构树中名字一样,属于同源部件,所以在修改其中任意一个部件时,其余部件会跟随一起改变,这也是 SCDM 批量处理模型方式之一,可以快速处理一样的模型。如果需要单独对某个部件进行处理,而其他部件不需要改动,则可以选择部件,单击右键,选择"源"→"使独立"将其独立出来,如图 2-1-17 所示。

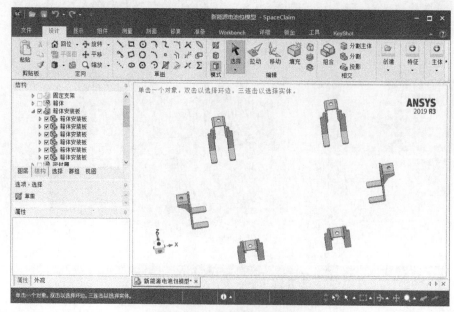

图 2-1-16　箱体安装板模型

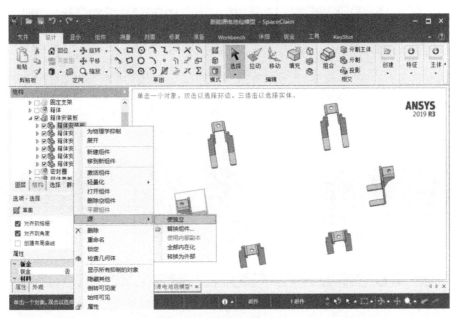

图 2-1-17　箱体安装板模型源独立

　　箱体安装板的处理思路是删除倒圆角并且进行抽中面处理。先选中任意一个部件，检查发现此部件有半径为 3mm、5mm、8mm、10mm 的倒圆角，选择半径为 10mm 的倒圆角，如图 2-1-18 所示，然后单击 "选择"→"圆角"→"所有圆角等于或小于 10mm"→"填充"，把部件中所有倒角全部选中一次性删除，处理完毕后如图 2-1-19 所示。这是 SCDM 中批量选择的另一种方法，用一个范围选择更高效地对模型进行处理。

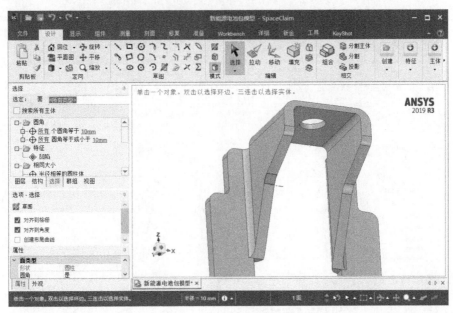

图 2-1-18　箱体安装板删除倒圆角

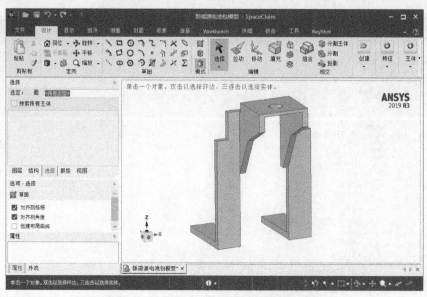

图 2-1-19　箱体安装板清除倒圆角后模型

单击"准备"→"中间面"，显示需要"选择一对偏移面"，左键三击选择箱体安装板整个实体，然后单击有安装孔上表面，则和上表面相连的面都被选中显示为高亮蓝色，与下表面相连的面都被显示为高亮绿色，未被选中的面为厚度方向的面，如图 2-1-20 所示，最后单击绿色"对号"进行抽中面，中面抽取完成以后双击实体变为壳体，观察图 2-1-21 中有两个尖角不利于后期划分网格，按住"CTRL 键"选择 4 个边，然后单击"填充"将其删除。在左边"结构"显示"中间面-箱体安装板"厚度为 6mm，如图 2-1-22 所示。最后对剩下 5 个箱体安装板进行同样抽中面操作，如图 2-1-23 所示。

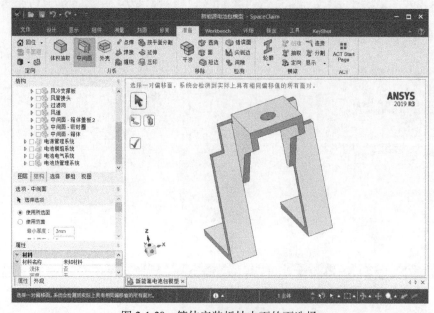

图 2-1-20　箱体安装板抽中面的面选择

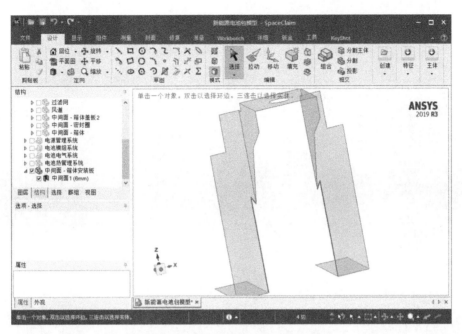

图 2-1-21 箱体安装板抽中面删除尖角

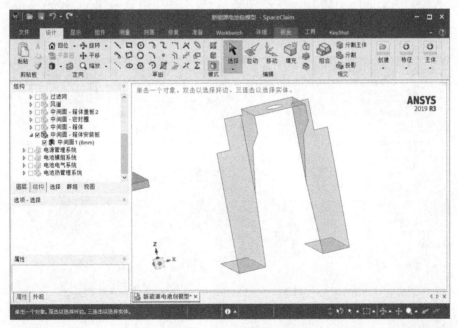

图 2-1-22 箱体安装板抽中面完成

显示"电池结构系统-风冷支撑板",如图 2-1-24 所示,所有模组放在此板上并通过上面的孔进行散热。风冷支撑板的处理思路是删除倒圆角并且进行抽中面处理。检查发现此部件有半径为 3.5mm、2mm 的倒圆角,选择半径为 3.5mm 的倒圆角,然后单击"选择"→"圆

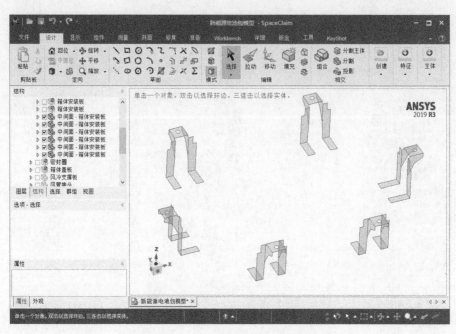

图 2-1-23　6 个箱体安装板抽中面完成

角"→"所有圆角等于或小于 3.5mm"→"填充",把部件中所有倒角全部选中一次性删除,处理完毕后如图 2-1-25 所示。

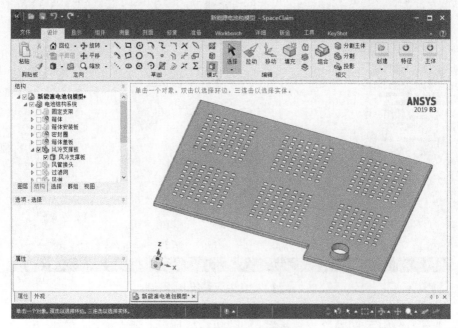

图 2-1-24　风冷支撑板模型

单击"准备"→"中间面",左键三击选择风冷支撑板整个实体,然后单击上表面,则上

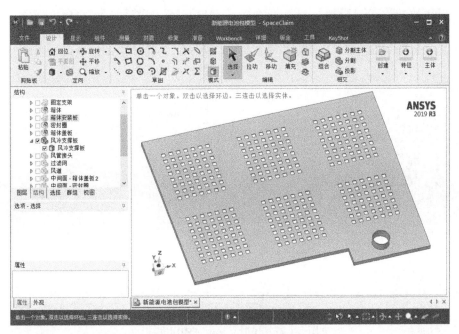

图 2-1-25　风冷支撑板删除倒圆角

表面显示为蓝色，下表面显示为绿色，未被选中的面为厚度方向面，显示为橙色，如图 2-1-26 所示，最后单击绿色"对号"进行抽中面，中面抽取完成以后双击实体变为壳体，在左边 "结构"显示"中间面-风冷支撑板"厚度为 1.5mm，如图 2-1-27 所示。

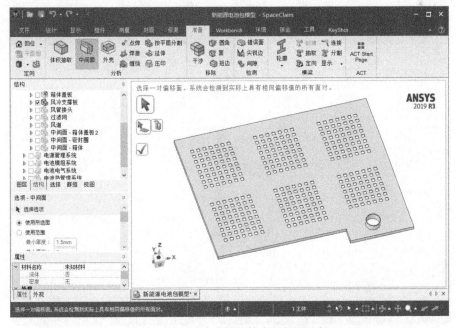

图 2-1-26　风冷支撑板抽中面的面选择

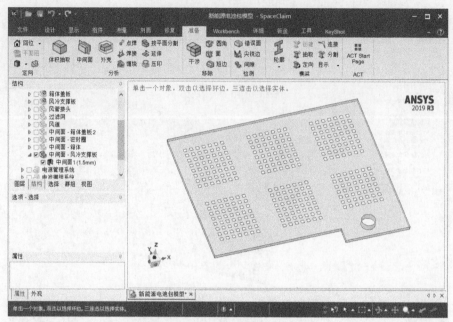

图 2-1-27   风冷支撑板抽中面完成

显示"电池结构系统-固定支架",如图 2-1-28 所示,固定支架在箱体的底部用来固定所有部件,包括电池模组、电源管理系统、电气系统等,这里将所有支架分为 7 组,分别是支架 1、支架 2、支架 3、支架 4、支架 5、支架 6、支架 7,每一组里有一个零件或者多个零件。下面分别对每组支架进行处理,处理思路也是去除小特征,然后抽取中面。

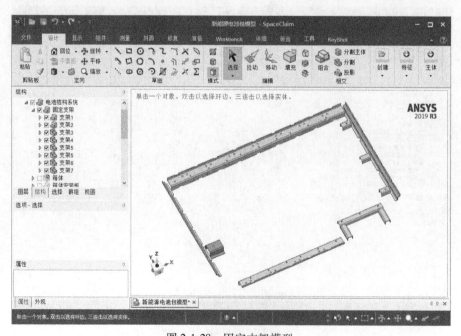

图 2-1-28   固定支架模型

单独显示"电池结构系统-固定支架-支架 1",如图 2-1-29 所示,检查发现此部件有半径为 4mm、2mm 的倒圆角,选择半径为 4mm 的倒圆角,然后单击"选择"→"圆角"→"所有圆角等于或小于 4mm"→"填充",把部件中所有倒角全部选中一次性删除,处理完毕后如图 2-1-30所示。

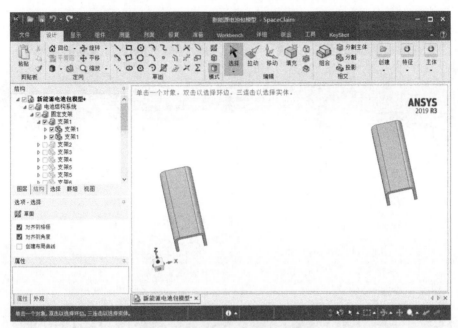

图 2-1-29　固定支架-支架 1 模型

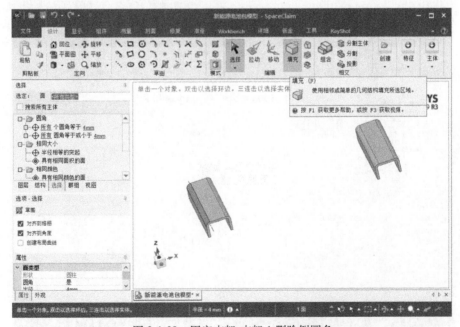

图 2-1-30　固定支架-支架 1 删除倒圆角

单击"准备"→"中间面"，左键三击选择其中一个支持板，然后单击上表面，则上表面显示为蓝色，下表面显示为绿色，未被选中的面为厚度方向面，显示为橙色，如图 2-1-31 所示，最后单击绿色"对号"进行抽中面，中面抽取完成以后双击实体变为壳体，在左边"结构"显示"中间面-支架1"厚度为 2mm，然后对另一个支撑板做同样的操作，结果如图 2-1-32所示。

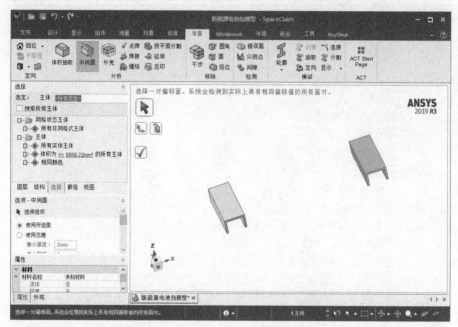

图 2-1-31   固定支架-支架 1 抽中面的面选择

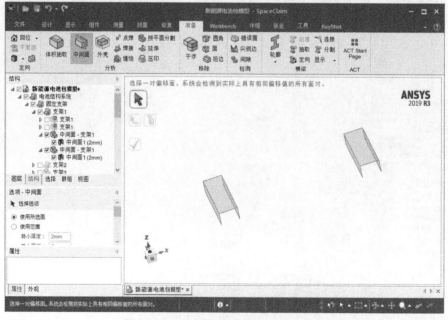

图 2-1-32   固定支架-支架 1 抽中面完成

　　单独显示"电池结构系统-固定支架-支架 2"如图 2-1-33 所示，支架 2 作用是固定电源管理系统，由 3 个零件组成，和支架 1 很相似，检查发现此 3 个部件有半径为 3.2mm、2mm 的倒圆角，先左边零件，选择外侧半径为 3.2mm 的倒圆角，然后单击"选择"→"圆角"→"所有圆角等于或小于 3.2mm"→"填充"，把部件中所有倒角全部选中一次性删除，然后在用同样方法处理中间和右侧零件，处理完毕后如图 2-1-34 所示。

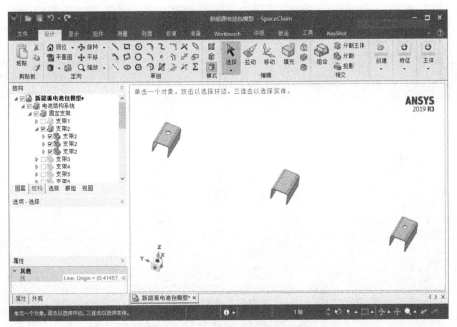

图 2-1-33　固定支架-支架 2 模型

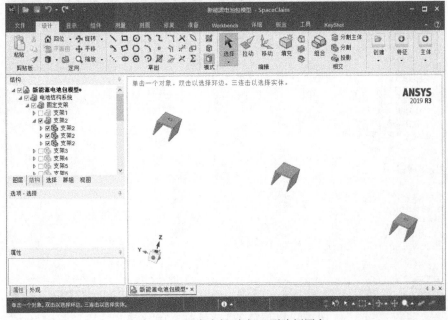

图 2-1-34　固定支架-支架 2 删除倒圆角

单击"准备"→"中间面"，左键三击选择其中一个支持板，然后单击上表面，则上表面显示为蓝色，下表面显示为绿色，未被选中的面为厚度方向面，显示为橙色，如图 2-1-35 所示，最后单击绿色"对号"进行抽中面，中面抽取完成以后双击实体变为壳体，在左边"结构"显示"中间面-支架 2"厚度为 1.2mm，然后对剩下两个支撑板做同样的操作，结果如图 2-1-36 所示。

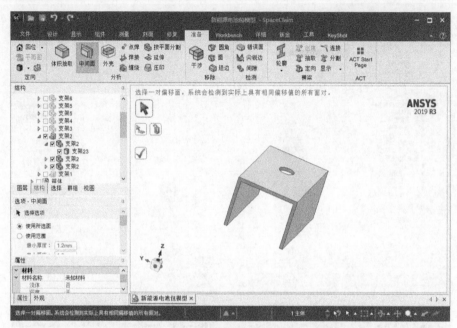

图 2-1-35　固定支架-支架 2 抽中面的面选择

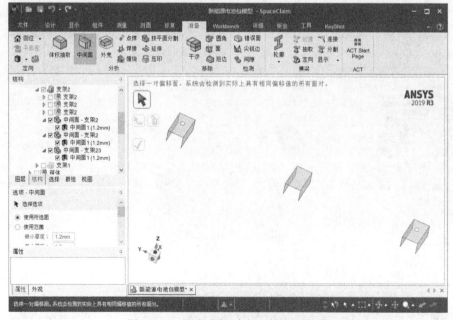

图 2-1-36　固定支架-支架 2 抽中面完成

单独显示"电池结构系统-固定支架-支架 3"如图 2-1-37 所示，支架 3 作用是固定电池模组。检查发现此部件有半径为 4mm、2mm 的倒圆角，选择半径为 4mm 的倒圆角，然后单击"选择"→"圆角"→"所有圆角等于或小于 4mm"→"填充"，把部件中所有倒角全部选中一次性删除，处理完毕后如图 2-1-38 所示。

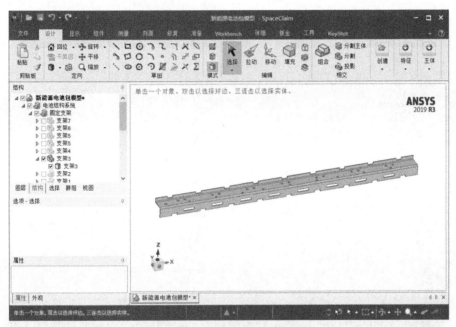

图 2-1-37　固定支架-支架 3 模型

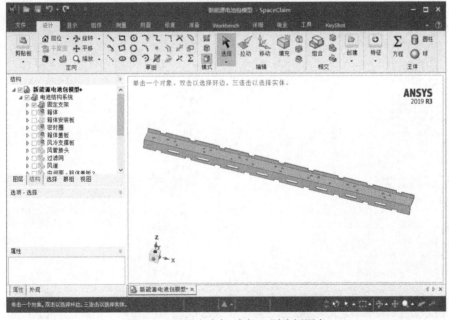

图 2-1-38　固定支架-支架 3 删除倒圆角

单击"准备"→"中间面"，左键三击选择该部件，然后单击上表面，则上表面显示为蓝色，下表面显示为绿色，未被选中的面为厚度方向面，显示为橙色，如图 2-1-39 所示，最后单击绿色"对号"进行抽中面，中面抽取完成以后双击实体变为壳体，在左边"结构"显示"中间面-支架 3"厚度为 2mm，结果如图 2-1-40 所示。

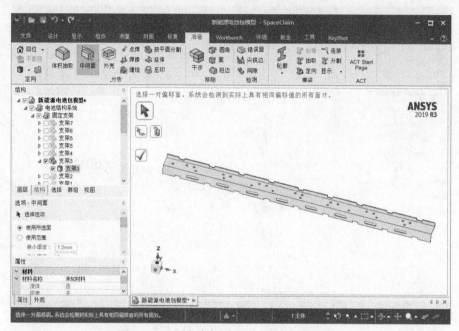

图 2-1-39　固定支架-支架 3 抽中面的面选择

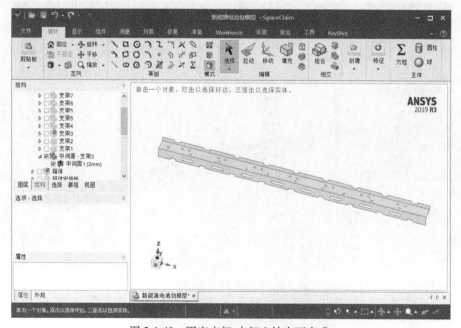

图 2-1-40　固定支架-支架 3 抽中面完成

　　单独显示"电池结构系统-固定支架-支架 4",如图 2-1-41 所示,支架 4 作用也是固定电池模组。检查发现此部件有半径为 4mm、2mm 的倒圆角,选择半径为 4mm 的倒圆角,然后单击"选择"→"圆角"→"所有圆角等于或小于 4mm"→"填充",把部件中所有倒角全部选中一次性删除,处理完毕后如图 2-1-42 所示。

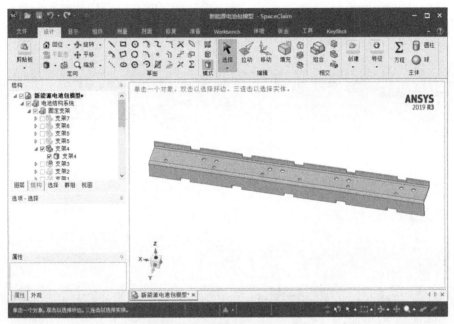

图 2-1-41　固定支架-支架 4 模型

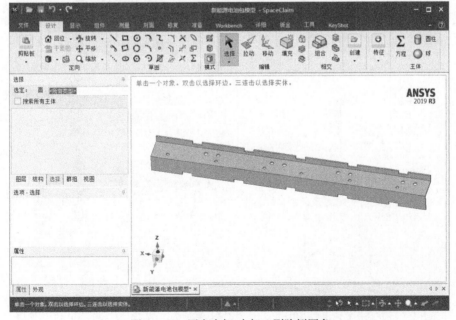

图 2-1-42　固定支架-支架 4 删除倒圆角

单击"准备"→"中间面"，左键三击选择该部件，然后单击上表面，则上表面显示为蓝色，下表面显示为绿色，未被选中的面为厚度方向面，显示为橙色，如图 2-1-43 所示，最后单击绿色"对号"进行抽中面，中面抽取完成以后双击实体变为壳体，在左边"结构"显示"中间面-支架 4"厚度为 2mm，结果如图 2-1-44 所示。

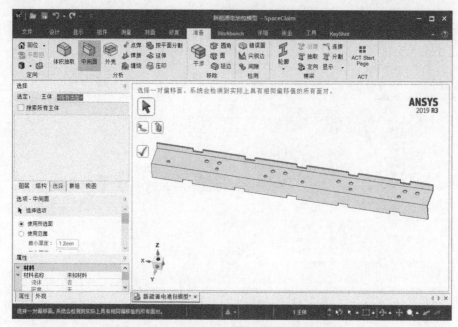

图 2-1-43 固定支架-支架 4 抽中面的面选择

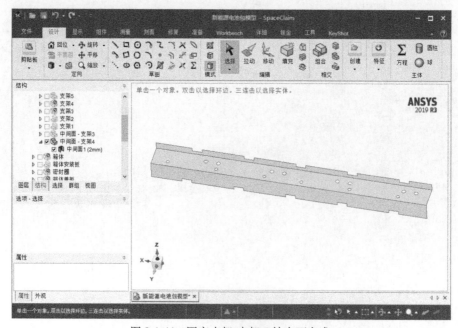

图 2-1-44 固定支架-支架 4 抽中面完成

单独显示"电池结构系统-固定支架-支架 5",如图 2-1-45 所示,支架 5 由两个相同的部件分布在箱体底部两侧,作用是加强箱体结构。选择其中一个部件如图 2-1-46 所示,检查发现此部件有半径为 4mm、2mm 的倒圆角,选择半径为 4mm 的倒圆角,然后单击"选择"→"圆角"→"所有圆角等于或小于 4mm"→"填充",把部件中所有倒角全部选中一次性删除,处理完毕后如图 2-1-47 所示。

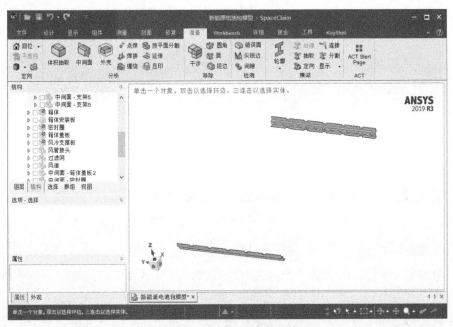

图 2-1-45　固定支架-支架 5 模型

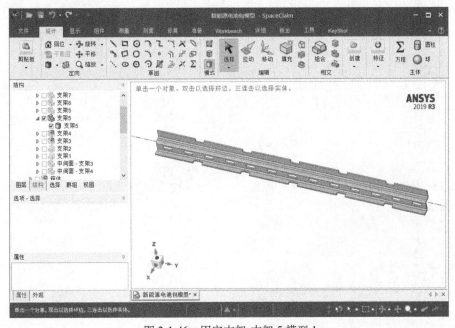

图 2-1-46　固定支架-支架 5 模型 1

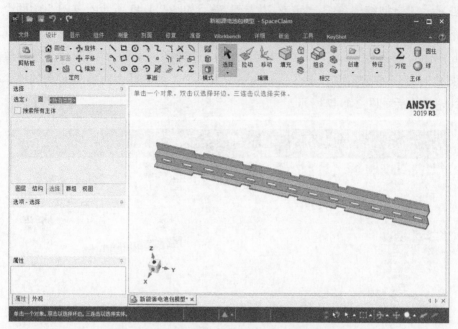

图 2-1-47　固定支架-支架 5 模型 1 删除倒圆角

单击"准备"→"中间面"，左键三击选择该部件，然后单击上表面，则上表面显示为蓝色，下表面显示为绿色，未被选中的面为厚度方向面，显示为橙色，如图 2-1-48 所示，最后单击绿色"对号"进行抽中面，中面抽取完成以后双击实体变为壳体，在左边"结构"显示"中间面-支架 5"厚度为 2mm，结果如图 2-1-49 所示。然后对支架 5 另一个部件进行相同操作，这里不再叙述。

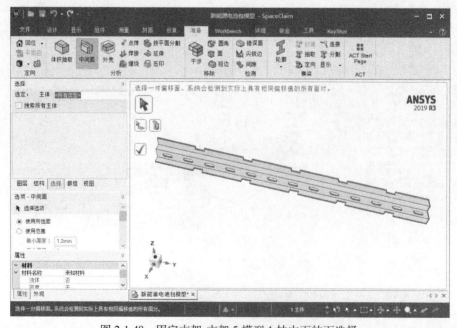

图 2-1-48　固定支架-支架 5 模型 1 抽中面的面选择

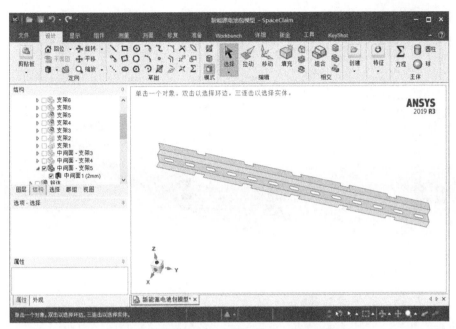

图 2-1-49　固定支架-支架 5 模型 1 抽中面完成

　　单独显示"电池结构系统-固定支架-支架 6",如图 2-1-50 所示,支架 6 作用是固定电池模组,检查发现此部件有半径为 4mm、2mm 的倒圆角,选择半径为 4mm 的倒圆角,然后单击"选择"→"圆角"→"所有圆角等于或小于 4mm"→"填充",把部件中所有倒角全部选中一次性删除,处理完毕后如图 2-1-51 所示。

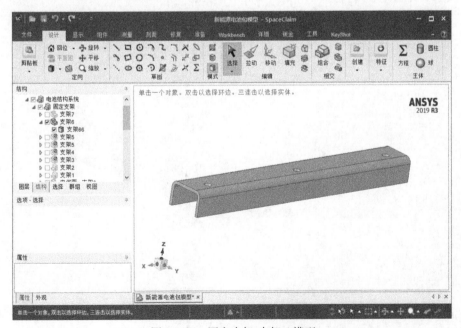

图 2-1-50　固定支架-支架 6 模型

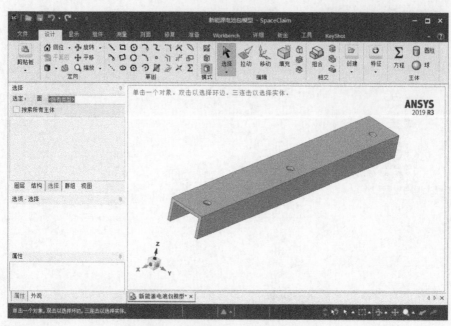

图 2-1-51　固定支架-支架 6 删除倒圆角

单击"准备"→"中间面"，左键三击选择该部件，然后单击上表面，则上表面显示为蓝色，下表面显示为绿色，未被选中的面为厚度方向面，显示为橙色，如图 2-1-52 所示，最后单击左上角"对号"进行抽中面，中面抽取完成以后双击实体变为壳体，在左边"结构"显示"中间面-支架 6"厚度为 2mm，结果如图 2-1-53 所示。

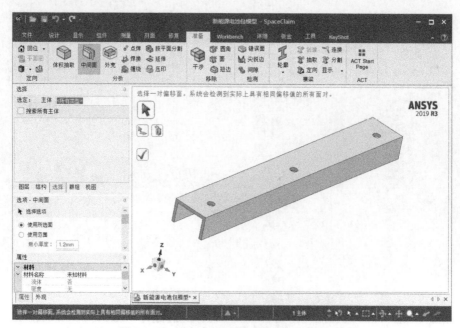

图 2-1-52　固定支架-支架 6 抽中面的面选择

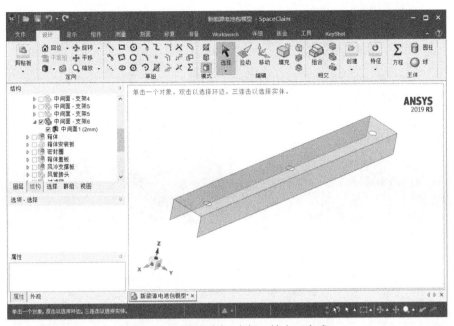

图 2-1-53　固定支架-支架 6 抽中面完成

　　单独显示"电池结构系统-固定支架-支架 7",如图 2-1-54 所示,支架 7 作用是固定电池电气系统,检查发现此部件有半径为 4mm、2mm 的倒圆角,选择半径为 4mm 的倒圆角,然后单击"选择"→"圆角"→"所有圆角等于或小于 4mm"→"填充",把部件中所有倒角全部选中一次性删除,处理完毕后如图 2-1-55 所示。

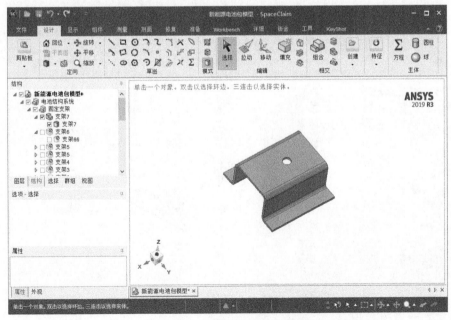

图 2-1-54　固定支架-支架 7 模型

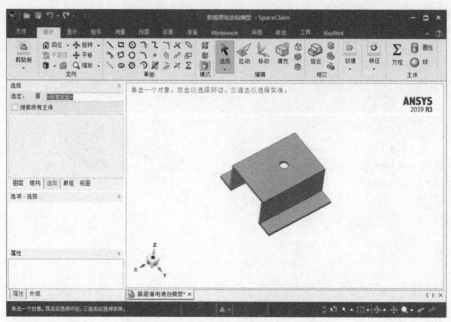

图 2-1-55　固定支架-支架 7 删除倒圆角

　　单击"准备"→"中间面"，左键三击选择该部件，然后单击上表面，则上表面显示为蓝色，下表面显示为绿色，未被选中的面为厚度方向面，显示为橙色，如图 2-1-56 所示，最后单击绿色"对号"进行抽中面，中面抽取完成以后双击实体变为壳体，在左边"结构"显示"中间面-支架 7"厚度为 2mm，结果如图 2-1-57 所示。

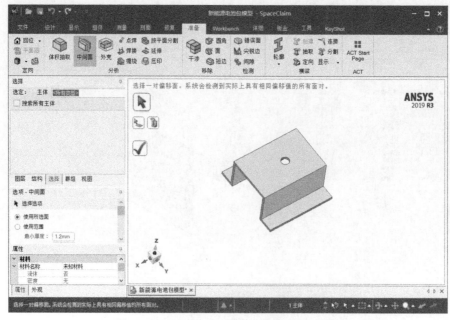

图 2-1-56　固定支架-支架 7 抽中面的面选择

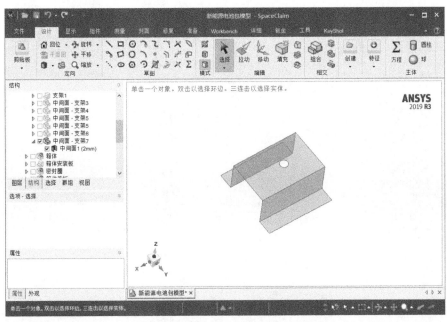

图 2-1-57　固定支架-支架 7 抽中面完成

　　单独显示"电池结构系统-风道",如图 2-1-58 所示,该管子只需要抽取中面即可,单击"准备"→"中间面",左键三击选择该部件,然后单击外表面,则外表面显示为蓝色,内表面显示为绿色,未被选中的面为厚度方向面,显示为橙色,如图 2-1-59 所示,最后单击绿色"对号"进行抽中面,中面抽取完成以后双击实体变为壳体,在左边"结构"显示"中间面-风道"厚度为 1.5mm,结果如图 2-1-60 所示。

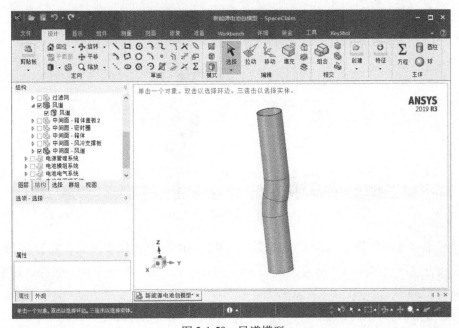

图 2-1-58　风道模型

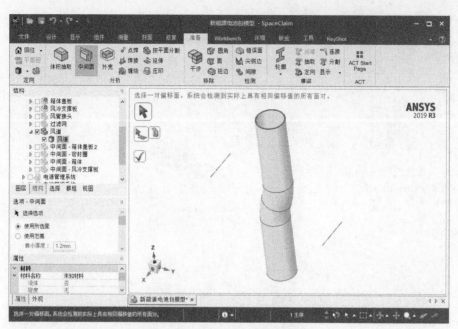

图 2-1-59　风道抽中面的面选择

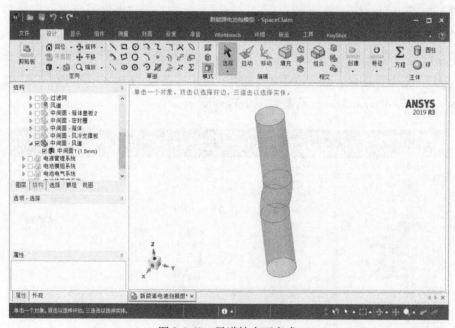

图 2-1-60　风道抽中面完成

　　单独显示"电池结构系统-风管接头"，如图 2-1-61 所示，风管接头作用是箱体和抽风机风管，检查发现此部件有半径为 5mm、2mm、1.5mm、1mm 的倒圆角，还有两处倒直角，选择半径为 5mm 的倒圆角，然后单击"选择"→"圆角"→"所有圆角等于或小于 5mm"→"填充"，把部件中所有倒圆角全部选中一次性删除，过程如图 2-1-62 所示。

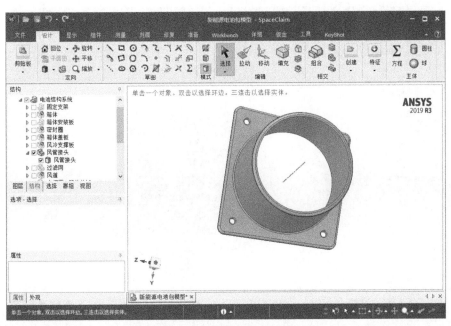

图 2-1-61　风管接头模型

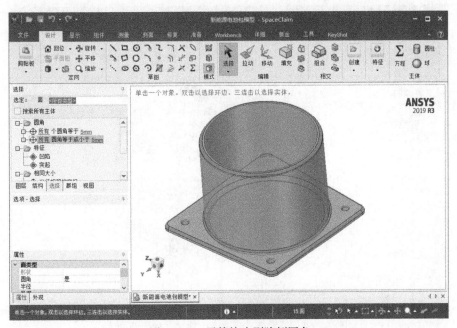

图 2-1-62　风管接头删除倒圆角

选择风管接头的接口处倒直角，如图 2-1-63 所示，单击"填充"，删除该倒直角。

选择 4 个螺栓孔其中一个的倒直角，然后单击左侧"选择"→"具有相同的面积"，这时就选中了所有 4 个螺栓孔的倒直角，如图 2-1-64 所示，最后单击"填充"，将其删除掉。

单击"准备"→"中间面"，左键三击选择该部件，然后单击上表面，则上表面显示为蓝

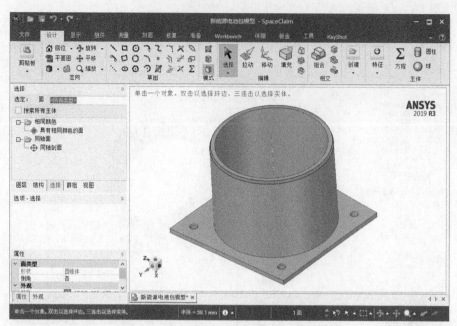

图 2-1-63　风管接头删除接口处倒直角

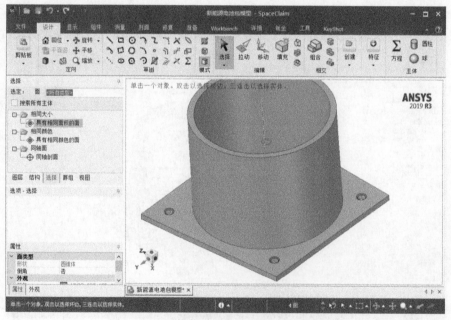

图 2-1-64　风管接头删除 4 个螺栓孔处倒直角

色，下表面显示为绿色，未被选中的面为厚度方向面，显示为橙色，如图 2-1-65 所示，最后单击左上角"对号"进行抽中面，中面抽取完成以后双击实体变为壳体，在左边"结构"显示"中间面-风管接头"厚度为 3mm，结果如图 2-1-66 所示。

如图 2-1-67 所示，显示电池结构系统所有部件模型处理完毕以后的模型，因为是壳体，所以都变为透明显示。

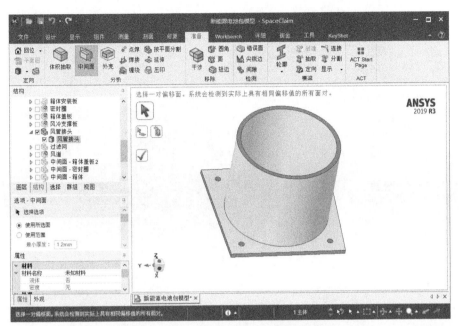

图 2-1-65 风管接头抽中面的面选择

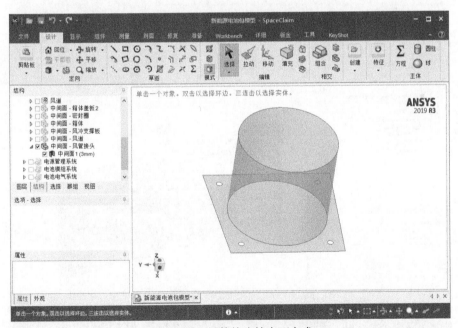

图 2-1-66 风管接头抽中面完成

2.1.2 电池电源管理系统模型处理

接下来对电池电源管理系统进行处理，如图 2-1-68 所示，电源管理系统由电源管理系统固定板和电源管理器组成，固定板固定在箱体上，电源管理器又固定在固定板上。

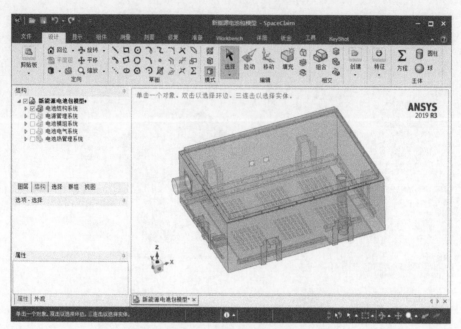

图 2-1-67　电池结构系统模型处理完成

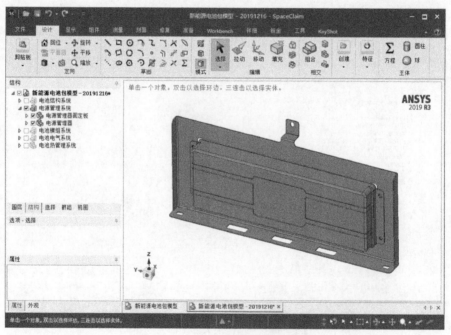

图 2-1-68　电池电源管理系统模型

单独显示"电源管理系统-电源管理器固定板",如图 2-1-69 所示,检查发现此零件是由钣金命令生成,会在拐角的地方出现不闭合的面,如图 2-1-70 所示,选中其中一个拐角处 3 个面为橙色,然后单击"填充",将其删除,然后对另一个拐角同样操作。此部件有半径为 5mm、3mm、2mm、1.8mm、1.7mm、1.5mm、0.5mm 的倒圆角,选择半径为 5mm 的倒圆角，然后单击"选择"→"圆角"→"所有圆角等于或小于 5mm"→"填充"，把部件中所有倒圆角全部选中一次性删除，过程如图 2-1-71 所示。

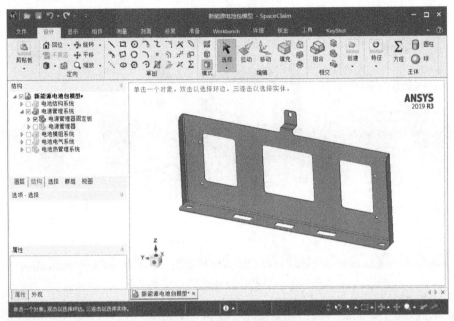

图 2-1-69　电源管理器固定板模型

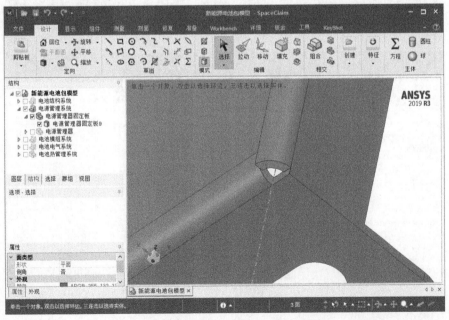

图 2-1-70　电源管理器固定板删除不闭合面

单击"准备"→"中间面"，左键三击选择该部件，然后单击上表面，则上表面显示为蓝色，下表面显示为绿色，未被选中的面为厚度方向面，显示为橙色，但是固定板右侧一个面

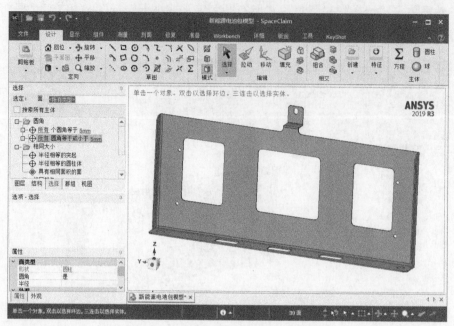

图 2-1-71 电源管理器固定板删除倒圆角

显示为绿色，代表此处偏移的两个面选反了，如图 2-1-72 所示，选中左侧"交换边"并且单击此面进行交换，如图 2-1-73 所示，最后单击绿色"对号"进行抽中面，中面抽取完成以后双击实体变为壳体，在左边"结构"显示"中间面-电源管理器固定板"厚度为1.2mm，结果如图 2-1-74 所示。

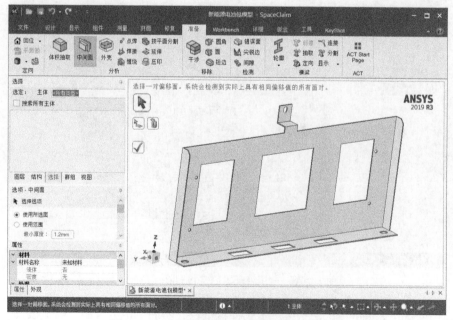

图 2-1-72 电源管理器固定板抽中面的面选择

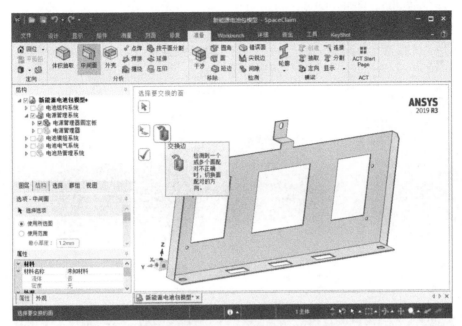

图 2-1-73　电源管理器固定板交换选择面

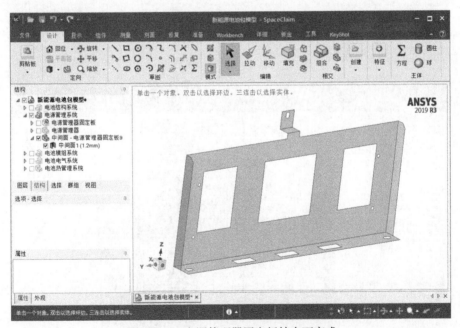

图 2-1-74　电源管理器固定板抽中面完成

单独显示"电源管理系统-电源管理器",如图 2-1-75 所示,安装在电源管理器固定板上,这里将其简化为一个实体。

这里有很多圆角相连,清除圆角需要按照一定顺序,首先选中"电源管理器"右侧连续面,如图 2-1-76 所示,然后单击"填充",清除掉此处。然后对左侧连续面做同样操作。

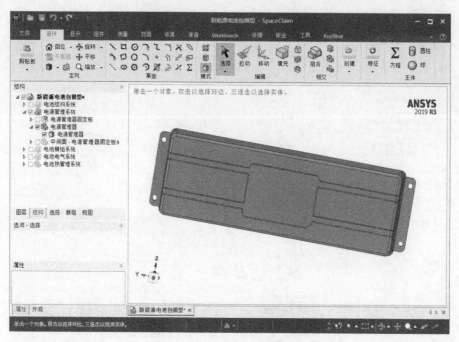

图 2-1-75　电源管理器模型

接下来选中前端面上所有面，包括倒圆角，如图 **2-1-77** 所示，然后单击"填充"，即删除掉所有前端凹陷的面，如图 **2-1-78** 所示。

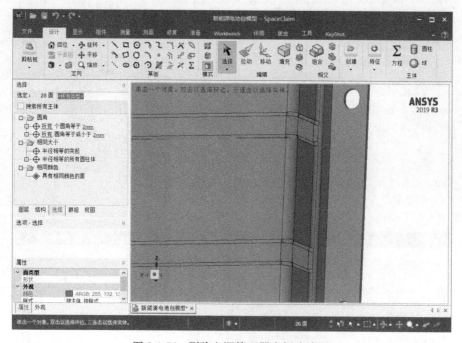

图 2-1-76　删除电源管理器右侧连续面

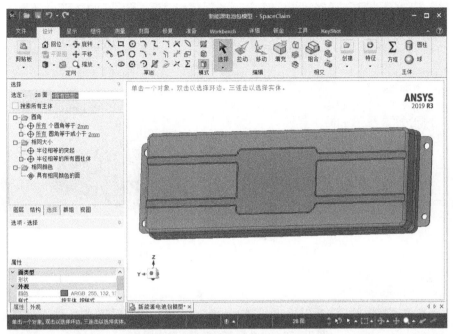

图 2-1-77　删除电源管理器前端面倒圆角

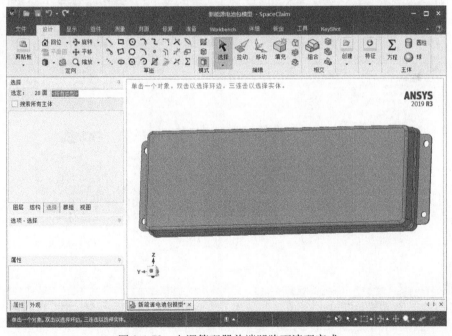

图 2-1-78　电源管理器前端凹陷面清理完成

接下来选中 4 个角最大的倒圆角，如图 2-1-79 所示，即半径为 6mm 的圆角，然后单击"选择"→"所有圆角等于或小于 6mm"→"填充"，就把剩下所有倒圆角全部清除完毕，最后如图 2-1-80 所示。

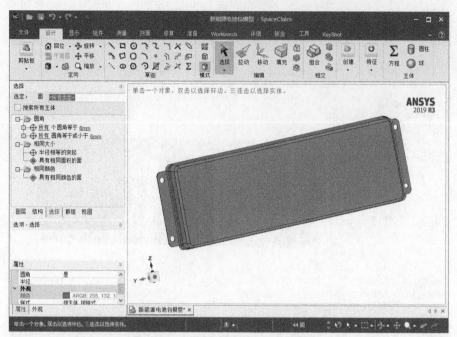

图 2-1-79 电源管理器模型删除倒圆角

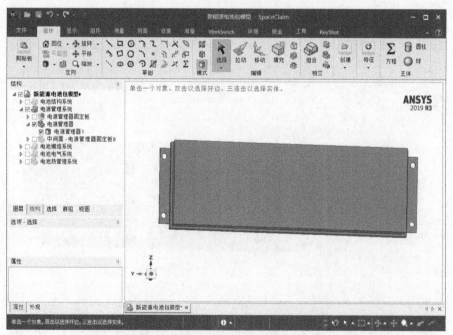

图 2-1-80 电源管理器模型处理完成

2.1.3 电池模组系统模型处理

接下来对电池包电池模组系统进行处理，如图 2-1-81 所示，电池模组系统由模组 1、模组 2、模组 3 组成，固定在箱体地面固定支架上。

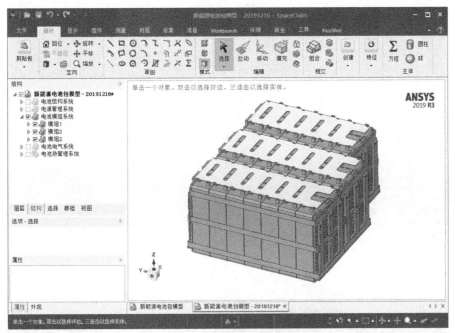

图 2-1-81　电池模组系统模型

显示"模组 1"，如图 2-1-82 所示。单独显示"电池模组系统-模组 1-绝缘板"，如图 2-1-83所示，绝缘板的作用是防止短路，保护电极和 FPC，检查发现此部件有半径为 8mm、5mm、3mm、1mm 的倒圆角，选择半径为 8mm 的倒圆角，然后单击"选择"→"圆角"→"所有圆角等于或小于 8mm"→"填充"，把部件中所有倒角全部选中一次性删除，处理完毕后如图 2-1-84 所示。

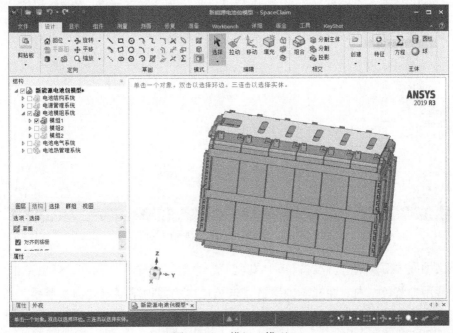

图 2-1-82　模组 1 模型

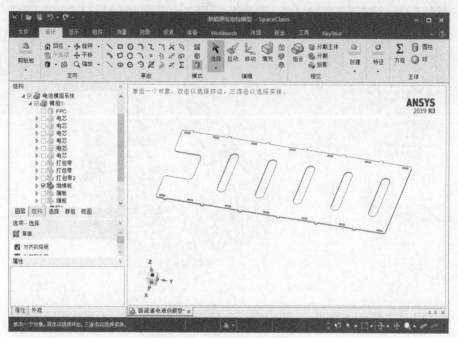

图 2-1-83　模组 1-绝缘板模型

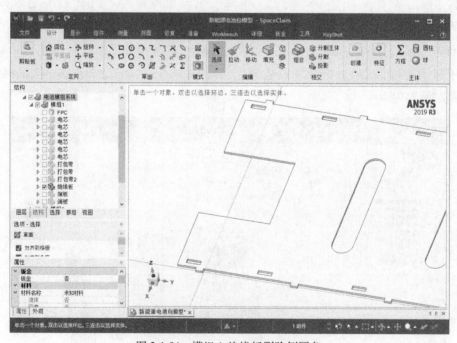

图 2-1-84　模组 1-绝缘板删除倒圆角

　　接下来抽取中面，单击"准备"→"中间面"，左键三击选择该部件，然后单击外表面，则外表面显示为蓝色，内表面显示为绿色，未被选中的面为厚度方向面，显示为橙色，如图 2-1-85所示，最后单击左上角"对号"进行抽中面，中面抽取完成以后双击实体变为壳体，在左边"结构"显示"中间面-绝缘板"厚度为 1.5mm，结果如图 2-1-86 所示。

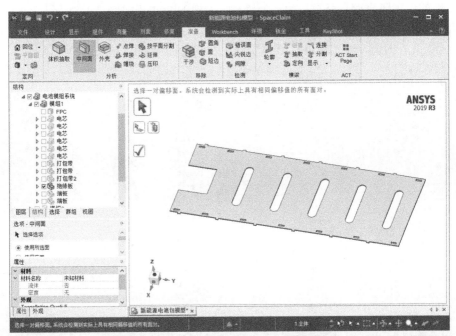

图 2-1-85　模组 1-绝缘板抽中面的面选择

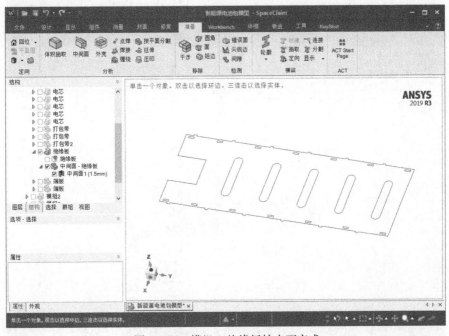

图 2-1-86　模组 1-绝缘板抽中面完成

单独显示"电池模组系统-模组 1-FPC"，如图 2-1-87 所示，FPC 的作用是解决电池包杂乱的线束、温度采集、电路保护等问题。检查发现此部件有半径为 2.3mm、2mm 的倒圆角，

选择半径为 2.3mm 的倒圆角，然后单击 "选择"→"圆角"→"所有圆角等于或小于 2.3mm"→
"填充"，把部件中所有倒角全部选中一次性删除，处理完毕后如图 2-1-88 所示。

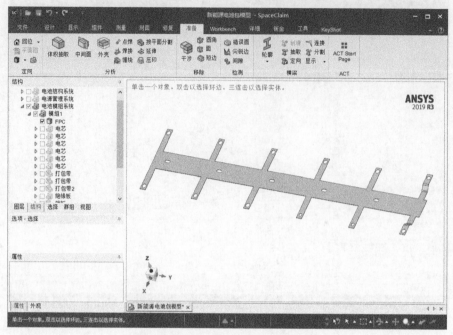

图 2-1-87　模组 1-FPC 模型

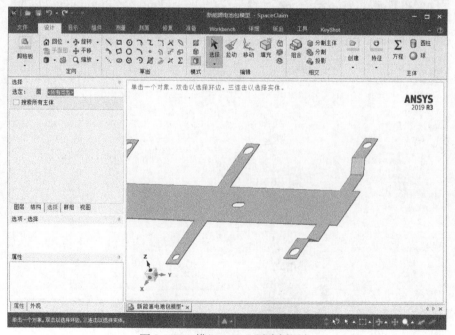

图 2-1-88　模组 1-FPC 删除倒圆角

接下来抽取中面，单击 "准备"→"中间面"，左键三击选择该部件，然后单击外表面，
则外表面显示为蓝色，内表面显示为绿色，未被选中的面为厚度方向面，显示为橙色，如

图 2-1-89 所示，最后单击左上角"对号"进行抽中面，中面抽取完成以后双击实体变为壳体，在左边"结构"显示"中间面-FPC1"厚度为 0.35mm，结果如图 2-1-90 所示。

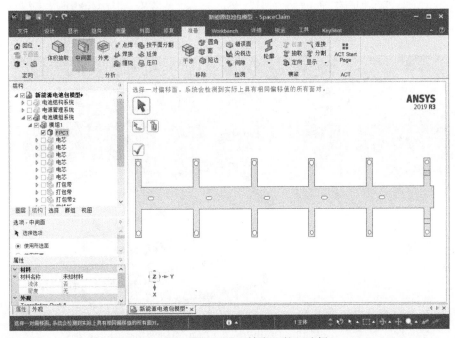

图 2-1-89　模组 1-FPC 抽中面的面选择

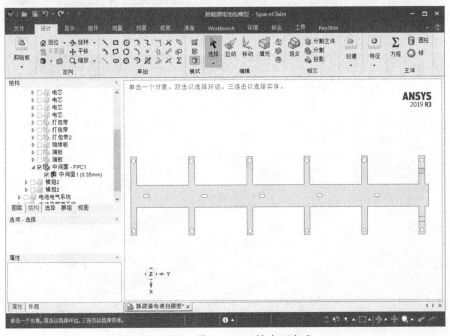

图 2-1-90　模组 1-FPC 抽中面完成

显示"电池模组系统-模组 1-打包带"，如图 2-1-91 所示，一共有 3 个打包带，上面两个打包带是同一个源，最下面打包带是独立的，打包带的作用是固定电池模组。检查发现此部件有半径为 3mm、2mm 的倒圆角，选择半径为 3mm 的倒圆角，如图 2-1-92 所示，然后单击 "选择"→"圆角"→"所有圆角等于或小于 3mm"→"填充"，把部件中所有倒角全部选中一次性删除，处理完毕后如图 2-1-93 所示，注意中间打包带也同时处理完毕。

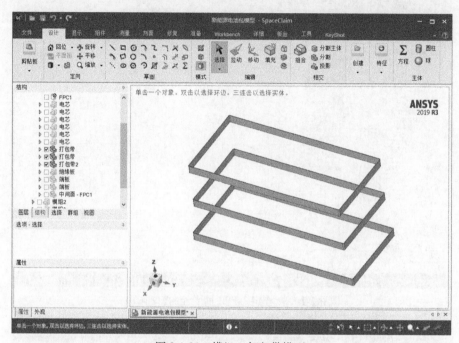

图 2-1-91　模组 1-打包带模型

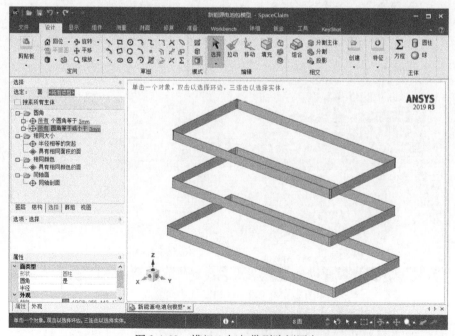

图 2-1-92　模组 1-打包带删除倒圆角

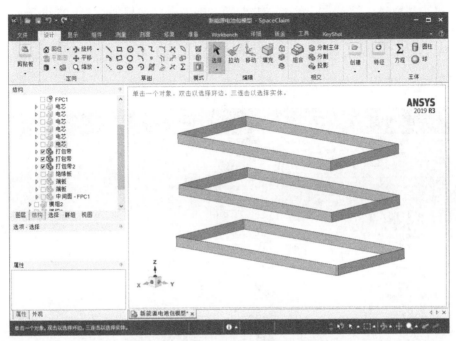

图 2-1-93　模组 1-打包带模型处理完成

　　接下来抽取中面，单击"准备"→"中间面"，左键三击选择该部件，然后单击外表面，则外表面显示为蓝色，内表面显示为绿色，未被选中的面为厚度方向面，显示为橙色，如图 2-1-94所示，最后单击左上角"对号"进行抽中面，中面抽取完成以后双击实体变为壳

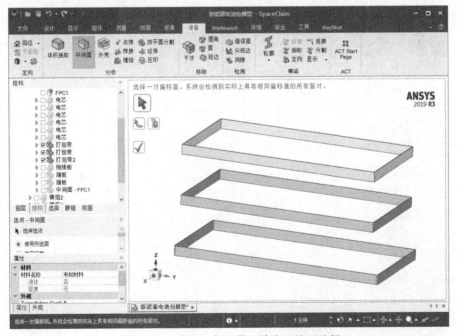

图 2-1-94　模组 1-打包带 1 抽中面的面选择

体，在左边"结构"显示"中间面-打包带"厚度为 1mm，结果如图 2-1-95 所示。注意上一步清理倒圆角，上面和中间打包带因为同源所以同时被清理，这一步并不会同时抽中面，因此需要再对中间打包带抽取一次中面。最后，对最下面打包带 2 进行清理圆角和抽中面同样操作，最后如图 2-1-96 所示。

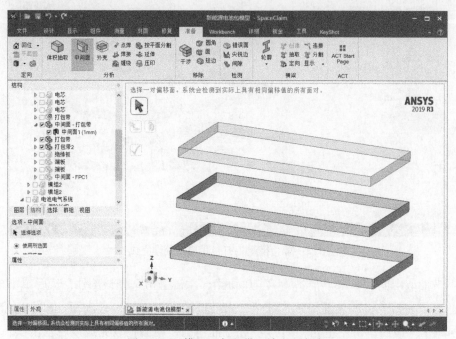

图 2-1-95　模组 1-打包带 1 抽中面完成

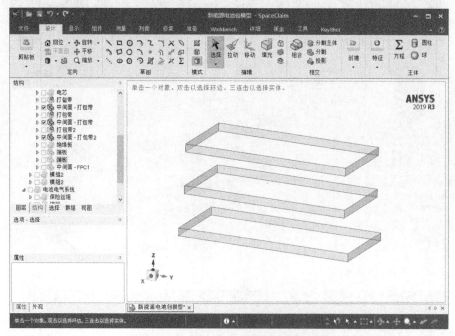

图 2-1-96　模组 1-打包带抽中面完成

"电池模组系统"→"模组 1" 一共有 6 个电芯，单独显示其中一个，如图 2-1-97 所示，检查发现此部件有半径为 7.4mm、1mm、0.5mm 的倒圆角，选择半径为 7.4 的倒圆角，如图 2-1-98所示，然后单击 "选择"→"圆角"→"所有圆角等于或小于 7.4mm"→"填充"，把部件中所有倒角全部选中一次性删除，处理完毕后如图 2-1-99 所示。

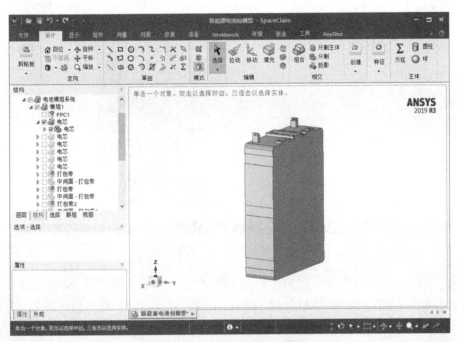

图 2-1-97　模组 1-电芯 1 模型

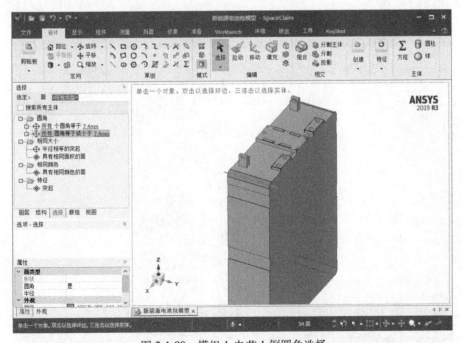

图 2-1-98　模组 1-电芯 1 倒圆角选择

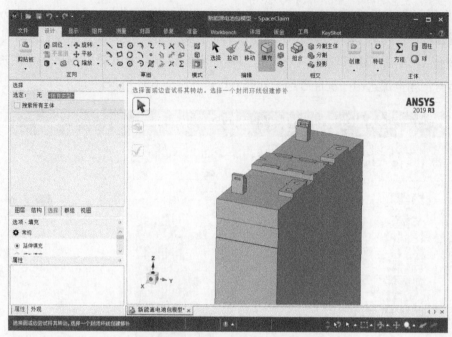

图 2-1-99　模组 1-电芯 1 删除倒圆角

清理完倒圆角，接下来清理小特征，单击左下角坐标系蓝色"Z"小圆点改变视图角度，然后单击"填充"，按住"Ctrl"键，选择小特征，如图 2-1-100 中橙色所示，然后单击"对号"，然后再选择两个卡扣上的两个面，如图 2-1-101 所示，然后单击绿色"对号"，清理完毕以后如图 2-1-102 所示。显示所有 6 个电芯，因为同源所以都已经处理完毕，如图 2-1-103所示。

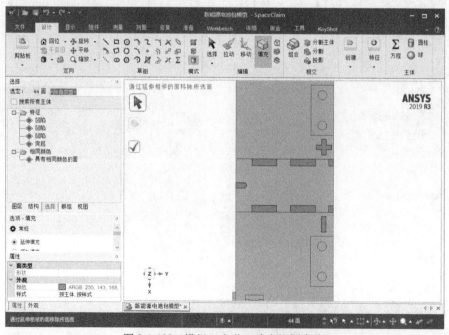

图 2-1-100　模组 1-电芯 1 改变视图角度

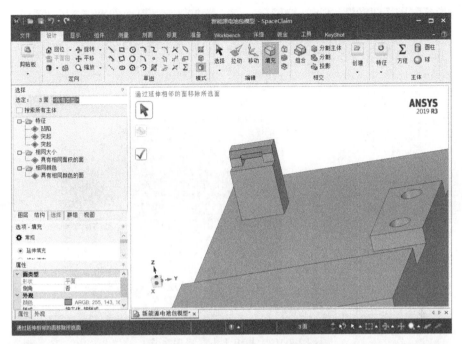

图 2-1-101　模组 1-电芯 1 卡扣面选择

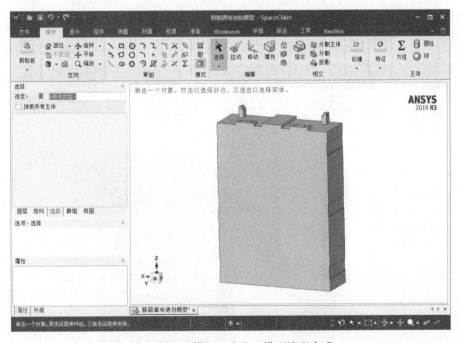

图 2-1-102　模组 1-电芯 1 模型清理完成

单独显示"电池模组系统-模组 1-端板 1",如图 2-1-104 所示,检查发现此部件有半径为 6mm、5mm、3mm、3mm 的倒圆角,选择半径为 6 的倒圆角,如图 2-1-105 所示,然后单

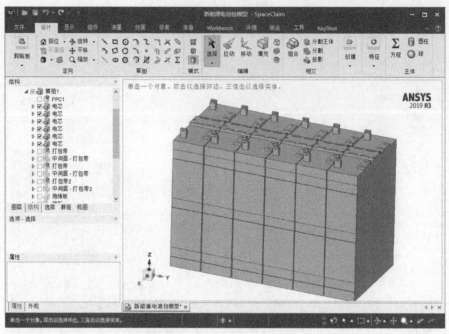

图 2-1-103　模组 1-电芯清理完成

击 "选择"→"圆角"→"所有圆角等于或小于 6mm"→"填充"，把部件中所有倒角全部选中一次性删除，处理完毕后如图 2-1-106 所示。显示另外一个端板，因为两个端板同源，所以也已经处理完毕，如图 2-1-107 所示。

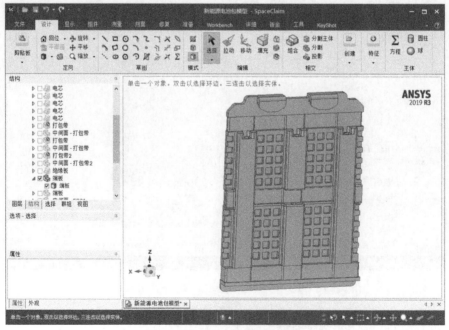

图 2-1-104　模组 1-端板 1 模型

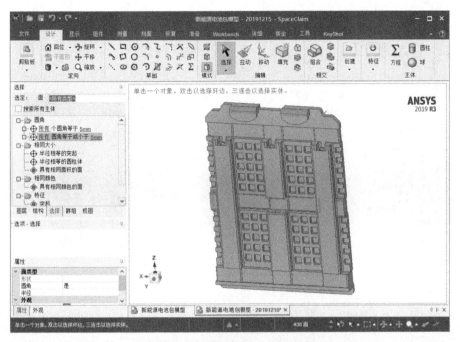

图 2-1-105　模组 1-端板 1 圆角选择

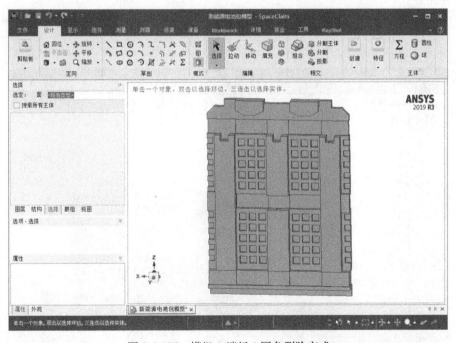

图 2-1-106　模组 1-端板 1 圆角删除完成

"电池模组系统-模组 1"处理完毕以后，如图 2-1-108 所示。接下来显示两个模组 2，如图 2-1-109 所示，发现两个模组 2 的端板和电芯已经处理完毕，因为它们和模组 1 端板和电

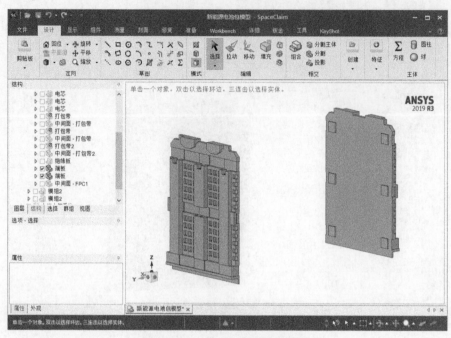

图 2-1-107　模组 1-端板清理完成

芯也是同源的，对剩下 FPC、打包带、绝缘板进行处理，处理方法同上，处理完毕以后如图 2-1-110所示。这里体现出 SCDM 中同源部件的优势，可以减少大量重复的工作量，加快效率。

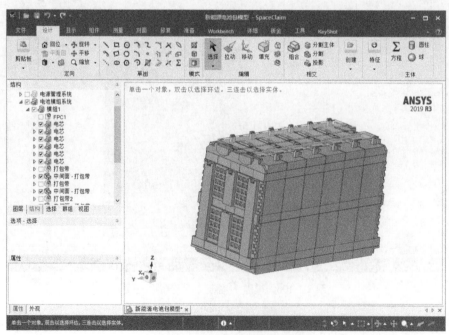

图 2-1-108　模组 1 清理完成

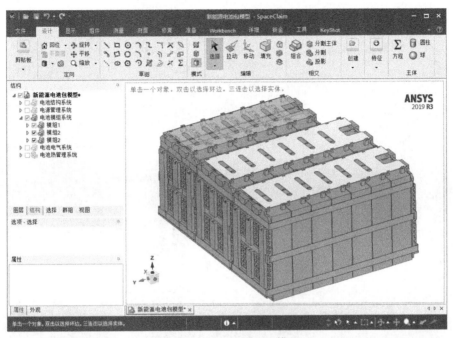

图 2-1-109　显示模组 2 模型

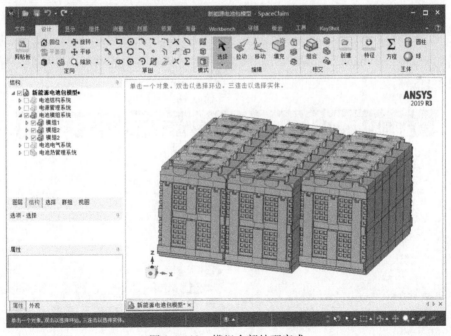

图 2-1-110　模组全部处理完成

2.1.4　电池电气系统模型处理

接下来对电池电气系统处理，如图 2-1-111 所示，电气系统由电气器件组和铜排组成。

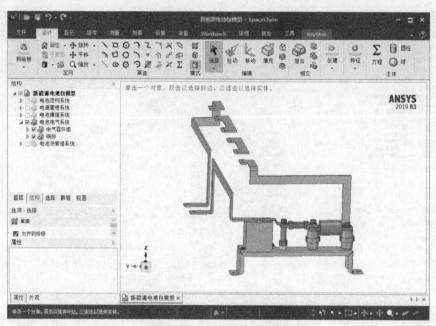

图 2-1-111　电池电气系统模型

　　单独显示"电池电气系统-铜排"，如图 2-1-112 所示，由铜排 1、铜排 2、铜排 3、铜排 4 组成，单独显示"铜排 1"如图 2-1-113 所示，检查发现此部件有半径为 6mm、3mm、2mm 的倒圆角，选择半径为 6mm 的倒圆角，如图 2-1-114 所示，然后单击"选择"→"圆角"→"所有圆角等于或小于 6mm"→"填充"，把部件中所有倒角全部选中一次性删除，处理完毕后如图 2-1-115 所示。

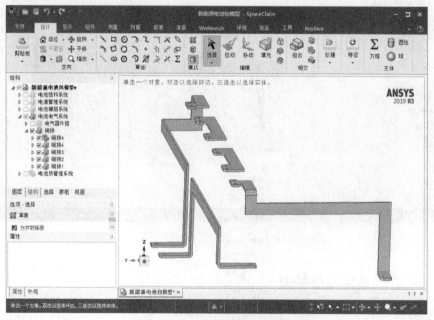

图 2-1-112　电池电气系统-铜排模型

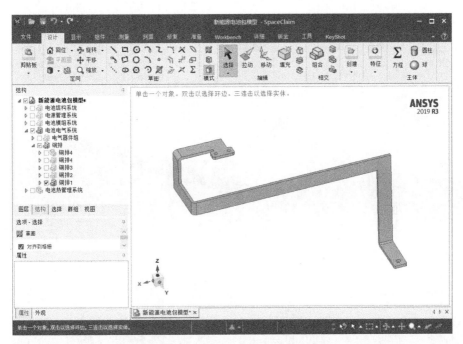

图 2-1-113　电池电气系统-铜排 1 模型

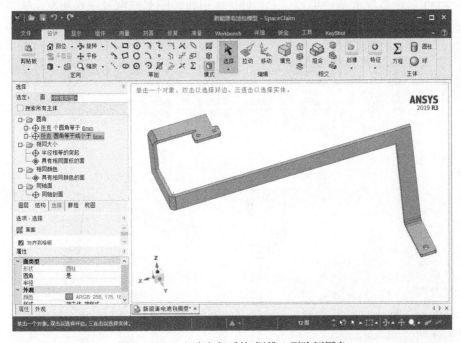

图 2-1-114　电池电气系统-铜排 1 删除倒圆角

接下来抽取中面，单击"准备"→"中间面"，左键三击选择该部件，然后单击外表面，则外表面显示为蓝色，内表面显示为绿色，未被选中的面为厚度方向面，显示为橙色，如

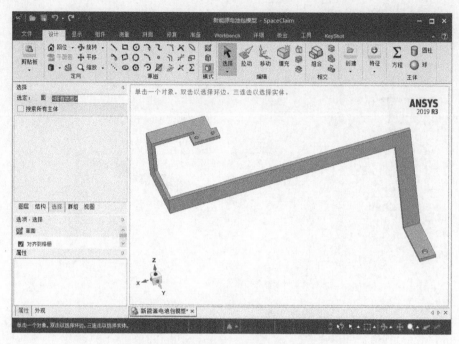

图 2-1-115　电池电气系统-铜排 1 处理完成

图 2-1-116所示，最后单击左上角"对号"进行抽中面，中面抽取完成以后双击实体变为壳体，在左边"结构"显示"中间面-铜排 1"厚度为 4mm，结果如图 2-1-117 所示。

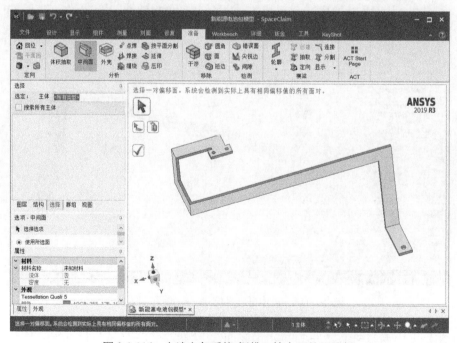

图 2-1-116　电池电气系统-铜排 1 抽中面的面选择

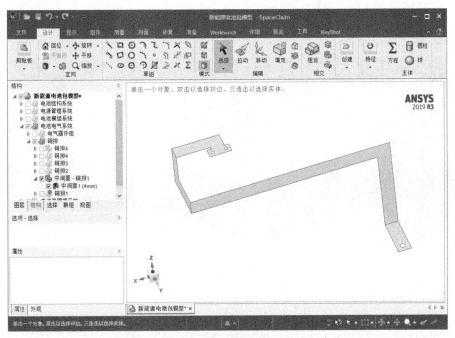

图 2-1-117　电池电气系统-铜排 1 抽中面完成

接下来用同样的方法对铜排 2、铜排 3、铜排 4 进行处理，处理完毕以后的"电池电气系统-铜排"如图 2-1-118 所示。所有铜排的厚度都为 4mm。

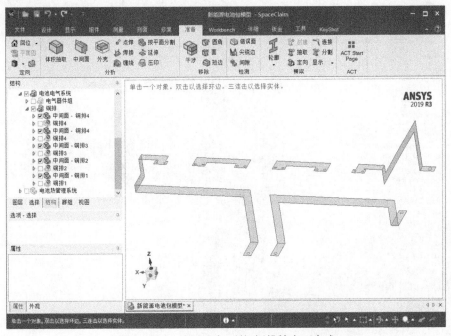

图 2-1-118　电池电气系统-铜排抽中面完成

单独显示"电池电气系统-电气器件组-底座"，如图 2-1-119 所示，选择钣金拐弯处的 5

个小面，如图 2-1-120 所示，单击"填充"，将其删除，然后重复此操作，删除其余 3 个拐角处小面，清理完成以后如图 2-1-121 所示。

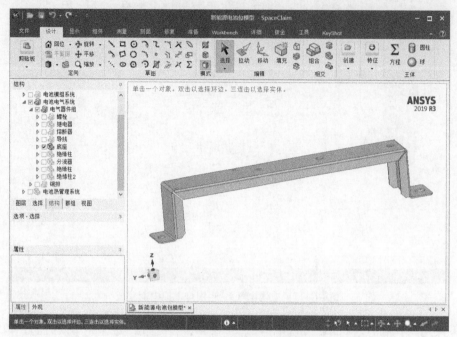

图 2-1-119　电气器件组-底座模型

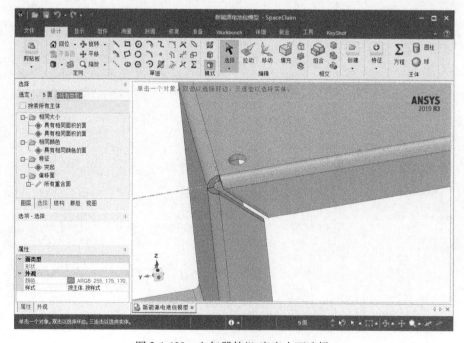

图 2-1-120　电气器件组-底座小面选择

检查发现此部件有半径为 3mm、2.3mm、1.5mm、0.8mm 的倒圆角，选择半径为 3mm

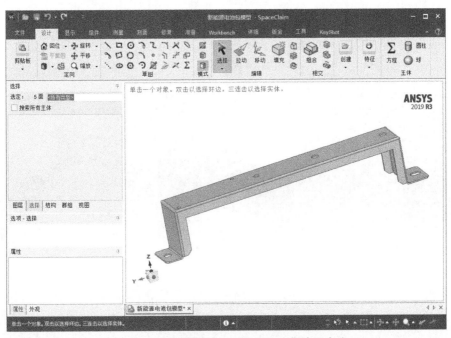

图 2-1-121　电气器件组-底座小面全部清理完成

的倒圆角，如图 2-1-122 所示，然后单击"选择"→"圆角"→"所有圆角等于或小于 3mm"→"填充"，把部件中所有倒角全部选中一次性删除，处理完毕后如图 2-1-123 所示。

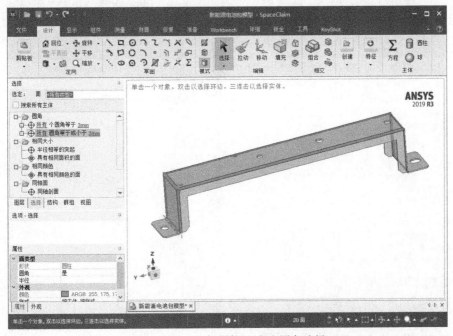

图 2-1-122　电气器件组-底座圆角选择

接下来抽取中面，单击"准备"→"中间面"，左键三击选择该部件，然后单击外表面，

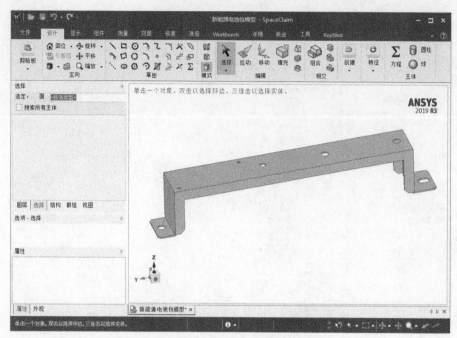

图 2-1-123　电气器件组-底座圆角清理完成

则外表面显示为蓝色，内表面显示为绿色，未被选中的面为厚度方向面，显示为橙色，如图 2-1-124 所示，最后单击左上角"对号"进行抽中面，中面抽取完成以后双击实体变为壳体，在左边"结构"显示"中间面-底座"厚度为 1.5mm，结果如图 2-1-125 所示。

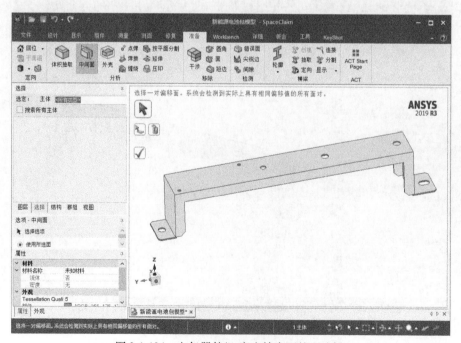

图 2-1-124　电气器件组-底座抽中面的面选择

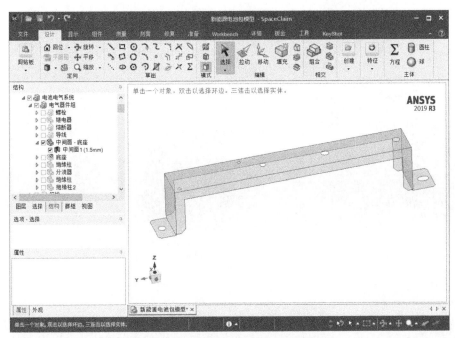

图 2-1-125　电气器件组-底座抽中面完成

　　显示"电池电气系统-电气器件组-绝缘柱"，如图 2-1-126 所示，检查发现此部件有半径为 3mm、2mm、1mm 的倒圆角，选择半径为 3mm 的倒圆角，如图 2-1-127 所示，然后单击"选择"→"圆角"→"所有圆角等于或小于 3mm"→"填充"，把部件中所有倒角全部选中一次性删除，处理完毕后如图 2-1-128 所示。另一个绝缘柱和此绝缘柱同源，所以也已经处理好。

图 2-1-126　电气器件组-绝缘柱模型

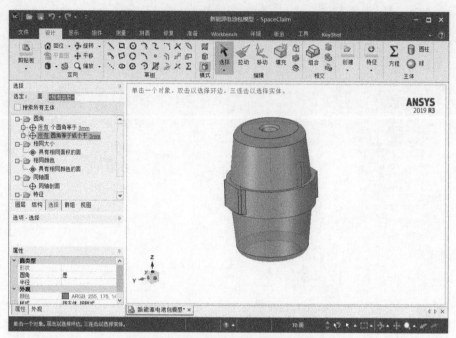

图 2-1-127　电气器件组-绝缘柱删除倒圆角

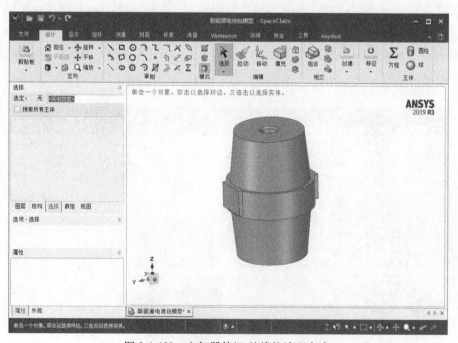

图 2-1-128　电气器件组-绝缘柱清理完成

　　显示"电池电气系统-电气器件组-导线",如图 2-1-129 所示,处理方法和铜排一样,此处省略,处理完成以后如图 2-1-130 所示。另外,继电器、熔断器、分流器、绝缘柱不需要进行简化。因此,"电池电气系统"处理完毕,如图 2-1-131 所示。

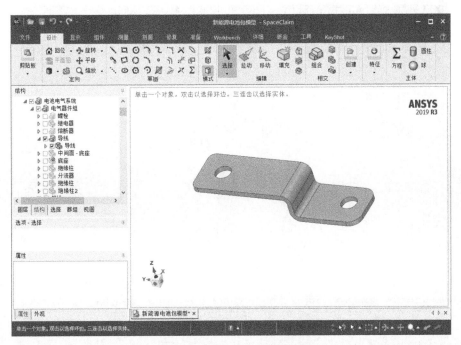

图 2-1-129　电气器件组-导线模型

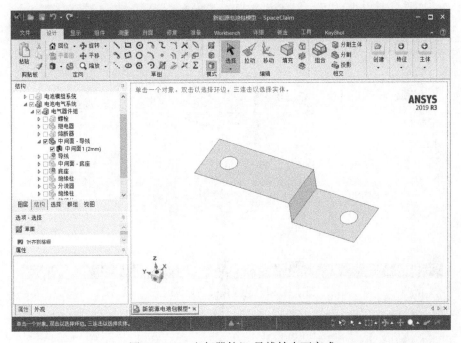

图 2-1-130　电气器件组-导线抽中面完成

此电池包采用风冷、抽风风机和热管理器部件在电池包箱体外并且用软管连接，所以此处不考虑电池热管理系统部件。所有模型全部处理完成如图 2-1-132 所示。

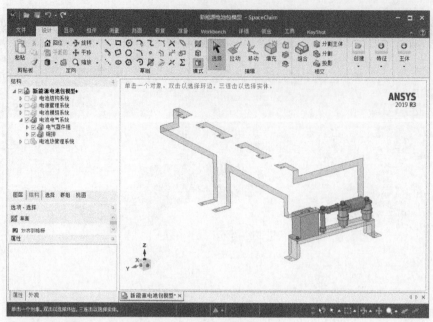

图 2-1-131 电池电气系统处理完成

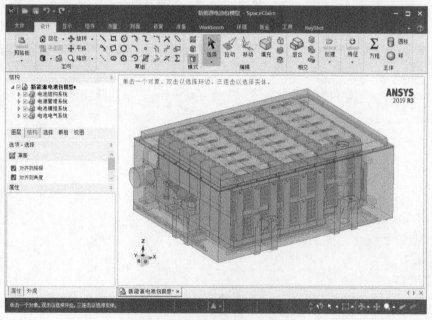

图 2-1-132 电池包模型处理完成

2.2 电池包有限元模型网格划分

如图 2-2-1 所示，打开 Mechanical 界面，在结构树"Model（A4）"下"Geometry"里有 4 个部分，分别是：①电池电气系统；②电池模组系统；③电源管理系统；④电池结构系统。在上一节中在 ANSYS SpcaeClaim 里进行模型简化并且分组，这里在 Mechanical 中会自动将 SpcaeClaim 里分组复制到此处。现在对 4 个部分开始划分网格。

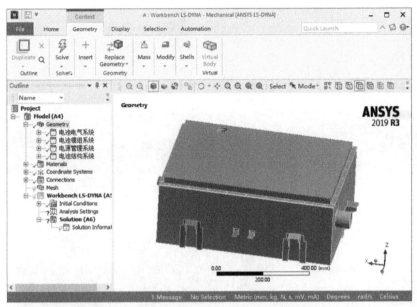

图 2-2-1　处理完成的电池包模型

2.2.1　电池结构系统网格划分

先对"电池结构系统"划分网格，右键单击"电池结构系统"，选择"Hide Bodies Outside Group"，单独显示电池结构系统的模型，如图 2-2-2 所示。

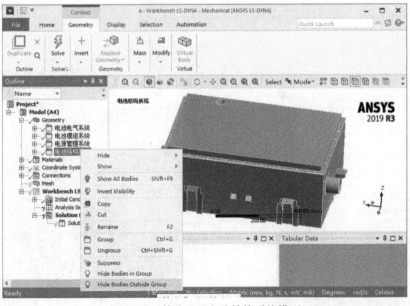

图 2-2-2　单独显示电池结构系统模型

先进行全局网格划分，如图 2-2-3 所示，单击结构树 "Model（A4）" 下 "Mesh"，在 "Details of Mesh" 下方 "Defaults" 里，在 "Element Size" 后面填写会有一个默认的网格大小，这里我们将其改为 "5mm"，即全局网格为 5mm。

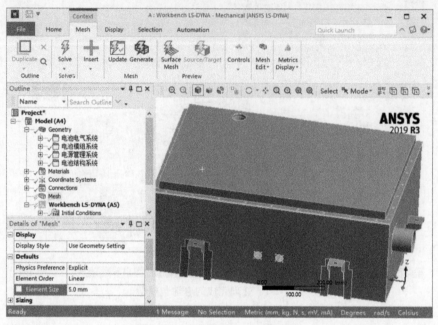

图 2-2-3　全局网格划分参数设定

在结构树 "Model（A4）" 下 "Geometry" 里，选择 "电池结构系统"→"中间面-箱体盖板"，然后右键单击 "Hide All Other Bodies"，单独显示电池包箱体盖板，如图 2-2-4 所示。

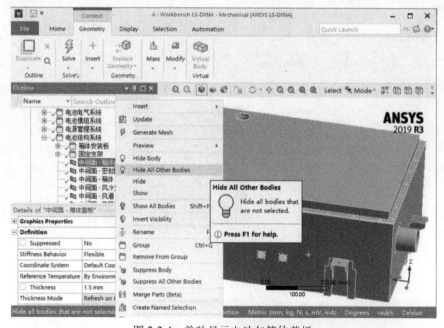

图 2-2-4　单独显示电池包箱体盖板

如图 2-2-5 所示，找到结构树"Model（A4）"下"Mesh"，右键单击"Mesh"→"Insert"→"Method"，插入网格划分方法。

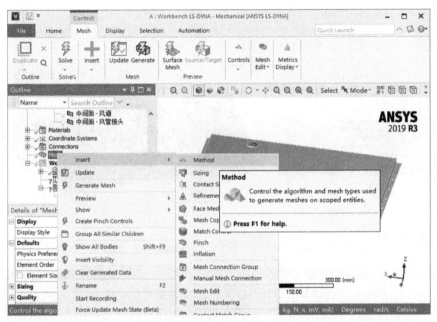

图 2-2-5　插入网格划分方法

如图 2-2-6 所示，左键单击"Mesh"里"Automatic Method"，在图形窗口中选择箱体盖板，然后在详细信息里的"Scope"中，Geometry 后面单击"Apply"，最后在 Method 后面选择"Quadrilateral Dominant"，即以四面体为主导的网格划分方法，如图 2-2-7 所示。

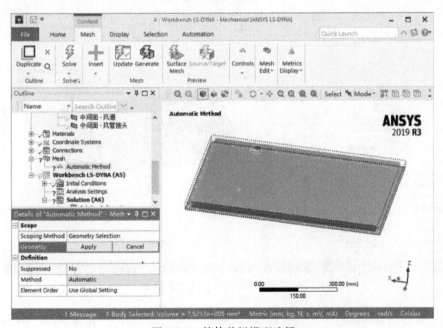

图 2-2-6　箱体盖板模型选择

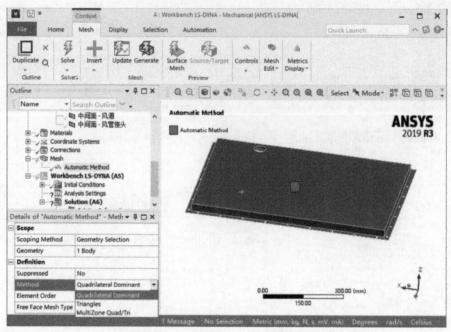

图 2-2-7　选择四面体为主导的网格划分方法

右键单击"Automatic Method"→"Rename Based on Definition"，对网格划分方法重新根据定义命名，如图 2-2-8 所示。

图 2-2-8　网格划分方法重新命名

右键"Method on 中间面-箱体盖板"→"Group"，然后对组进行重命名为"中间面-箱体盖板"，如图 2-2-9 和图 2-2-10 所示。

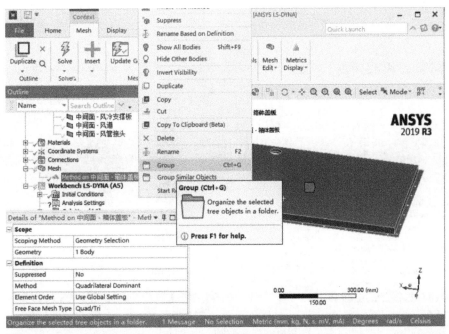

图 2-2-9　插入分组选项

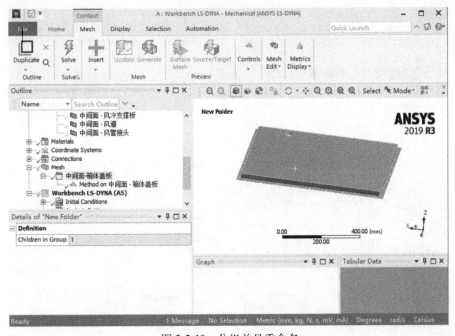

图 2-2-10　分组并且重命名

右键"中间面-箱体盖板"→"Hide Body"，隐藏箱体盖板实体，如图 2-2-11 所示。右键单击"中间面-密封圈"→"Show Body"，显示密封圈壳体，如图 2-2-12 所示。

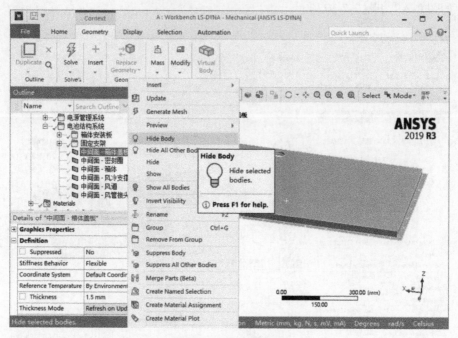

图 2-2-11　隐藏箱体盖板

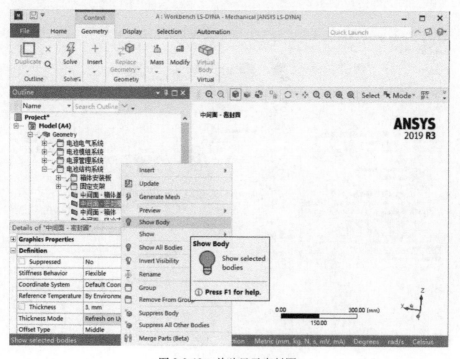

图 2-2-12　单独显示密封圈

用同样的方法设置"中间面-密封圈"、"中间面-箱体"、"中间面-风冷支撑板"、"中间面-风道"、"中间面-风管接头",如图 2-2-13～图 2-2-17 所示。

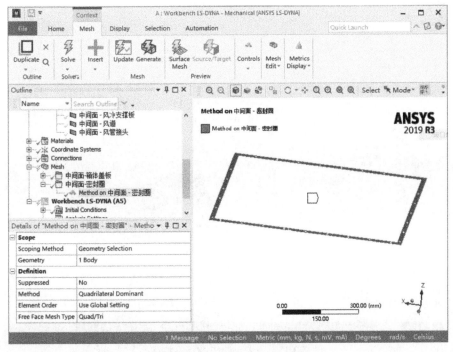

图 2-2-13　设置密封圈网格参数

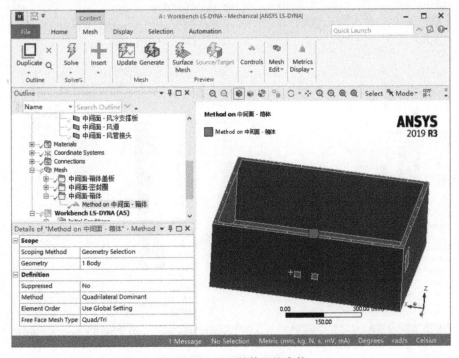

图 2-2-14　设置箱体网格参数

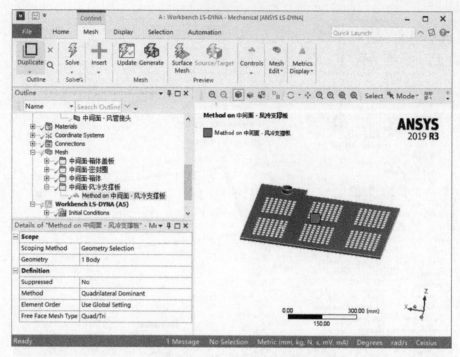

图 2-2-15　设置风冷支撑板网格参数

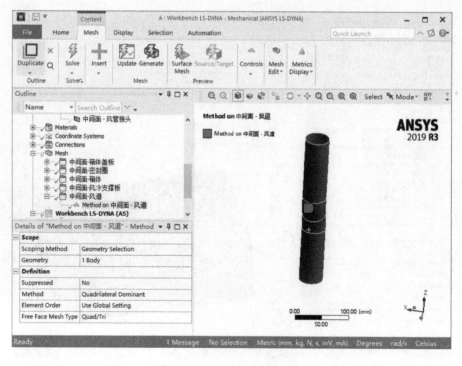

图 2-2-16　设置风道网格参数

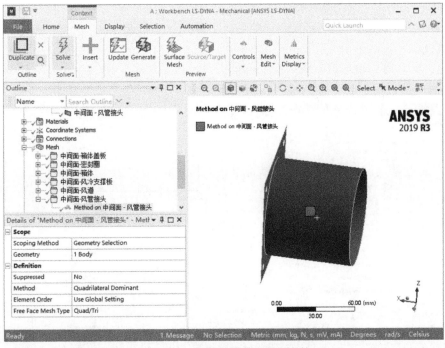

图 2-2-17　设置风管接头网格参数

如图 2-2-18 所示，打开"Geometry"→"电池结构系统"→"固定支架"，按住"Ctrl 键"，选择"固定支架"组里所有部件，右键单击"Show Body"，显示所有壳体。

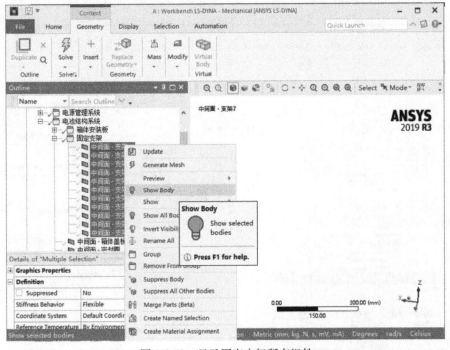

图 2-2-18　显示固定支架所有组件

右键单击"Mesh"→"Insert"→"Method",插入网格划分方法。

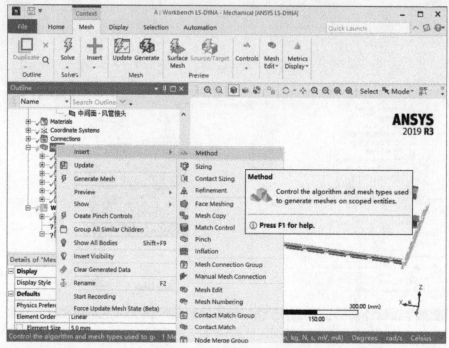

图 2-2-19　插入网格划分方法

单击上方工具栏"Mode"→"Box Select",然后选择所有固定支架,在"Geometry"后面单击"Apply",看到有 11 个体被选中,如图 2-2-20 和图 2-2-21 所示。

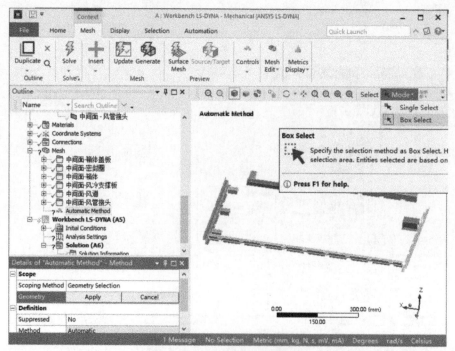

图 2-2-20　改变选择方式为框选

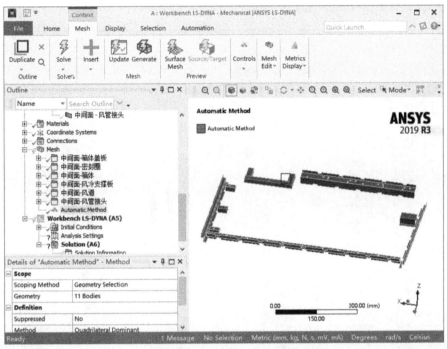

图 2-2-21　选择所有固定支架

在 Method 后面选择"Quadrilateral Dominant",然后建组并且重命名为"固定支架",如图 2-2-22 所示。

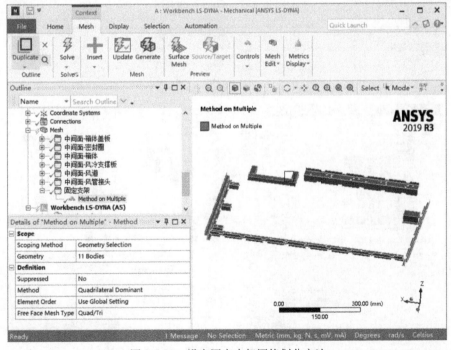

图 2-2-22　设定固定支架网格划分方法

用同样方法设置"中间面-箱体安装板",如图 2-2-23 所示。

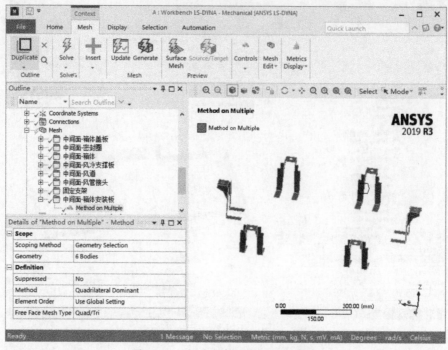

图 2-2-23　设定箱体安装板网格参数

按住"Ctrl 键",选择所有组,然后右键单击"Group",将所有组再合并为一个组并且重命名为"电池结构系统",如图 2-2-24 和图 2-2-25 所示。

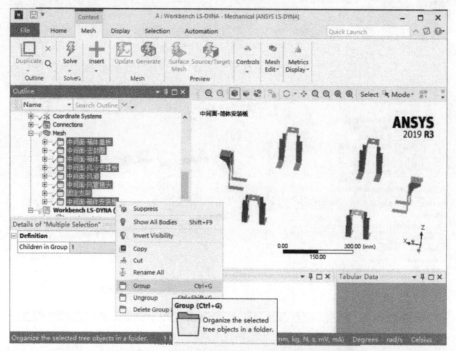

图 2-2-24　电池结构系统网格划分方法创建分组

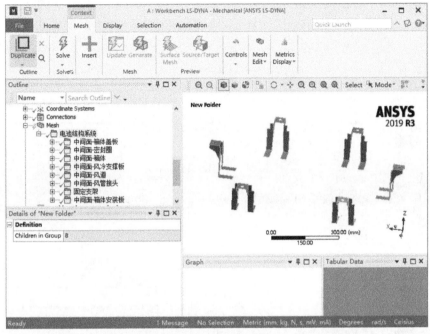

图 2-2-25　电池结构系统网格划分方法分组完成

2.2.2　电池电源管理系统网格划分

再对"电源管理系统"划分网格，在"电源管理系统"中右键选择"Show Hidden Bodies in Group"，单独显示电源管理系统的模型，如图 2-2-26 所示。

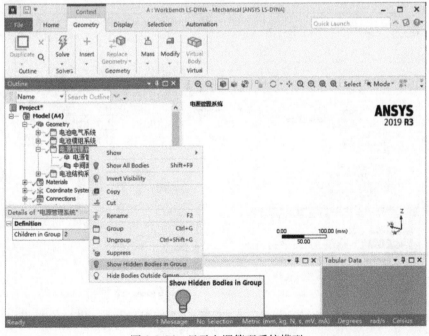

图 2-2-26　显示电源管理系统模型

如图 2-2-27 所示，右键单击"Mesh"→"Insert"→"Method"，插入网格划分方法。如图 2-2-28所示，在上方工具栏中单击"Mode"→"Single Select"，选择"中间面-电源管理器固定板"的壳体，然后在 Geometry 后面单击"Apply"，最后在 Method 后面选择"Quadrilateral Dominant"，即以四面体为主导的网格划分方法，然后创建新的组并且重命名为"中间面-电源管理器固定板"，如图 2-2-29 所示。

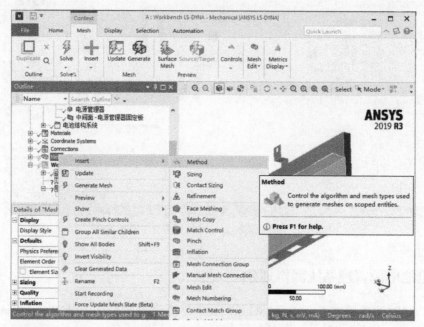

图 2-2-27　插入网格划分方法

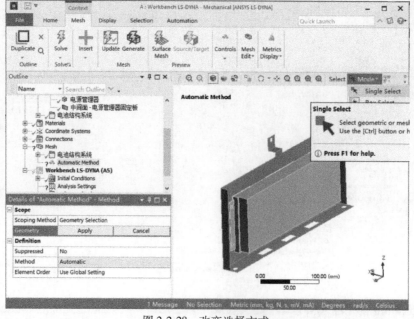

图 2-2-28　改变选择方式

图 2-2-29　选择电源管理器固定板

如图 2-2-30 所示，右键单击 "Mesh" → "Insert" → "Method"，选择 "电源管理器" 的实体，然后在 Geometry 后面单击 "Apply"，最后在 Method 后面选择 "MultiZone"，即以多区域网格划分方法，然后创建新的组并且重命名为 "电源管理器"，如图 2-2-31 所示。

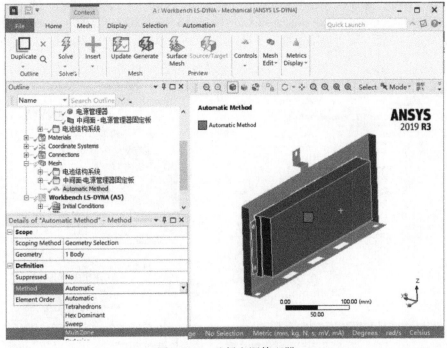

图 2-2-30　选择电源管理器

图 2-2-31 创建组并重命名"电源管理器"

如图 2-2-32 所示，在"Mesh"目录下，按住"Ctrl 键"，选择"中间面-电源管理器固定板"和"电源管理器"，右键单击"Group"，将其组建新的组并且重命名为"电源管理系统"，如图 2-2-33 所示。

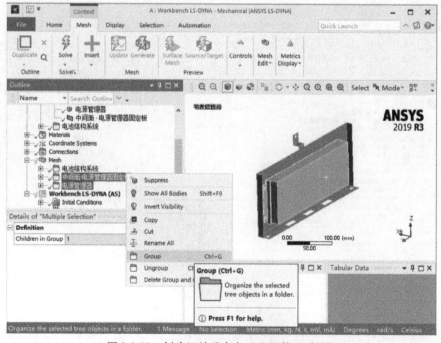

图 2-2-32 创建组并重命名"电源管理系统"

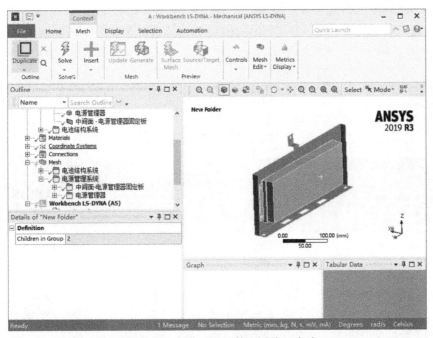

图 2-2-33 创建"电源管理系统"完成

2.2.3 电池电气系统网格划分

再对"电池电气系统"划分网格,在"电池电气系统"中右键,选择"Show Hidden Bodies in Group",单独显示电池电气系统模型,如图 2-2-34 所示。

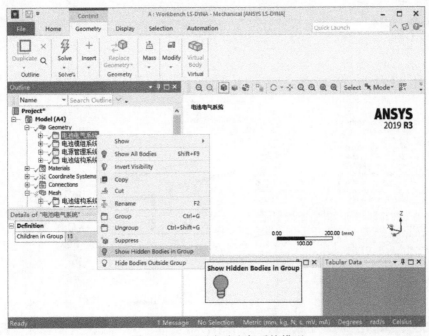

图 2-2-34 显示电池电气系统模型

如图 2-2-35 所示，右键单击 "Mesh"→"Insert"→"Method"，插入网格划分方法。按住 "Ctrl 键"，然后选择所有铜排，在 "Geometry" 后面单击 "Apply"，看到有 5 个体被选中，如图 2-2-36 所示。

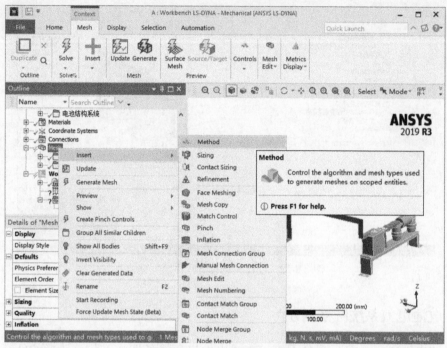

图 2-2-35　插入网格划分方法

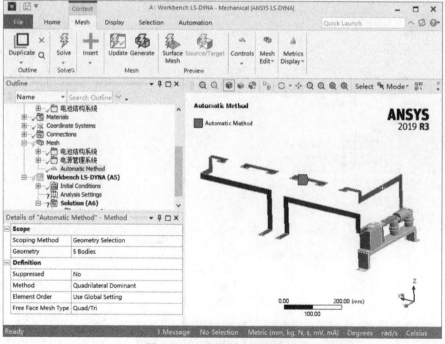

图 2-2-36　选择划分网格模型

如图 2-2-37 所示，对其建立新组并且重命名为"铜排"。

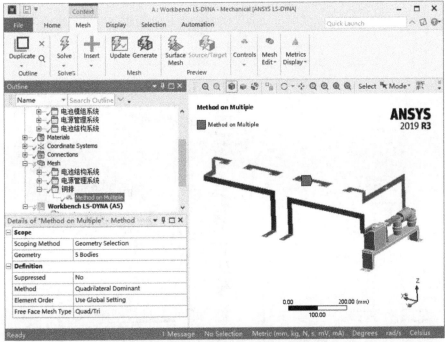

图 2-2-37 创建组并重命名"铜排"

用同样的方法设置"中间面-底座"、"中间面-导线"，如图 2-2-38 所示。

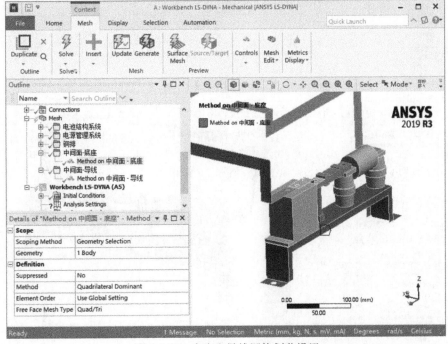

图 2-2-38 底座和导线网格划分设置

如图 2-2-39 所示，插入划分网格方法，选择"继电器"，选择划分方法为"Tetrahedrons"，即选择四面体网格划分方法，然后新建分组并且重命名为"继电器"。

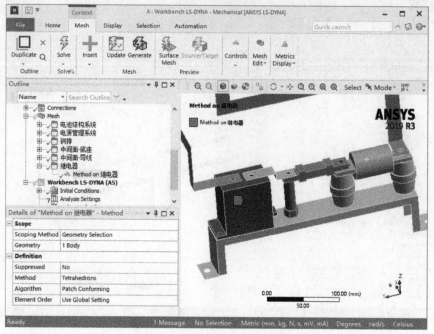

图 2-2-39　继电器网格划分设置

如图 2-2-40 所示，插入划分网格方法，选择"分流器"，选择划分方法为"MultiZone"，即多区域网格划分方法，然后新建分组并且重命名为"分流器"。

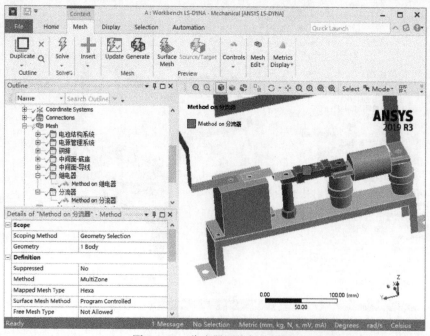

图 2-2-40　分流器网格划分设置

如图 2-2-41 所示，插入划分网格方法，选择"绝缘柱 11""绝缘柱 12""绝缘柱 2"共 3 个部件，选择划分方法为"Tetrahedrons"，即四面体网格划分方法，然后新建分组并且重命名为"绝缘柱"。

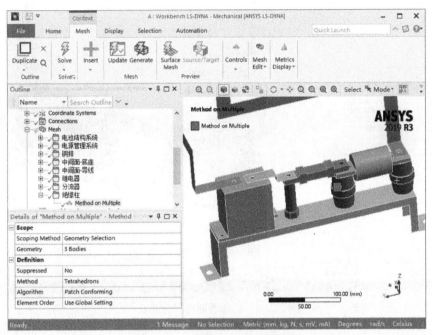

图 2-2-41　绝缘柱网格划分设置

如图 2-2-42 所示，插入划分网格方法，选择"熔断器"部件，选择划分方法为"Multi-Zone"，即多区域网格划分方法，然后新建分组并且重命名为"熔断器"。

按住"Ctrl 键"，选择"中间面-底座""中间面-导线""继电器""分流器""绝缘柱""熔断器"，右键选择"Group"并且重命名"电气器件组"，如图 2-2-43 所示。

按住"Ctrl 键"，选择"铜排""电气器件组"，右键选择"Group"，并且重命名"电池电气系统"，如图 2-2-44 所示。

2.2.4　电池模组系统网格划分

最后对"电池模组系统"划分网格，在"电池模组系统"中右键，选择"Show Hidden Bodies in Group"，单独显示电池模组系统模型，如图 2-2-45 所示。

右键单击"模组 1"，选择"Hide Bodies Outside Group"，单独显示"模组 1"模型，如图 2-2-46 所示。

如图 2-2-47 所示，右键单击"Mesh"→"Insert"→"Method"，插入网格划分方法。按住"Ctrl 键"，然后选择所有打包带，在"Geometry"后面单击"Apply"，看到有 3 个部件被选中，在"Method"后面选择"Quadrilateral Dominant"，即四边形网格为主导的划分方法，如图 2-2-48 所示。

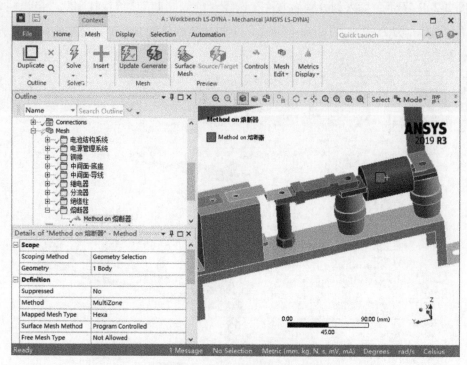

图 2-2-42　熔断器网格划分设置

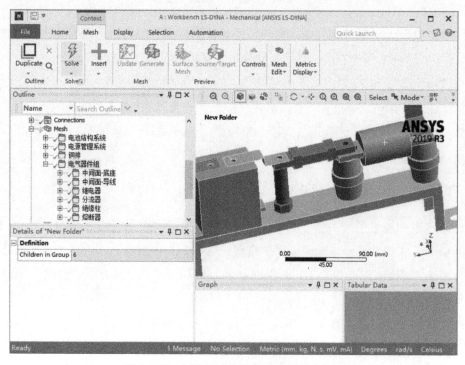

图 2-2-43　创建并且重命名"电气器件组"

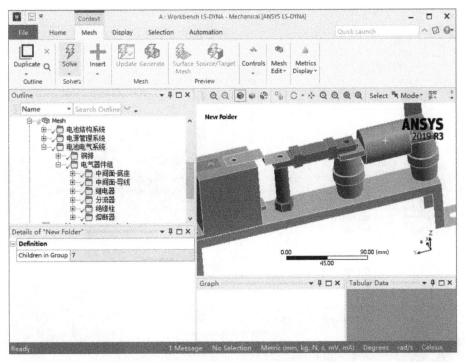

图 2-2-44　创建并且重命名"电池电气系统"

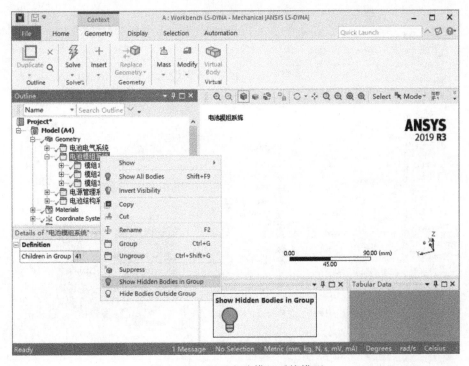

图 2-2-45　显示电池模组系统模型

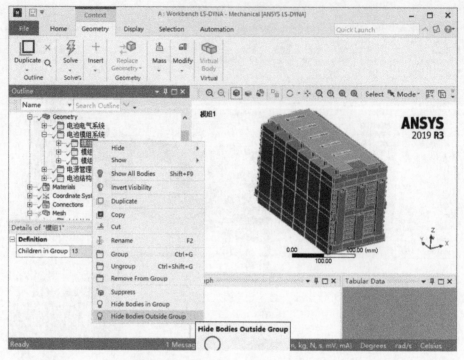

图 2-2-46　单独显示"模组 1"模型

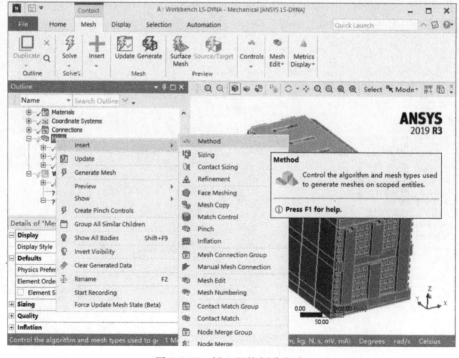

图 2-2-47　插入网格划分方法

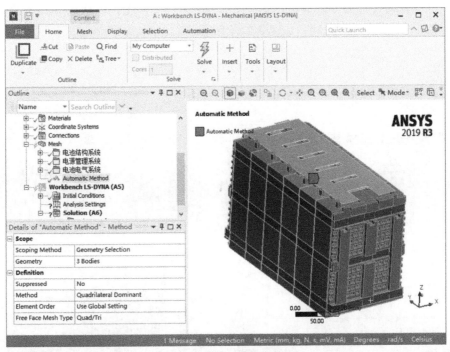

图 2-2-48　选择打包带模型

对划分方法创建新分组并且重命名为"打包带",如图 2-2-49 所示。

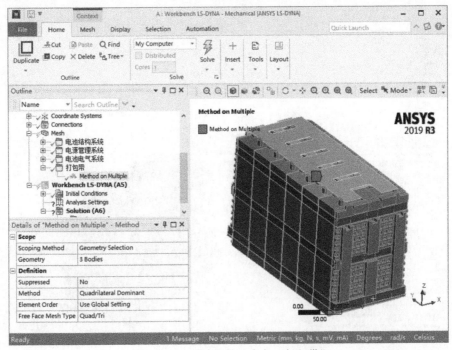

图 2-2-49　创建组并重命名"打包带"

如图 2-2-50 所示,右键单击"Mesh"→"Insert"→"Method",插入网格划分方法。选择绝缘板，在"Geometry"后面单击"Apply"，在"Method"后面选择"Quadrilateral Dominant"，即四边形网格为主导的划分方法，如图 2-2-51 所示。

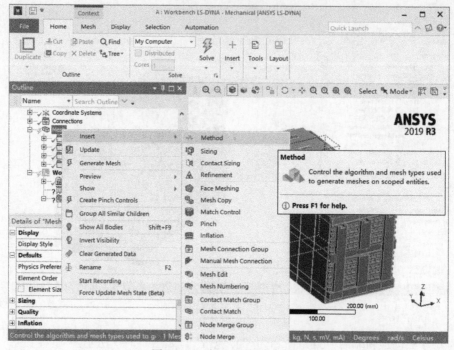

图 2-2-50　插入网格划分方法

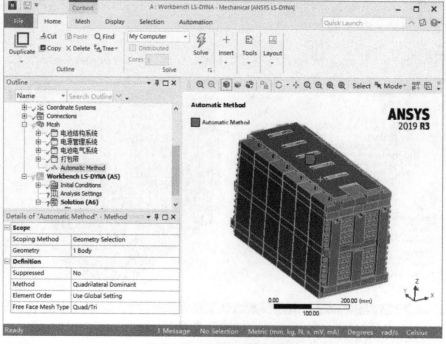

图 2-2-51　设置网格划分参数

如图 2-2-52 所示，右键单击 "Mesh" → "Insert" → "Sizing"，插入网格尺寸控制方法。

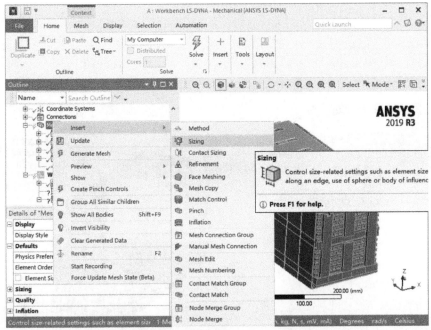

图 2-2-52　插入网格尺寸控制方法

选择绝缘板，在 "Geometry" 后面单击 "Apply"，在 "Type" 后面选择 "Element Size"，"Element Size" 默认网格大小 5mm，即全局网格划分尺寸，因为绝缘板和电芯的接触面积比较小，这里修改大小为 "2.5mm"，如图 2-2-53 所示。

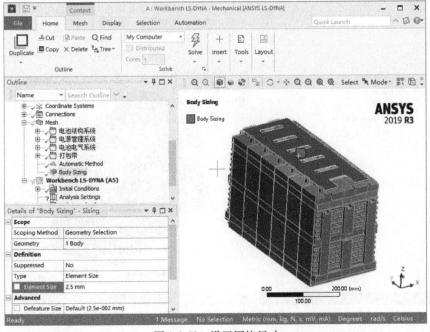

图 2-2-53　设置网格尺寸

如图 2-2-54 所示，按住"Ctrl 键"，选择两个划分网格方法，右键选择"Group"，将其创建新组并且重命名为"绝缘板"，如图 2-2-55 所示。

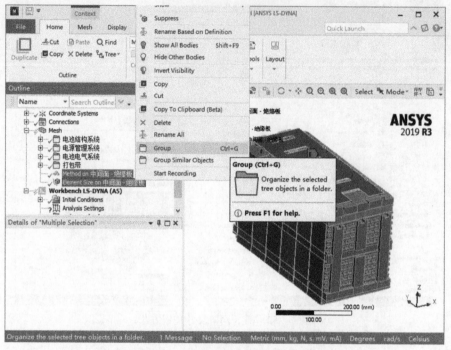

图 2-2-54　创建组并且重命名"绝缘板"

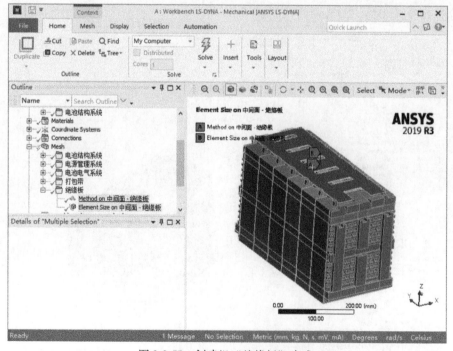

图 2-2-55　创建组"绝缘板"完成

选中"绝缘板",右键单击"Hide Body",隐藏绝缘板,如图 2-2-56 所示。

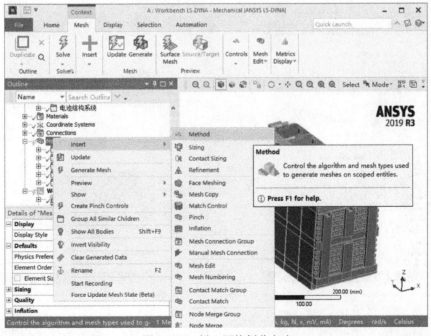

图 2-2-56　隐藏"绝缘板"模型

如图 2-2-57 所示,右键单击"Mesh"→"Insert"→"Method",插入网格划分方法。选择 FPC,在"Geometry"后面单击"Apply",在"Method"后面选择"Quadrilateral Dominant",即四边形网格为主导的划分方法,如图 2-2-58 所示。

图 2-2-57　插入网格划分方法

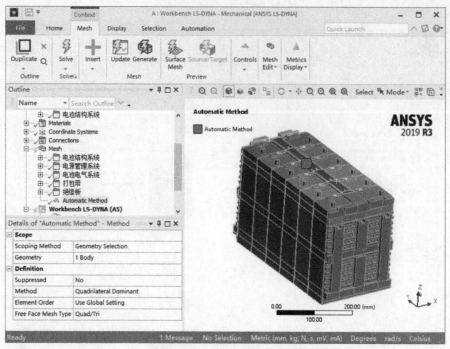

图 2-2-58　设定网格划分参数

如图 2-2-59 所示，右键单击 "Mesh"→"Insert"→"Sizing"，插入网格尺寸控制方法。

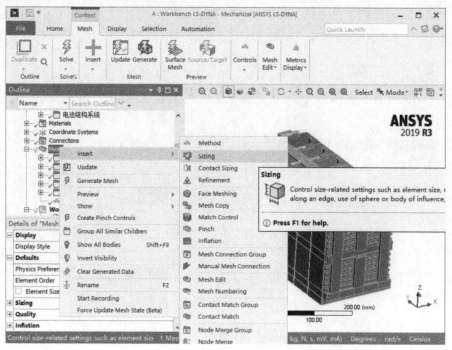

图 2-2-59　插入网格控制方法

选择 FPC，在 "Geometry" 后面单击 "Apply"，在 "Type" 后面选择 "Element Size"，

"Element Size"默认网格大小 5mm，即全局网格划分尺寸，因为 FPC 和电芯的接触面积也比较小，这里修改大小为"2.5mm"，如图 2-2-60 所示。

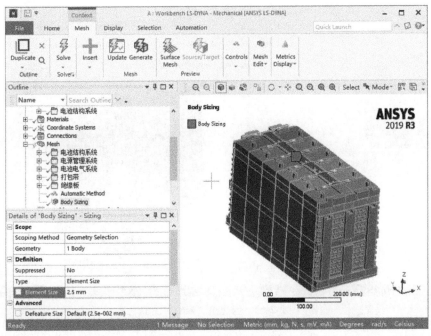

图 2-2-60　修改网格参数

如图 2-2-61 所示，按住"Ctrl 键"，选择两个划分网格方法，右键选择"Group"，将其创建新组并且重名为"FPC"，如图 2-2-62 所示。

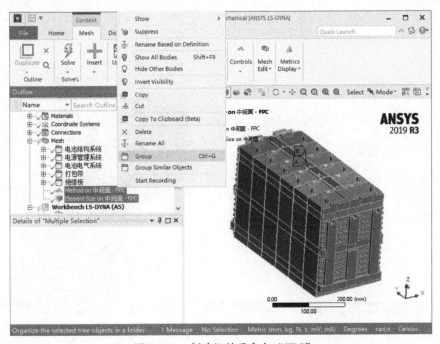

图 2-2-61　创建组并重命名"FPC"

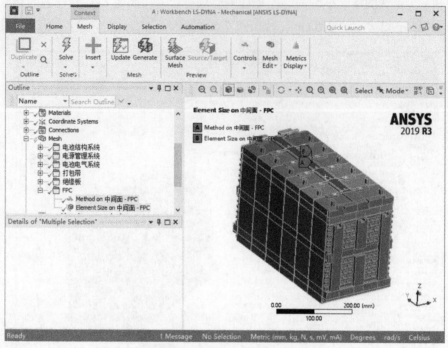

图 2-2-62　创建组"FPC"完成

　　如图 2-2-63 所示，选择"FPC""打包带 11""打包带 12""打包带 13"，右键单击"Hide Body"，隐藏打包带和 FPC 部件，剩下电芯和端板。

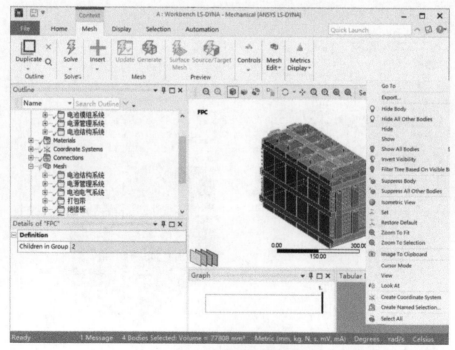

图 2-2-63　显示电芯和端板模型

如图 2-2-64 所示，右键单击"Mesh"→"Insert"→"Method"，插入网格划分方法。按住
"Ctrl 键"选择两个端板，在"Geometry"后面单击"Apply"，两个体选中，在"Method"
后面选择"Tetrahedrons"，即四面体网格划分方法，如图 2-2-65 所示。

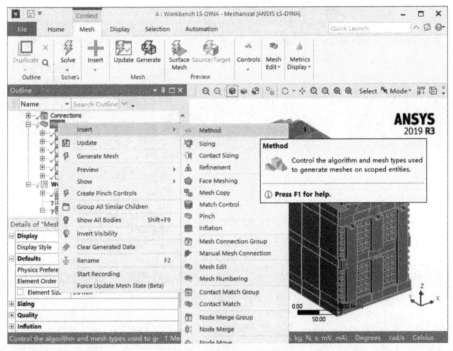

图 2-2-64　插入网格划分方法

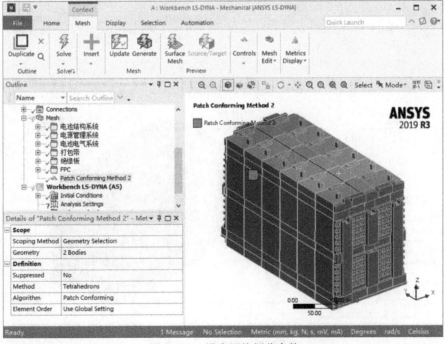

图 2-2-65　设定网格划分参数

如图 2-2-66 所示，右键单击"Mesh"→"Insert"→"Sizing"，插入网格尺寸控制方法。

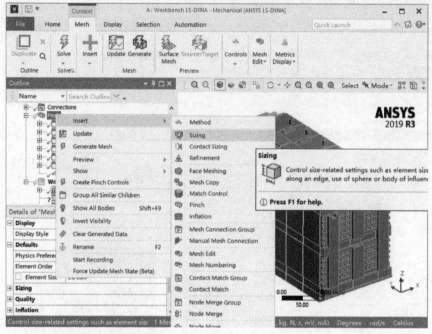

图 2-2-66　插入网格尺寸控制方法

选择两个端板，在"Geometry"后面单击"Apply"，在"Type"后面选择"Element Size"，"Element Size"默认网格大小 5mm，即全局网格划分尺寸，因为端板结构有比较多小特征，这里将网格划分稍微小一些，修改大小为"3mm"，如图 2-2-67 所示。

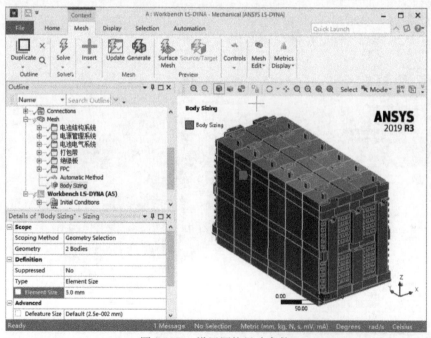

图 2-2-67　设置网格尺寸参数

如图 2-2-68 所示，按住"Ctrl 键"，选择两个划分网格方法，右键选择"Group"，将其创建新组并且重命名为"端板"，如图 2-2-69 所示。

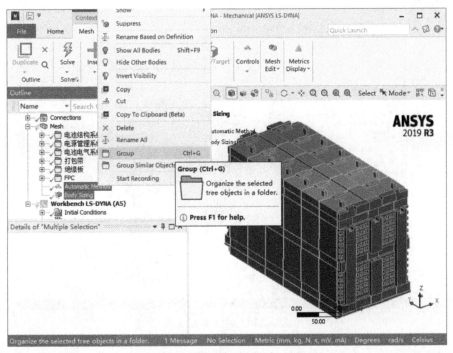

图 2-2-68　创建新组并重命名"端板"

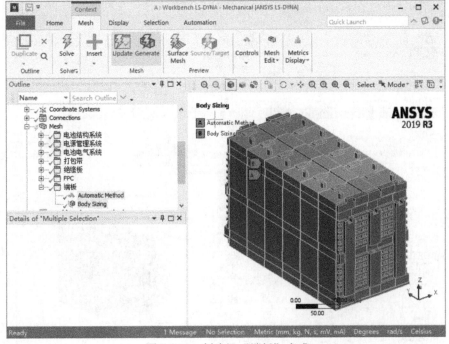

图 2-2-69　创建组"端板"完成

按住"Ctrl 键"，选择两个端板，右键单击"Hide Body"，使其隐藏，如图 2-2-70 所示。

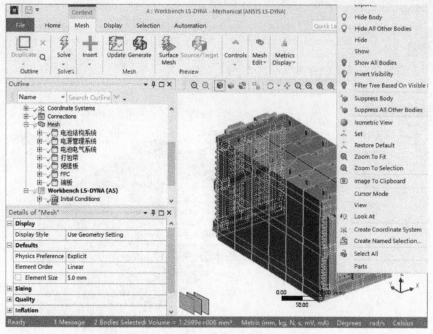

图 2-2-70　隐藏端板模型

如图 2-2-71 所示，右键单击"Mesh"→"Insert"→"Method"，插入网格划分方法。按住"Ctrl 键"，选择 6 个电芯，在"Geometry"后面单击"Apply"，6 个实体电芯被选中，在"Method"后面选择"Tetrahedrons"，即四面体网格划分方法，如图 2-2-72 所示。

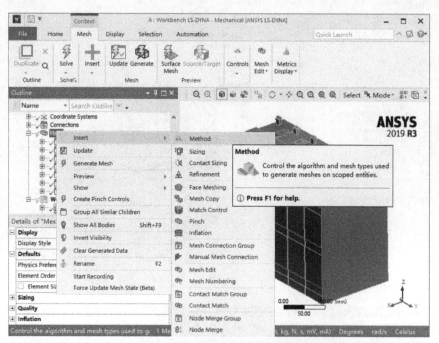

图 2-2-71　插入网格划分方法

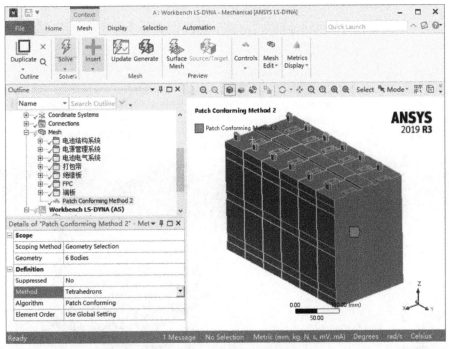

图 2-2-72　设定网格划分参数

如图 2-2-73 所示，右键单击"Mesh"→"Insert"→"Sizing"，插入网格尺寸控制方法。

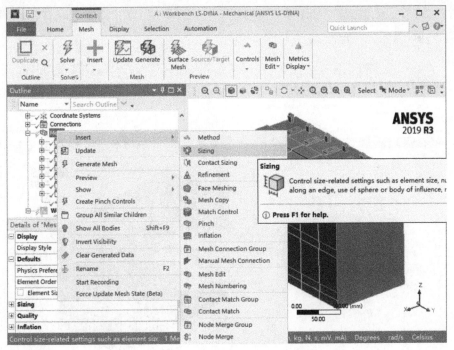

图 2-2-73　插入网格尺寸控制参数

按住"Ctrl 键"选择 6 个电芯，在"Geometry"后面单击"Apply"，在"Type"后面选择

"Element Size"，"Element Size"默认网格大小5mm，即全局网格划分尺寸，因为电芯结构也有比较多小特征，这里也将网格划分稍微小一些，修改大小为"3mm"，如图2-2-74所示。

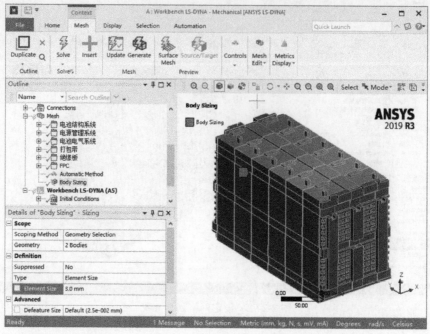

图 2-2-74　设定网格尺寸参数

如图2-2-75所示，按住"Ctrl键"，选择两个划分网格方法，右键选择"Group"，将其创建新组并且重命名为"电芯"，如图2-2-76所示。

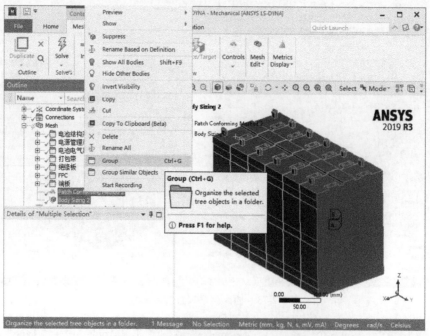

图 2-2-75　创建新组并重命名"电芯"

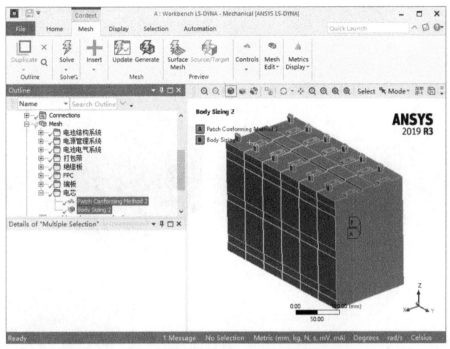

图 2-2-76　创建新组"电芯"完成

如图 2-2-77 所示，按住"Ctrl 键"，选择"打包带""绝缘板""FPC""端板""电芯"，右键单击"Group"，创建分组并且重命名为"模组 1"，如图 2-2-78 所示。

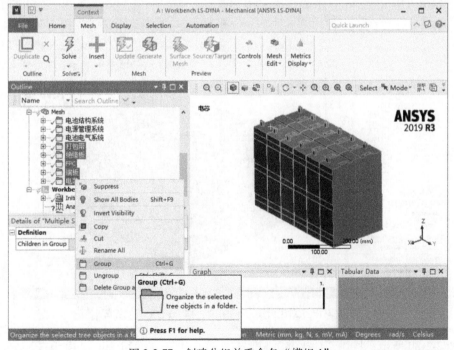

图 2-2-77　创建分组并重命名"模组 1"

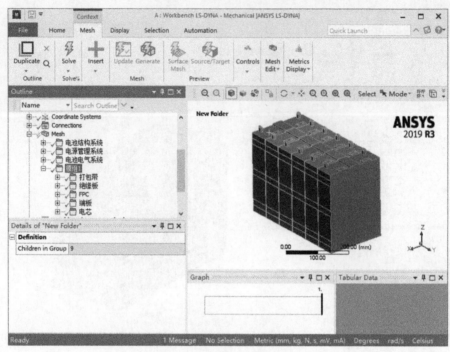

图 2-2-78　创建分组"模组 1"完成

用同样的方法创建"模组 2"和"模组 3",如图 2-2-79 所示。

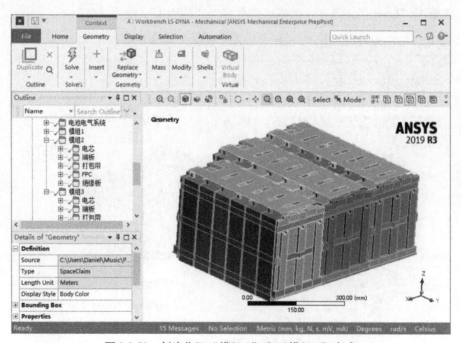

图 2-2-79　创建分组"模组 2"和"模组 3"完成

如图 2-2-80 所示,按住"Ctrl 键",选择"模组 1""模组 2""模组 3",右键单击

"Group"，创建分组并且重命名为"电池模组系统"，如图 2-2-81 所示。

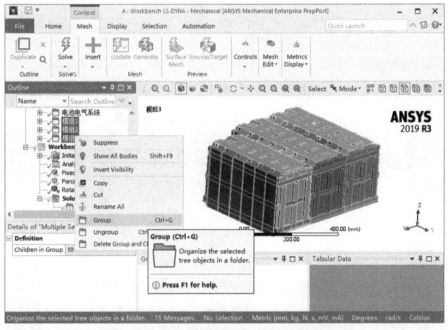

图 2-2-80　创建分组并重命名"电池模组系统"

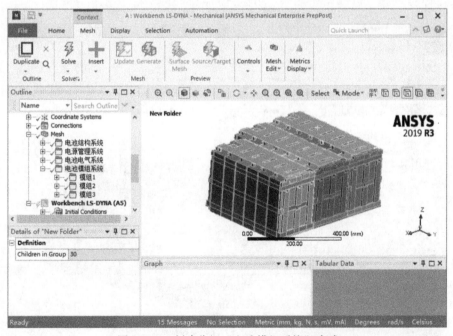

图 2-2-81　创建分组"电池模组系统"完成

　　如图 2-2-82 所示，右键"Geometry"，选择"Show All Bodies"，将所有的模型全部显示。

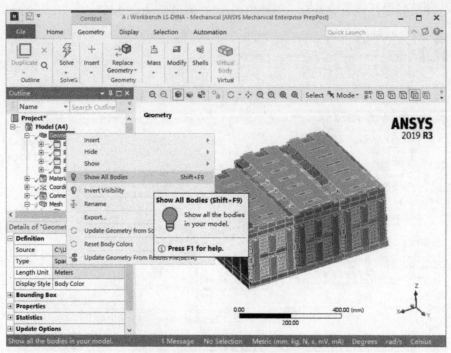

图 2-2-82　显示电池包所有模型

如图 2-2-83 所示，右键"Mesh"，选择"Generate Mesh"，开始划分网格。

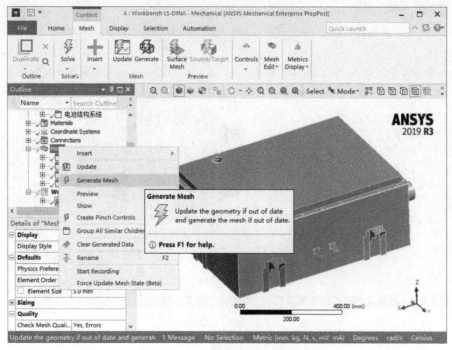

图 2-2-83　开始划分网格

网格划分完成以后，单击"Mesh"，在下方的"Details of Mesh"→"Statistics"里显示，

节点数量为 1454453 个，网格数量为 6267500 个，如图 2-2-84 所示。

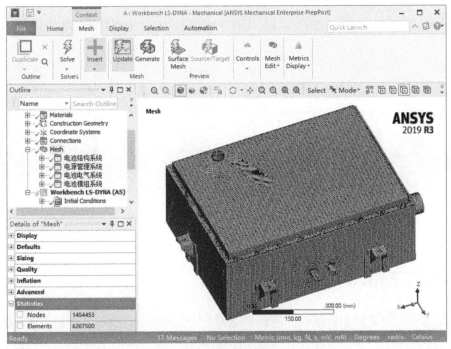

图 2-2-84　电池包网格划分完成

单击展开"Details of Mesh"下方的"Quality"，在"Mesh Metric"后面默认为"None"，单击展开选择"Jacobian Ratio（Gauss Points）"，查看网格的雅可比比例，如图 2-2-85 所示。

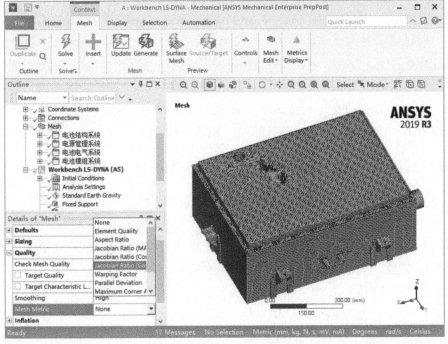

图 2-2-85　查看网格质量参数

由图 2-2-85 可知，整个电池包由 4 种网格组成，分别是四面体网格、六面体网格、三角形网格、四边形网格，其中四面体网格数量最多，共有 6018241 个，95% 以上网格雅可比都为 0.972，符合要求，如图 2-2-86 所示。一般情况下雅可比小于 0.7 的数量控制在小于 2% 即可。

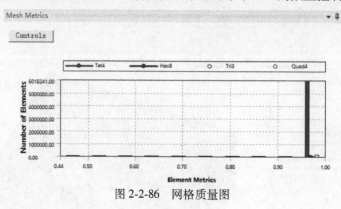

图 2-2-86　网格质量图

2.3　电池包有限元模型连接设置

整个电池包除了需要划分网格，还需要设置电池包各个部件之间的连接关系。连接关系分为接触设置和连接设置两大类。其中接触设置包括单面接触和面面接触，连接设置包括焊点连接和螺栓连接。

在模型处理时，整个电池包分为 4 个部分，分别是：①电池结构系统；②电源管理系统；③电池电气系统；④电池模组系统。在设置连接关系时，分别设置每个系统内部的接触关系和连接关系，然后再设置系统与系统之间的接触关系和连接关系。

如图 2-3-1 所示，在结构树 "Model（A4）"→"Connections" 中可以设置所有的连接关系，其中 "Contacts" 设置所有相对静止的接触关系，而 "Body Interactions" 自动设置所有相对运动的接触关系，包括单面接触和面面接触。

单击展开结构树里 "Model（A4）"→"Connections"→"Contacts"，里面有 "Contact Region" 到 "Contact Region292" 一共 292 个自动生成的接触对。按住 "Ctrl 键"，选择所有接触对，右键单击 "Delete"，删除所有接触对，如图 2-3-2 所示。

2.3.1　电池包结构系统内部接触关系和连接关系的建立

首先建立 "电池包结构系统" 内部接触关系和连接关系。

单击展开结构树里 "Model（A4）"→"Geometry"→"电池结构系统"，右键选择 "Hide Bodies Outside Group"，将电池结构系统以外所有部件全部隐藏，如图 2-3-3 所示。

2.3.1.1　建立 "电池包箱体" 和 "电池包盖板" 之间的连接

首先建立 "电池包箱体" 和 "电池包盖板" 之间的连接。单击结构树 "Model（A4）"→"Connections" 中，右键 "Insert"→"Beam"，插入梁单元。如图 2-3-4 所示。这里用梁单元代替螺栓。

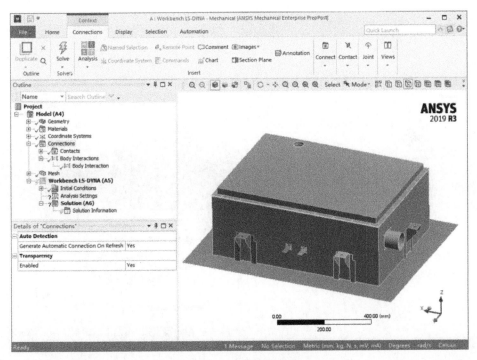

图 2-3-1　连接关系设置

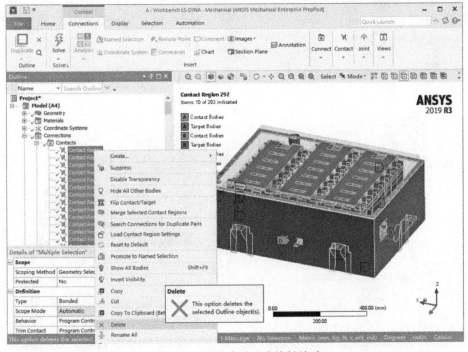

图 2-3-2　删除自动生成接触关系

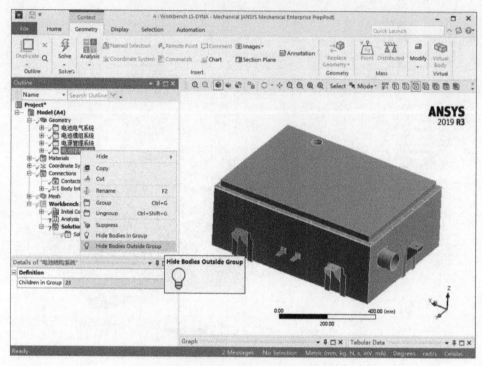

图 2-3-3　隐藏电池结构系统以外实体

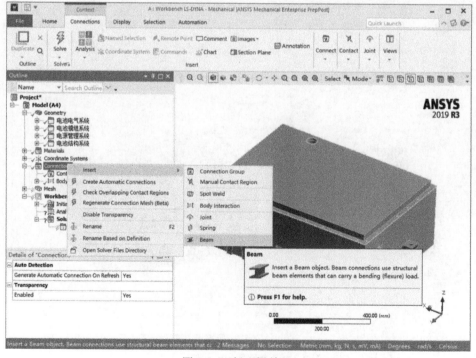

图 2-3-4　插入梁单元

插入梁单元以后，在梁的详细信息栏里有底色黄色和红色，底色为黄色的栏表示这里需要输入数据，底色为红色的栏表示这里的数据需要更新以后才会有效，如图 2-3-5 所示。

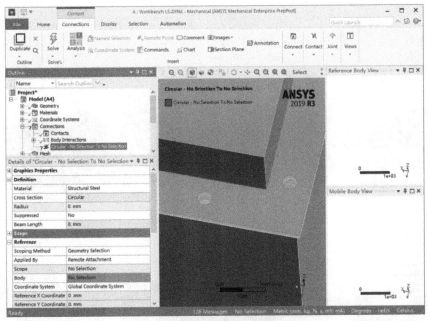

图 2-3-5　详细信息栏输入规则

在详细信息里，单击 "Definition" → "Radius" → "0mm"，将其修改为 "2.5mm"，因为电池包盖板和箱体之间的螺栓直径为 5mm。单击工具栏里 "Edge"，可以选择 "边" 类型，如图 2-3-6 所示。

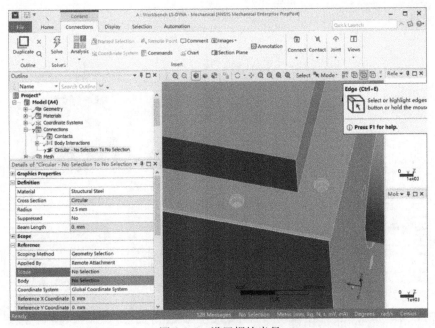

图 2-3-6　设置螺栓半径

在详细信息里，单击"Reference"→"Scope"→"No Selection"，在图形窗口中选择电池包箱体的螺栓孔，然后单击"Apply"，以确定梁的一端与电池包箱体的螺栓孔连接，如图 2-3-7 所示。

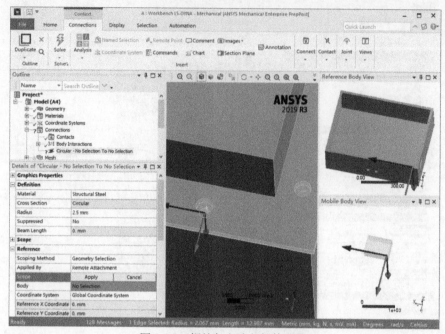

图 2-3-7　螺栓与电池包箱体连接

然后单击"Mobile"→"Scope"→"No Selection"，在图形窗口中选择电池包盖板的螺栓孔，然后单击"Apply"，以确定梁的另一端与电池包盖板的螺栓孔连接，如图 2-3-8 所示。

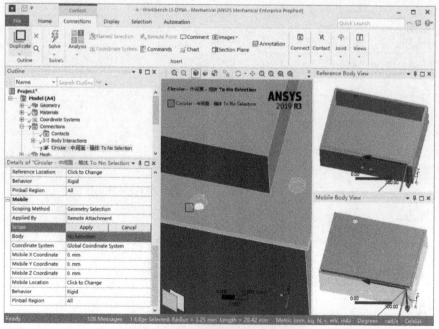

图 2-3-8　螺栓孔与电池包盖板连接

梁连接设置以后如图 2-3-9 所示，在详细信息"Definition"里可知，梁的材料为结构钢，横截面为圆形，半径为 2.5mm，长度为 5.25mm。在结构树"Connections"中也已经自动重命名为"Circular-中间面-箱体 To 中间面-箱体盖板"。

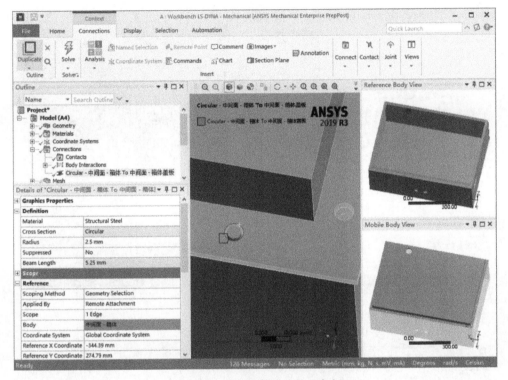

图 2-3-9　螺栓参数确认及重命名

在结构树中，找到刚才插入的梁"Circular-中间面-箱体 To 中间面-箱体盖板"，右键选择"Duplicate"，将刚才已经建立的梁连接再重新复制一份，如图 2-3-10 所示。

单击"Circular-中间面-箱体 To 中间面-箱体盖板 2"，在详细信息中，单击"Reference"→"Scope"→"1 edge"，然后在图形窗口中找到与刚才插入梁螺栓孔相邻的螺栓孔位置，选择电池包箱体的螺栓孔，然后单击"Apply"，以确定梁的一端与电池包箱体的螺栓孔连接，如图 2-3-11 所示。

在详细信息中，单击"Mobile"→"Scope"→"1 edge"，然后在图形窗口中找到电池包盖板的螺栓孔，然后单击"Apply"，以确定梁的另一端与电池包盖板的螺栓孔连接，如图 2-3-12 所示。

用同样的方法复制并且选择螺栓孔，将电池包盖板和电池包箱体连接起来，一共有 29 个螺栓孔，因此这里插入 29 个梁，如图 2-3-13 所示。

如图 2-3-14 所示，按住"Ctrl 键"，选择 29 个梁，右键单击"Group"，将 29 个梁创建一个组并且重命名为"箱体-盖板"，如图 2-3-15 所示。

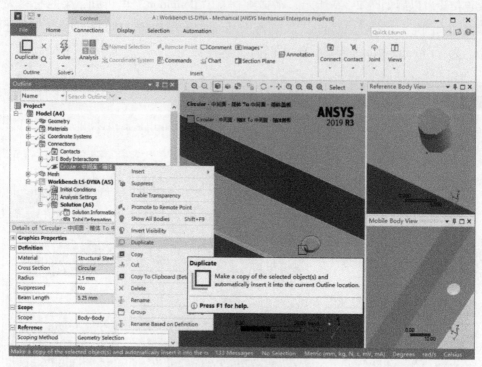

图 2-3-10　复制螺栓连接关系

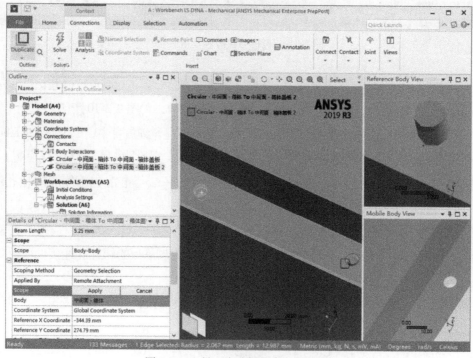

图 2-3-11　另一个孔螺栓参考面选择

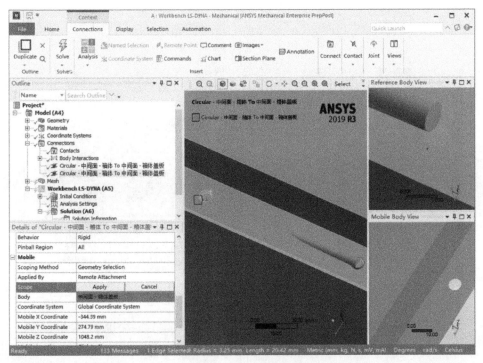

图 2-3-12　另一个孔螺栓移动面选择

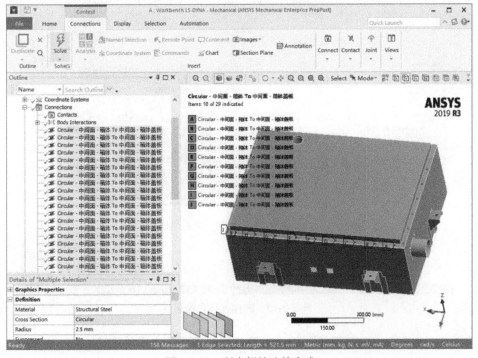

图 2-3-13　所有螺栓连接完成

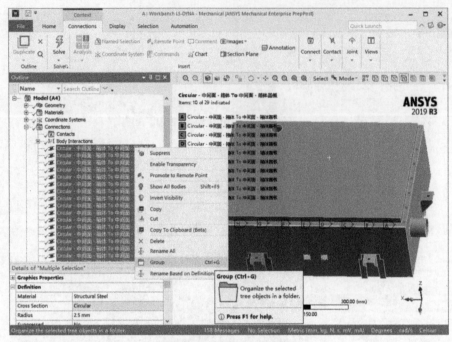

图 2-3-14　螺栓连接创建组

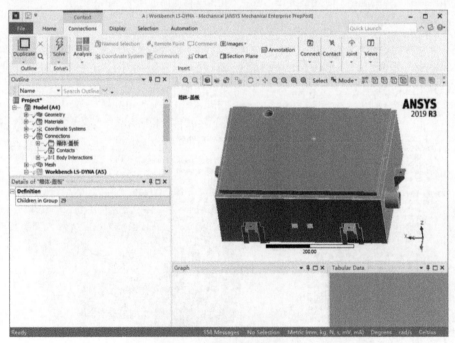

图 2-3-15　螺栓连接重命名

2. 3. 1. 2　建立"电池包箱体"和"电池包风管接头"之间的连接

再建立"电池包箱体"和"电池包风管接头"的连接。单击结构树"Model（A4）"→
"Connections"，右键"Insert"→"Beam"插入梁单元。在右侧图形窗口将电池包风管接头显示出来，如图 2-3-16 所示。

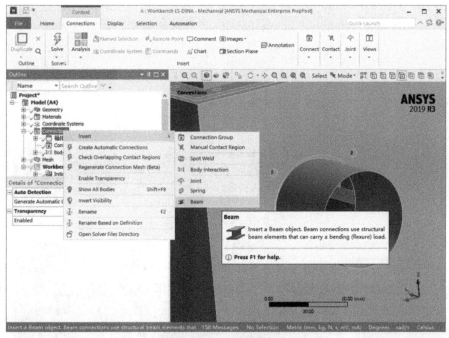

图 2-3-16　插入梁单元

在详细信息里，单击 "Definition"→"Radius"→"0mm" 将其修改为 "2mm"，因为电池包盖板和箱体之间的螺栓直径为 4mm。单击工具栏里 "Edge"，可以选择 "边" 类型，如图 2-3-17 所示。

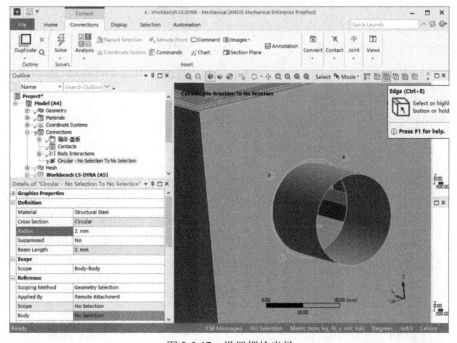

图 2-3-17　设置螺栓半径

在详细信息里，单击"Reference"→"Scope"→"No Selection"，在图形窗口中选择风管接头的螺栓孔，然后单击"Apply"以确定梁的一端与风管接头的螺栓孔连接。

然后单击"Mobile"→"Scope"→"No Selection"，在图形窗口中选择电池包箱体的螺栓孔，然后单击"Apply"，以确定梁的另一端与电池包箱体的螺栓孔连接，如图 2-3-18 所示。

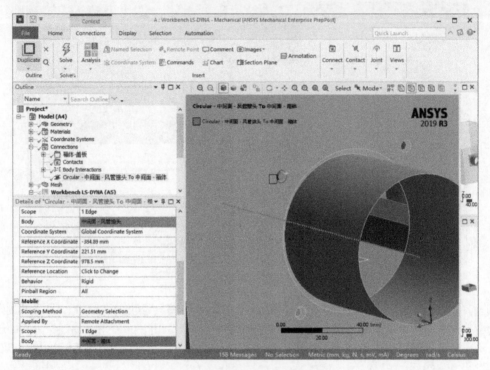

图 2-3-18　螺栓连接位置选择

梁连接设置以后如图 2-3-19 所示，在详细信息"Definition"里可知，梁的材料为结构钢，横截面为圆形，半径为 2mm，长度为 3mm。在结构树"Connections"中也已经自动重命名为"Circular-中间面-风管接头 To 中间面-箱体"。

在结构树中，找到刚才插入的梁"Circular-中间面-风管接头 To 中间面-箱体"，右键选择"Duplicate"将刚才已经建立的梁连接再重新复制一份，如图 2-3-20 所示。

单击"Circular-中间面-风管接头 To 中间面-箱体 2"，在详细信息中，单击"Reference"→"Scope"→"1 edge"，然后在图形窗口中找到与刚才插入梁螺栓孔相邻的螺栓孔位置，选择风管接头的螺栓孔，然后单击"Apply"，以确定梁的一端与电池包风管接头的螺栓孔连接。

单击"Mobile"→"Scope"→"1 edge"，然后在图形窗口中找到电池包箱体的螺栓孔，然后单击"Apply"，以确定梁的另一端与电池包箱体的螺栓孔连接，如图 2-3-21 所示。

用同样的方法复制并且选择螺栓孔，将风管接头和电池包箱体连接起来，一共有 4 个梁，如图 2-3-22 所示。

按住"Ctrl 键"，选择 4 个梁，右键单击"Group"，将 4 个梁创建一个组并且重命名为

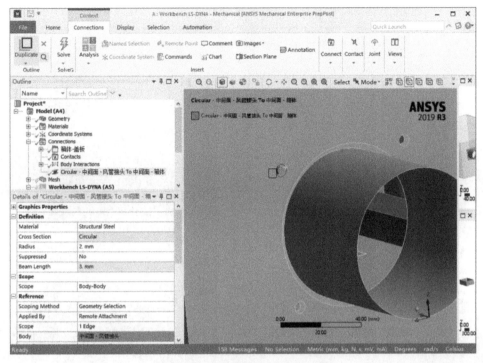

图 2-3-19　螺栓参数确认及重命名

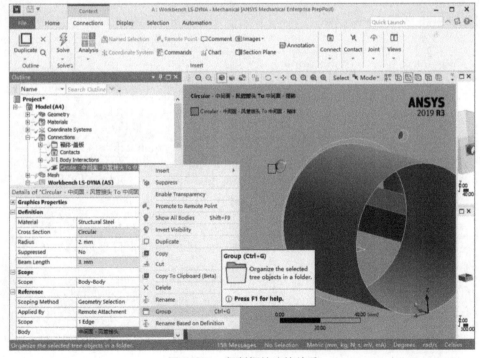

图 2-3-20　复制螺栓连接关系

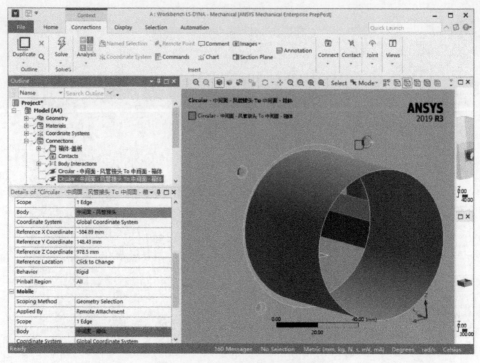

图 2-3-21　另一个孔螺栓连接设置

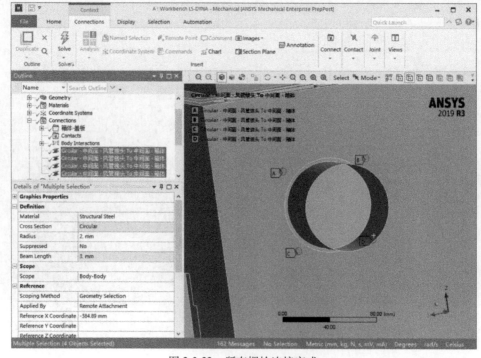

图 2-3-22　所有螺栓连接完成

"风管接头-箱体"，如图 2-3-23 所示。

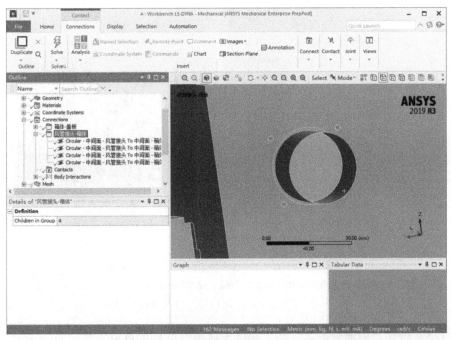

图 2-3-23　螺栓连接创建组及重命名

如图 2-3-24 所示，按住"Ctrl 键"，选择"箱体-盖板"和"风管接头-箱体"，右键选择"Group"，将其创建一个新组并且重命名为"电池结构系统内部"，如图 2-3-25 所示。

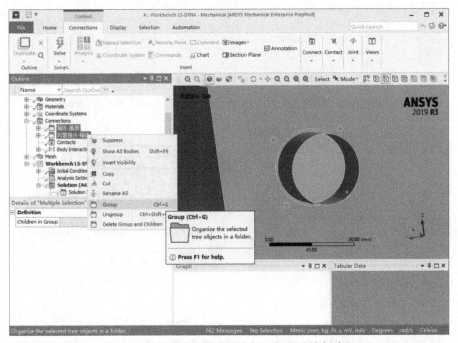

图 2-3-24　"电池结构系统内部"螺栓连接创建组

143

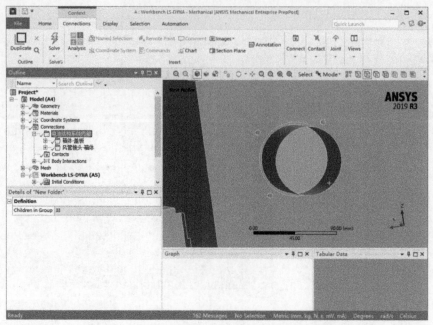

图 2-3-25　"电池结构系统内部"螺栓连接重命名

2.3.1.3　建立"电池包箱体"和"箱体安装板"之间的接触关系

下面开始设置"电池结构系统内部"的接触关系。

首先，建立"电池包箱体"和"箱体安装板"之间的接触关系。单击结构树里"Model（A4）"→"Connections"→"Contacts"，右键"Insert"→"Manual Contact Region"插入接触设置选项，如图 2-3-26 所示。

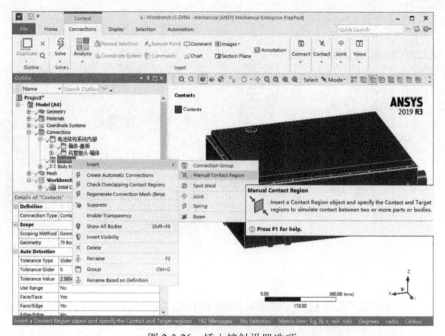

图 2-3-26　插入接触设置选项

如图 2-3-27 所示，在详细信息里，"Contact" 和 "Target" 栏的底色为黄色代表这里需要输入接触面和目标面，"Contacts Bodies" 底色为红色代表选择的接触面将会在图形窗口中显示为红色，"Target Bodies" 底色为蓝色代表选择的目标面将会在图形窗口中显示为蓝色。单击工具栏里面的 "Face" 转换为 "面" 类型。

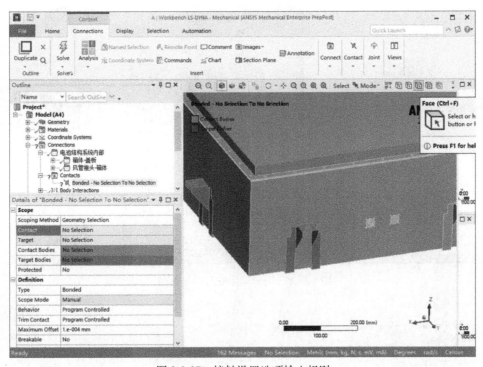

图 2-3-27　接触设置选项输入规则

在详细信息里，单击 "Scope"→"Contact"→"No Selection"，然后在图形窗口中按住 "Ctrl 键"，选择其中一个 "箱体安装板" 与 "箱体" 接触的 4 个面，如图 2-3-28 所示，然后单击 "Apply"，确定此 4 个面为接触面。

单击 "Scope"→"Target"→"No Selection"，然后在图形窗口中按住 "Ctrl 键"，选择其中一个 "箱体安装板" 与 "箱体" 接触的两个面，如图 2-3-29 所示，然后单击 "Apply"，确定此 2 个面为目标面。

在详细信息里面，在 "Scope"→"Contact Shell Face" 下拉选项中选择 "Bottom"，在 "Scope"→"Target Shell Face" 下拉选项中选择 "Top"，在图形窗口右上侧小窗口中，可以看到 "箱体固定板" 内侧 4 个面被选中并且呈现红色，在图形窗口右下侧小窗口中，可以看到 "电池包箱体" 外侧 2 个面被选中并且呈现蓝色，如图 2-3-30 所示。

如图 2-3-31 所示，在详细信息里，"Definition"→"Type" 目录选择 "Bonded"，因为 "电池包箱体" 和 "电池包安装固定板" 之间是通过焊接连接在一起，一般情况下焊缝的强度都会大于母材的强度，所以这里不考虑焊点，而是直接将 "电池包箱体" 和 "电池包安装固定板" 通过 "Bonded" 连接在一起。

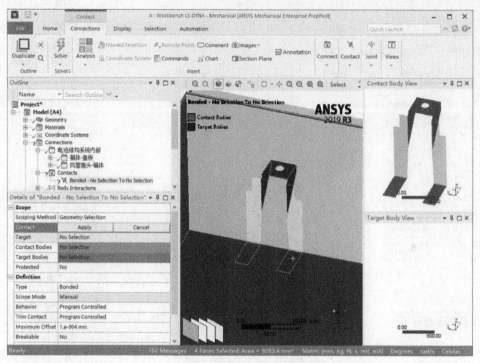

图 2-3-28 设置箱体安装板接触面

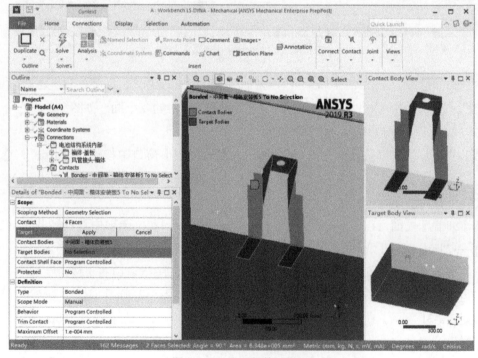

图 2-3-29 设置箱体目标面

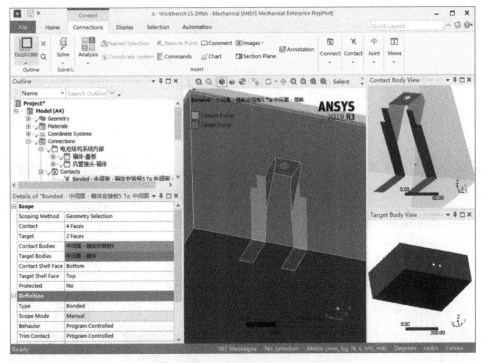

图 2-3-30　壳体面选择

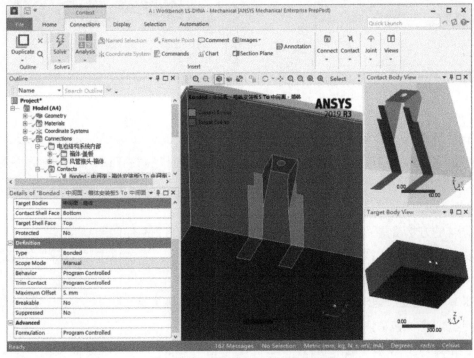

图 2-3-31　接触类型和接触偏置设置

在"Definition"→"Maximum Offset"由默认的"1e-4mm"改为"5mm",因为"电池包箱体"厚度为3mm,而"电池包安装固定板"厚度为6mm,将其抽取壳体以后两个壳体之间的距离为4.5mm,"Maximum Offset"的数值大于4.5mm即可,这样可以保证在求解时"Bonded"有效。

在结构树中,选择"Model(A4)"→"Connections"→"Contacts"→"Bonded 中间面-箱体安装板5 To 中间面-箱体",右键单击"Duplicate",将接触关系复制一份,如图2-3-32所示。

图 2-3-32 复制接触关系

单击"Model(A4)"→"Connections"→"Contacts"→"Bonded 中间面-箱体安装板5 To 中间面-箱体2",然后在详细信息里单击"Scope"→"Contact"→"4 Faces",选择另一个"箱体安装板"的4个面,然后单击"Apply",即设置好另一个"箱体安装板"的接触,如图2-3-33所示。

用同样的方法设置另外4个"箱体安装固定板",如图2-3-34所示。

如图2-3-35所示,按住"Ctrl键",选择6个接触设置,右键单击"Group",创建新组并且命名为"箱体安装板-箱体",如图2-3-36所示。

2.3.1.4 建立"电池包箱体"和"支架"之间的接触关系

再建立"电池包箱体"和"支架"之间的接触关系。

在图形窗口中选择"电池包盖板",右键单击"Hide Body"隐藏盖板,如图2-3-37所示。

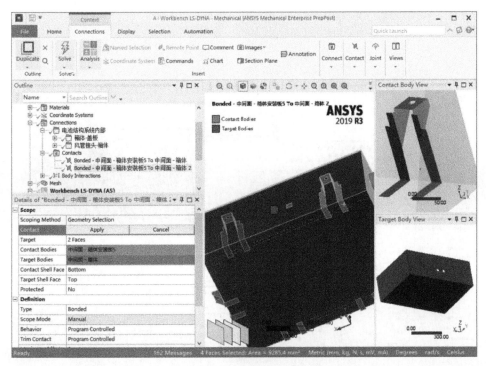

图 2-3-33　另一个箱体安装板接触面

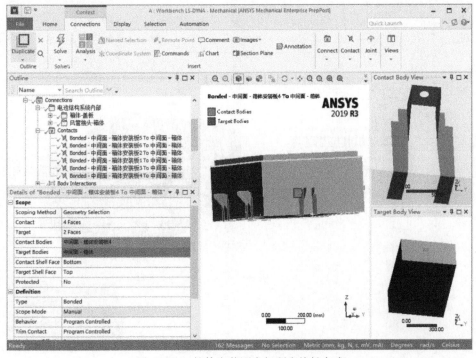

图 2-3-34　箱体安装固定板所有接触完成

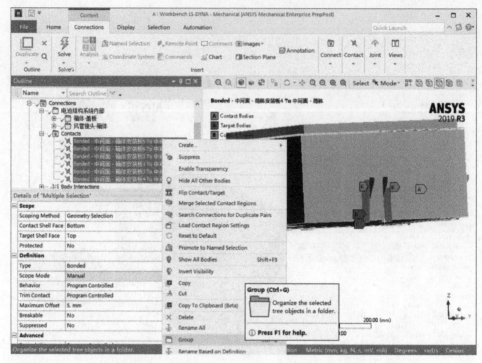

图 2-3-35　"箱体安装板-箱体"接触关系创建组

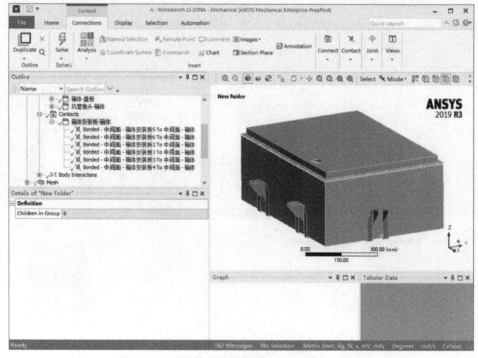

图 2-3-36　"箱体安装板-箱体"接触关系重命名

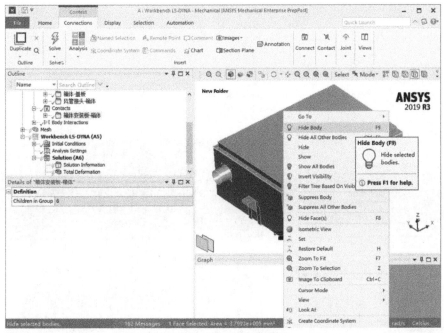

图 2-3-37　隐藏电池包盖板

结构树"Contact"中右键，插入接触对"Manual Contact Region"，如图 2-3-38 所示。

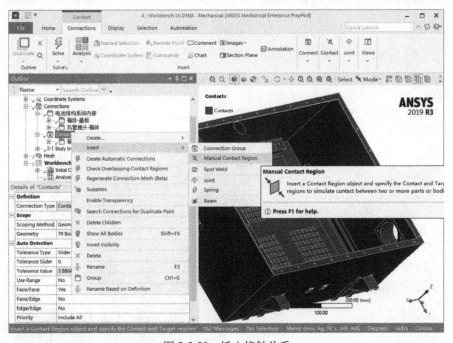

图 2-3-38　插入接触关系

与之前接触对设置相似，在详细信息里，"Scope"→"Contact"选择风管接头一侧"支架 5"与"箱体"接触的两个面，"Scope"→"Target"选择"箱体"的两个面，"Contact Shell Face"在下拉选项中选择"Bottom"，"Target Shell Face"在下拉选项中也选择"Bottom"。因为"箱体"的厚度为 3mm，"支架 5"的厚度为 2mm，抽中面以后两个壳体之间距离为 2.5mm，所以在"Definition"→"Maximum Offset"中填入 3mm，如图 2-3-39 所示。

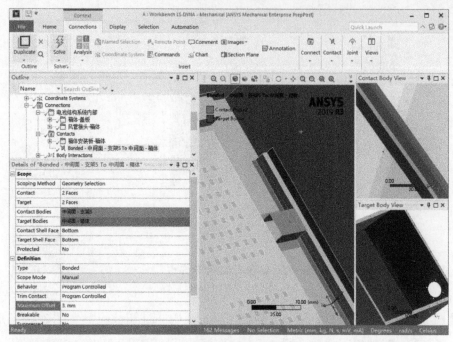

图 2-3-39 "支架 5"接触详细信息设置

对另外一侧"支架 5"做同样设置，如图 2-3-40 所示。

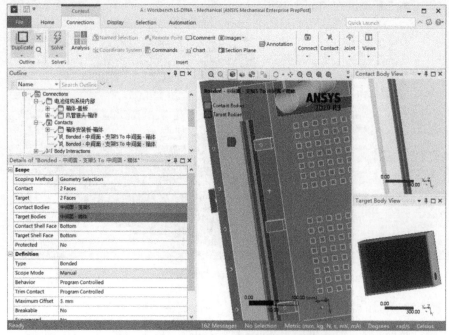

图 2-3-40 另一侧"支架 5"接触关系设置

同样方法插入接触对设置，在详细信息里，"Scope"→"Contact"选择"支架 7"与"箱体"底板接触的两个面，"Scope"→"Target"选择"箱体"的底面，"Contact Shell Face"在下拉选项中选择"Bottom"，"Target Shell Face"在下拉选项中也选择"Bottom"。因为"箱体"的厚度为 3mm，"支架 7"的厚度为 2mm，抽中面以后两个壳体之间距离为 2.5mm，所以在"Definition"→"Maximum Offset"中填入 3mm，如图 2-3-41 所示。

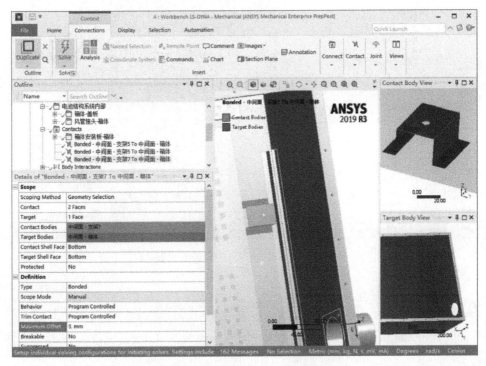

图 2-3-41　"支架 7"接触关系设置

同样方法插入接触对设置，但是这里将设置的是边与面接触，而不是面与面接触。在工具栏中将选择方法改为"边"选择，在详细信息里，"Scope"→"Contact"选择"支架 21"与"箱体"底板接触的两个边，然后在工具栏再将选择方法改为"面"选择，并在"Scope"→"Target"选择"箱体"的底面。因为这里是边与面接触，所以没有"Contact Shell Face"，只有"Target Shell Face"。在"Target Shell Face"的下拉选项中也选择"Bottom"。"箱体"的厚度为 3mm，"支架 21"的厚度为 2mm，因为是边与面接触，抽中面以后"支架 21"的边与"箱体"的壳体之间的距离为 1.5mm，所以在"Definition"→"Maximum Offset"中填入 2mm，如图 2-3-42 所示。

对"支架 22"和"支架 23"做同样的设置，如图 2-3-43 所示。

下面设置"支架 3"和"箱体"之间接触关系，因为"支架 3"与"箱体"之间既有面与面接触，也有边与面接触。所以，这里将对这两个部件建立两个接触关系。

结构树"Contact"中右键，插入接触对"Manual Contact Region"，在详细信息里，

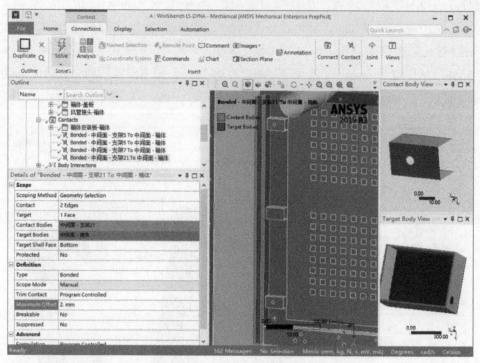

图 2-3-42 "支架 21"接触关系设置

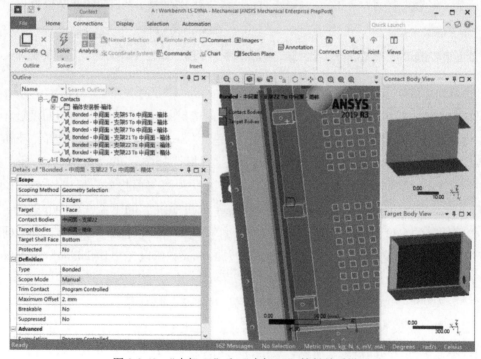

图 2-3-43 "支架 22"和"支架 23"接触关系设置

"Scope"→"Contact"选择"支架 3"与"箱体"侧板接触的一个面，"Scope"→"Target"选择"箱体"的侧板，"Contact Shell Face"在下拉选项中选择"Bottom"，"Target Shell Face"在下拉选项中也选择"Bottom"。因为"箱体"的厚度为 3mm，"支架 3"的厚度为 2mm，抽中面以后两个壳体之间距离为 2.5mm，所以在"Definition"→"Maximum Offset"中填入 3mm，如图 2-3-44 所示。

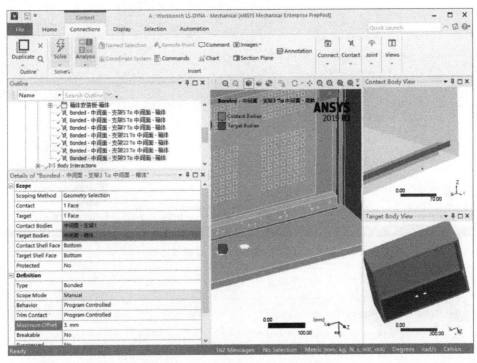

图 2-3-44　"支架 3"面接触关系设置

结构树"Contact"中右键，插入接触对"Manual Contact Region"，在工具栏中将选择方法改为"边"选择，在详细信息里，"Scope"→"Contact"选择"支架 3"与"箱体"底板接触的一个边，然后在工具栏再将选择方法改为"面"选择，并在"Scope"→"Target"选择"箱体"的底面。在"Target Shell Face"的下拉选项中也选择"Bottom"。"箱体"的厚度为 3mm，"支架 3"的厚度为 2mm，因为是边与面接触，抽中面以后"支架 3"的边与"箱体"的壳体之间的距离为 1.5mm，所以在"Definition"→"Maximum Offset"中填入 2mm，如图 2-3-45 所示。

"支架 4"与"支架 3"相似，做相同的设置以后，如图 2-3-46 所示。

如图 2-3-47 所示，按住"Ctrl 键"，选择所有支架和"箱体"的接触设置，右键单击"Group"，创建新组并且重命名为"支架-箱体"，如图 2-3-48 所示。

2.3.1.5　建立"电池包结构系统"内部其他接触关系

对"电池包结构系统"内部其他接触对进行设置。

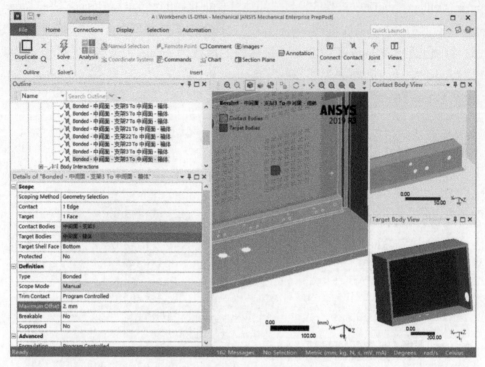

图 2-3-45 "支架 3"边接触关系设置

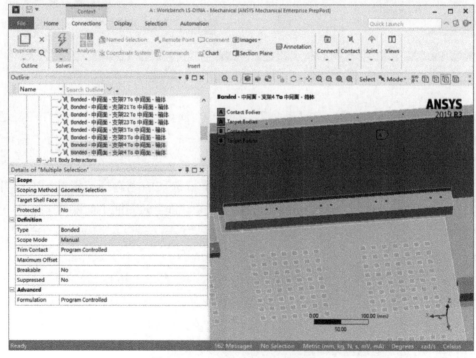

图 2-3-46 "支架 4"接触关系设置

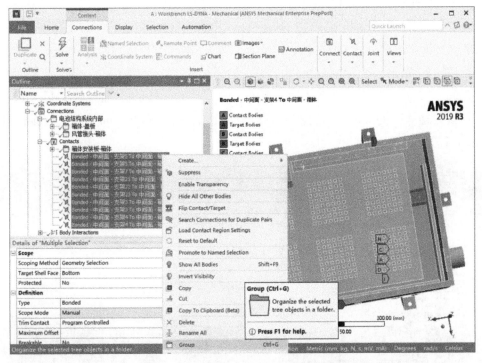

图 2-3-47　"支架-箱体"接触关系创建组

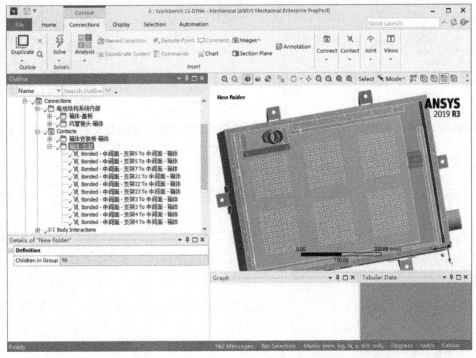

图 2-3-48　"支架-箱体"接触关系重命令

结构树"Contact"中右键，插入接触对"Manual Contact Region"，在工具栏中将选择方法改为"边"选择，在详细信息里，"Scope"→"Contact"选择"风冷支撑板"与"箱体"底板接触的6个边，然后在工具栏再将选择方法改为"面"选择，并在"Scope"→"Target"选择"箱体"的底面。在"Target Shell Face"的下拉选项中也选择"Bottom"。"箱体"的厚度为3mm，"风冷支撑板"的厚度为1.5mm，因为是边与面接触，抽中面以后"风冷支撑板"的边与"箱体"的壳体之间的距离为1.5mm，所以在"Definition"→"Maximum Offset"中填入2mm，如图2-3-49所示。

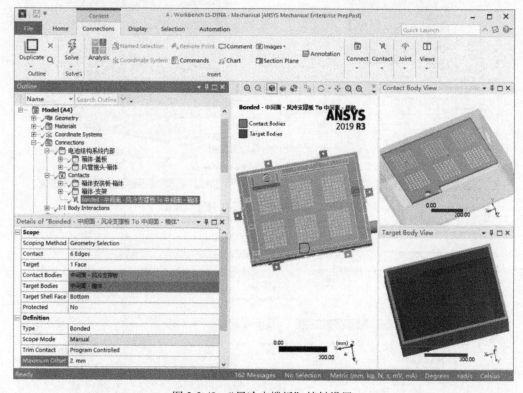

图2-3-49 "风冷支撑板"接触设置

结构树"Contact"中右键，插入接触对"Manual Contact Region"，在工具栏中将选择方法改为"边"选择，在详细信息里，"Scope"→"Contact"选择"支架11"与"风冷支撑板"接触的两个边，然后在工具栏再将选择方法改为"面"选择，并在"Scope"→"Target"选择"风冷支撑板"的表面。在"Target Shell Face"的下拉选项中也选择"Top"。"支架11"的厚度为2mm，"风冷支撑板"的厚度为1.5mm，因为是边与面接触，抽中面以后"支架11"的边与"风冷支撑板"的壳体之间的距离为0.75mm，所以在"Definition"→"Maximum Offset"中填入1mm，如图2-3-50所示。

对"支架12"做同样的设置，如图2-3-51所示。

对"支架6"做同样的设置，如图2-3-52所示。

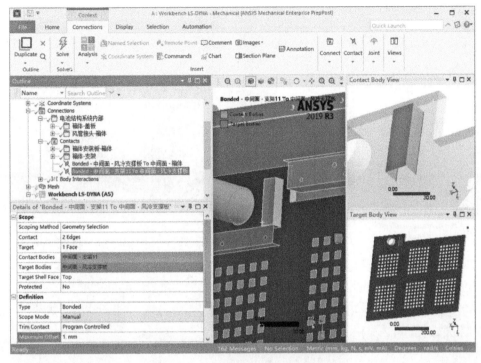

图 2-3-50　"支架 11"接触关系设置

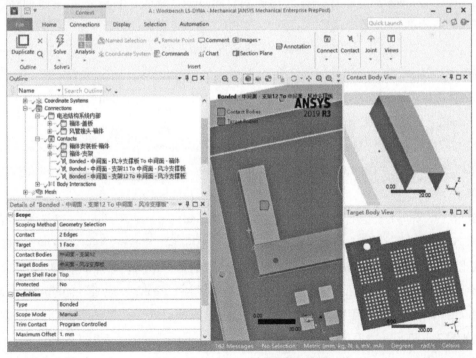

图 2-3-51　"支架 12"接触关系设置

图 2-3-52 "支架6"接触关系设置

结构树"Contact"中右键，插入接触对"Manual Contact Region"，在详细信息里，"Scope"→"Contact"选择"风冷支撑板"与"风道"接触面，"Scope"→"Target"选择"风道"的下方面，"Contact Shell Face"在下拉选项中选择"Top"，"Target Shell Face"在下拉选项中也选择"Bottom"。因为"风冷支撑板"的厚度为1.5mm，"风道"的厚度为1.5mm，抽中面以后两个壳体之间距离为1.5mm，所以在"Definition"→"Maximum Offset"中填入2mm，如图2-3-53所示。

单击展开结构树里"Model（A4）"→"Model"→"Geometry"→"电池结构系统"→"中间面-箱体盖板"，右键"中间面-箱体盖板"，单击"Show Body"，将箱体盖板显示出来，如图2-3-54所示。

结构树"Contact"中右键，插入接触对"Manual Contact Region"，在详细信息里，"Scope"→"Contact"选择"箱体盖板"与"风道"接触面，"Scope"→"Target"选择"风道"的上部面，"Contact Shell Face"在下拉选项中选择"Bottom"，"Target Shell Face"在下拉选项中也选择"Top"。因为"箱体盖板"的厚度为1.5mm，"风道"的厚度为1.5mm，抽中面以后两个壳体之间距离为1.5mm，所以在"Definition"→"Maximum Offset"中填入2mm，如图2-3-55所示。

结构树"Contact"中右键，插入接触对"Manual Contact Region"，如图2-3-56所示。

在详细信息里，"Scope"→"Contact"选择"风管接头"与"箱体"的接触面，"Scope"→

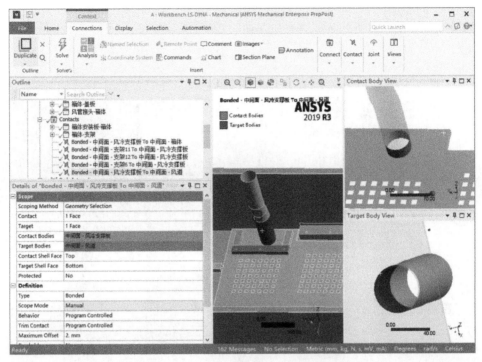

图 2-3-53　"风道"与"风冷支撑板"接触关系设置

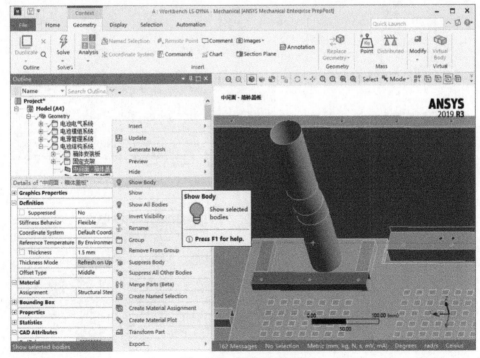

图 2-3-54　箱体盖板显示

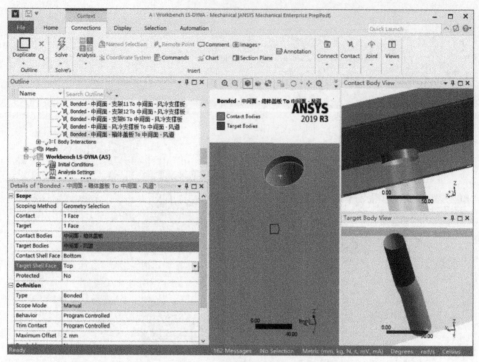

图 2-3-55 "风道"与"箱体盖板"接触关系设置

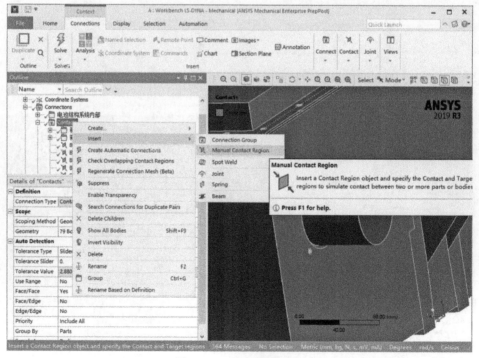

图 2-3-56 插入接触关系

"Target"选择"箱体"的侧壁面,"Contact Shell Face"在下拉选项中选择"Top","Target Shell Face"在下拉选项中也选择"Bottom"。因为"箱体"和"风管接头"之间是螺栓连接,而不是焊接,所以"箱体"和"风管接头"之间的接触不能用"Bonded",而是用"Frictional"选项,代表"箱体"和"风管接头"之间是摩擦接触。如图 2-3-57 所示,在详细信息里,"Definition"→"Type"在下拉选项中选择"Frictional","Friction Coefficient"填入"0.2","Dynamic Coefficient"填入"0.1"。

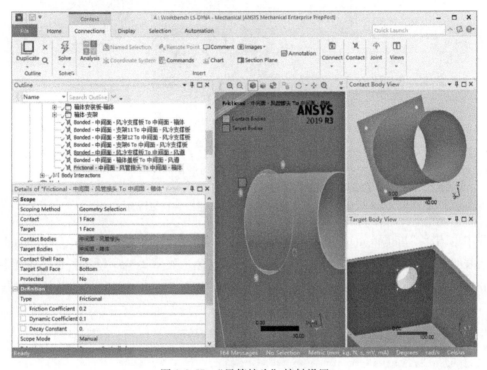

图 2-3-57 "风管接头"接触设置

结构树"Contact"中右键,插入接触对"Manual Contact Region",在详细信息里,"Scope"→"Contact"选择"箱体盖板"与"密封圈"的接触面,"Scope"→"Target"选择"密封圈"的上表面,"Contact Shell Face"在下拉选项中选择"Bottom","Target Shell Face"在下拉选项中也选择"Top"。因为"箱体盖板"和"箱体"之间也是螺栓连接,并且将密封圈夹在中间,所以"箱体盖板"和"密封圈"之间的接触也用"Frictional"选项,代表"箱体盖板"和"密封圈"之间是摩擦接触。如图 2-3-58 所示,在详细信息里,"Definition"→"Type",在下拉选项中选择"Frictional","Friction Coefficient"填入"0.2","Dynamic Coefficient"填入"0.1"。

结构树"Contact"中右键,插入接触对"Manual Contact Region",在详细信息里,"Scope"→"Contact"选择"箱体"与"密封圈"的接触面,"Scope"→"Target"选择"密封圈"的下表面,"Contact Shell Face"在下拉选项中选择"Top","Target Shell Face"在下

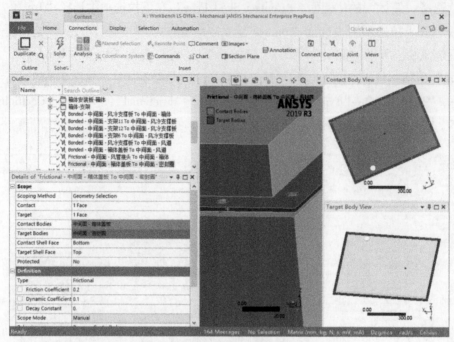

图 2-3-58 "密封圈"与"箱体盖板"接触设置

拉选项中也选择"Bottom"。同上,"箱体"和"密封圈"之间的接触也用"Frictional"选项,代表"箱体盖板"和"密封圈"之间是摩擦接触。如图 2-3-59 所示,在详细信息里,"Definition"→"Type"在下拉选项中选择"Frictional","Friction Coefficient"填入"0.2","Dynamic Coefficient"填入"0.1"。

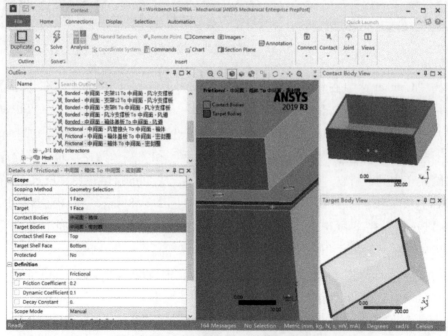

图 2-3-59 "密封圈"与"箱体"接触设置

如图 2-3-60 所示，按住"Ctrl 键"，选择"箱体安装板-箱体""箱体-支架"以及剩下 9 个接触设置，右键单击"Group"，创建新组并且重命名"电池结构系统内部接触"，如图 2-3-61 所示。

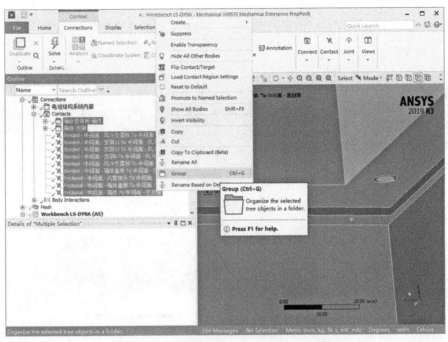

图 2-3-60　"电池结构系统内部接触"创建组

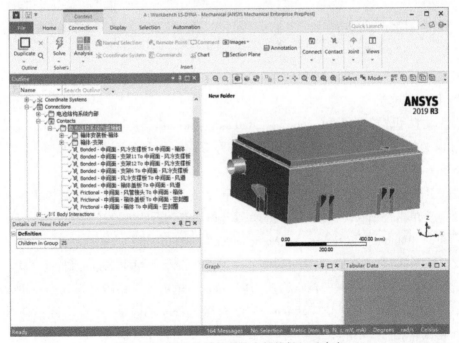

图 2-3-61　"电池结构系统内部接触"重命名

2.3.2 电源管理系统内部接触关系和连接关系的建立

下面建立"电源管理系统"内部接触关系和连接关系。

如图 2-3-62 所示，结构树 "Model（A4）"→"Geometry"→"电源管理系统"中，右键先单击 "Hide Bodies Outside Group"，然后单击 "Show Hidden Bodies in Group"，将"电源管理系统"单独显示出来。

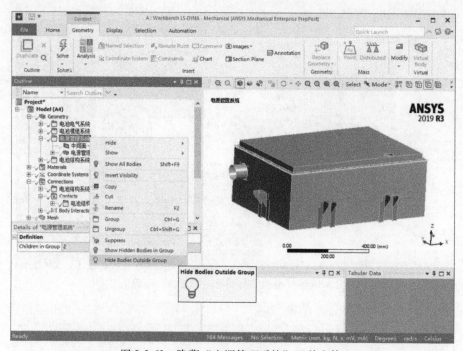

图 2-3-62　隐藏"电源管理系统"以外实体

如图 2-3-63 所示，在结构树 "Model（A4）"→"Connection"中，右键 "Insert"→"Beam"，插入梁单元。

在详细信息里，单击 "Definition"→"Radius"→"0mm" 将其修改为 "2mm"，因为电源管理器和电源管理器固定板之间的螺栓直径为 4mm。单击工具栏里 "Edge"，可以选择"边"类型。

单击 "Reference"→"Scope"→"No Selection"，在图形窗口中选择电源管理器其中一个螺栓孔，然后单击 "Apply"，以确定梁的一端与电源管理器的螺栓孔连接。

然后单击 "Mobile"→"Scope"→"No Selection"，在图形窗口中选择电源管理器固定板的螺栓孔，然后单击 "Apply"，以确定梁的另一端与电源管理器固定板的螺栓孔连接。

梁连接设置完成以后，在详细信息 "Definition" 里可知，梁的材料为结构钢，横截面为圆形，半径为 2mm，长度为 5.6mm。在结构树 "Connections" 中也已经自动重命名为 "Circular-电源管理器 To 中间面-电源管理器固定板"，如图 2-3-64 所示。

用同样方法设置剩下三个螺栓孔，设置好以后如图 2-3-65 所示。

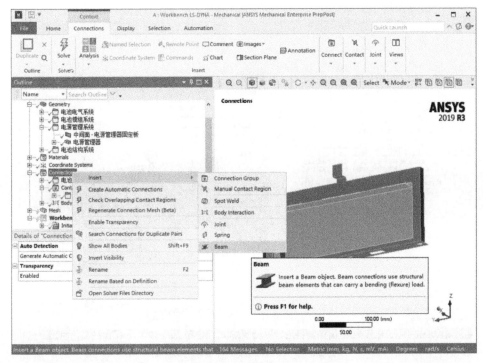

图 2-3-63　插入梁单元

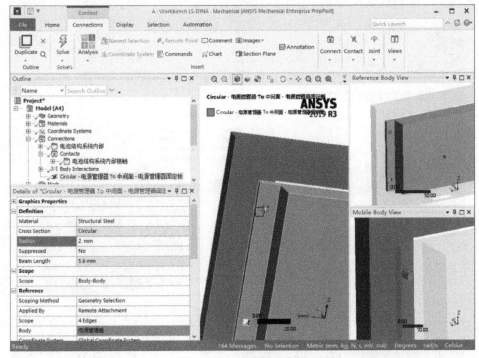

图 2-3-64　设置螺栓参数

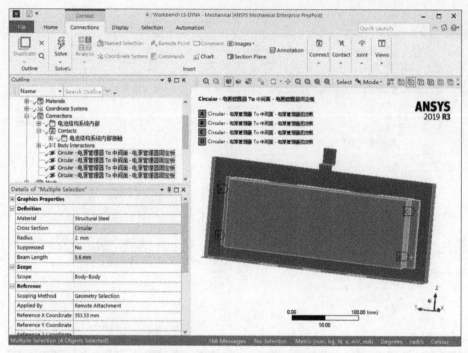

图 2-3-65　设置剩下三个螺栓孔连接

　　如图 2-3-66 所示，按住"Ctrl 键"，选择 4 个设置选项，右键选择"Group"，创建新组并且重命名为"电源管理器内部"，如图 2-3-67 所示。

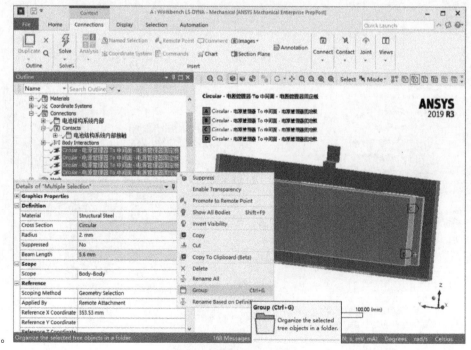

图 2-3-66　螺栓连接创建组

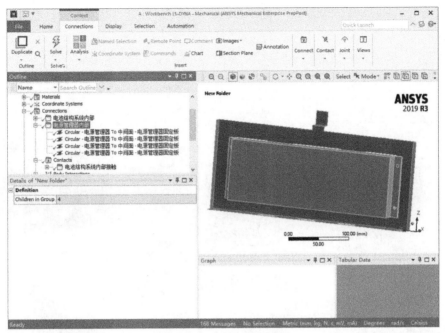

图 2-3-67　螺栓连接重命名

结构树"Contact"中右键，插入接触对"Manual Contact Region"，如图 2-3-68 所示。在详细信息里，"Scope"→"Contact"选择"电源管理器固定板"与"电源管理器"的接触面，"Scope"→"Target"选择"电源管理器"的表面，"Contact Shell Face"在下拉选项中选择"Top"。因为这是壳体表面与实体表面的面与面接触，并且 Target 表面为实体表面，所

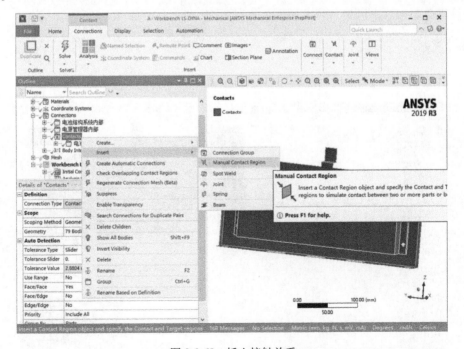

图 2-3-68　插入接触关系

以没有 "Target Shell Face" 的选项。"电源管理器" 和 "电源管理器固定板" 之间的接触也用 "Frictional" 选项。如图 2-3-69 所示，在详细信息里，"Definition"→"Type" 在下拉选项中选择 "Frictional"，"Friction Coefficient" 填入 "0.2"，"Dynamic Coefficient" 填入 "0.1"。

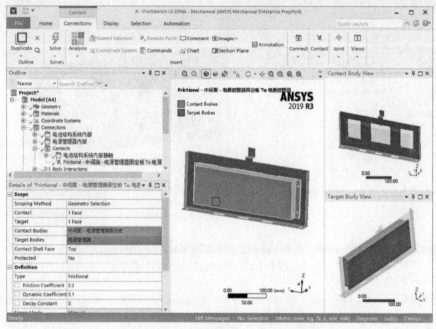

图 2-3-69 "电源管理器"接触关系设置

选择 "Frictional-中间面-电源管理器固定板 To 电源管理器"，右键单击 "Group"，创建新组并且重命名为 "电源管理器系统内部接触"，如图 2-3-70 所示。

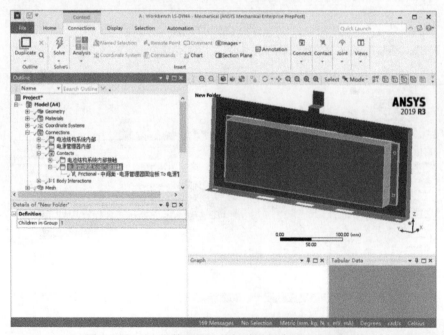

图 2-3-70 "电源管理器"接触关系创建新组并重命名

2.3.3　电池电气系统内部接触关系和连接关系的建立

下面建立"电池电气系统"内部接触关系和连接关系。

如图 2-3-71 所示，结构树"Model（A4）"→"Geometry"→"电池电气系统"中，右键先单击"Hide Bodies Outside Group"，然后单击"Show Hidden Bodies in Group"，将"电池电气系统"单独显示出来。

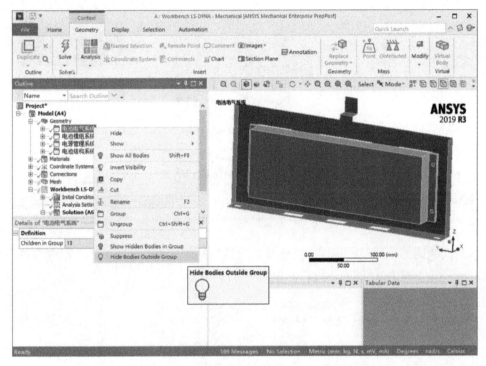

图 2-3-71　隐藏"电池电气系统"以外实体

在结构树"Model（A4）"→"Connection"中，右键"Insert"→"Beam"，插入梁单元。

在详细信息里，单击"Definition"→"Radius"→"0mm"，将其修改为"3mm"，因为铜排 2 和继电器之间的螺栓直径为 6mm。单击"Reference"→"Scope"→"No Selection"，在图形窗口中选择继电器螺栓孔，然后单击"Apply"，以确定梁的一端与继电器螺栓孔连接。然后单击"Mobile"→"Scope"→"No Selection"，在图形窗口中选择铜排 2 螺栓孔，然后单击"Apply"，以确定梁的另一端与铜排 2 螺栓孔连接。在结构树"Connections"中也已经自动重命名为"Circular-继电器 To 中间面-铜排 2"，如图 2-3-72 所示。

在结构树"Model（A4）"→"Connection"中，右键"Insert"→"Beam"，插入梁单元。

在详细信息里，单击"Definition"→"Radius"→"0mm"将其修改为"3mm"，因为导线和继电器之间的螺栓直径为 6mm。单击"Reference"→"Scope"→"No Selection"，在图形窗口中选择继电器螺栓孔，然后单击"Apply"，以确定梁的一端与继电器螺栓孔连接。然后单击"Mobile"→"Scope"→"No Selection"，在图形窗口中选择导线螺栓孔，然后单击"Ap-

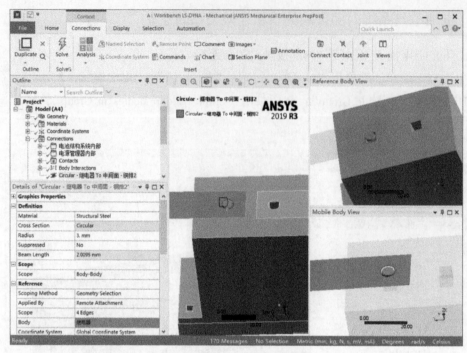

图 2-3-72　螺栓连接关系设置

ply", 以确定梁的另一端与导线螺栓孔连接。在结构树 "Connections" 中也已经自动重命名为 "Circular-继电器 To 中间面-导线", 如图 2-3-73 所示。

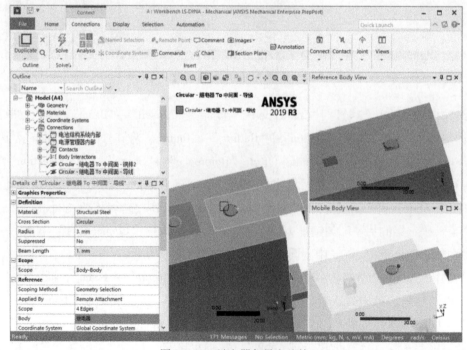

图 2-3-73　继电器与导向连接

在结构树"Model（A4）"→"Connection"中，右键"Insert"→"Beam"，插入梁单元。

在详细信息里，单击"Definition"→"Radius"→"0mm"，将其修改为"3mm"，因为导线和绝缘柱 2 之间的螺栓直径为 6mm，分流器被夹在中间。单击"Reference"→"Scope"→"No Selection"，在图形窗口中选择绝缘柱 2 螺栓孔，然后单击"Apply"，以确定梁的一端与绝缘柱 2 螺栓孔连接。然后单击"Mobile"→"Scope"→"No Selection"，在图形窗口中选择导线螺栓孔，然后单击"Apply"，以确定梁的另一端与导线螺栓孔连接。在结构树"Connections"中也已经自动重命名为"Circular-绝缘柱 2 To 中间面-导线"，如图 2-3-74 所示。

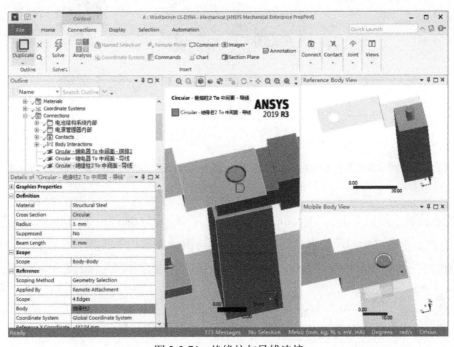

图 2-3-74　绝缘柱与导线连接

在结构树"Model（A4）"→"Connection"中，右键"Insert"→"Beam"，插入梁单元。

在详细信息里，单击"Definition"→"Radius"→"0mm"，将其修改为"3mm"，因为分流器和绝缘柱 11 之间的螺栓直径为 6mm，熔断器被夹在中间。单击"Reference"→"Scope"→"No Selection"，在图形窗口中选择绝缘柱 11 螺栓孔，然后单击"Apply"，以确定梁的一端与绝缘柱 11 螺栓孔连接。然后单击"Mobile"→"Scope"→"No Selection"，在图形窗口中选择分流器螺栓孔，然后单击"Apply"，以确定梁的另一端与分流器螺栓孔连接。在结构树"Connections"中也已经自动重命名为"Circular-绝缘柱 11 To 分流器"，如图 2-3-75所示。

在结构树"Model（A4）"→"Connection"中，右键"Insert"→"Beam"，插入梁单元。

在详细信息里，单击"Definition"→"Radius"→"0mm"，将其修改为"3mm"，因为铜排 3 和绝缘柱 12 之间的螺栓直径为 6mm，熔断器被夹在中间。单击，"Reference"→"Scope"→"No Selection"，在图形窗口中选择绝缘柱 12 螺栓孔，然后单击"Apply"，以确定梁的一端与绝缘

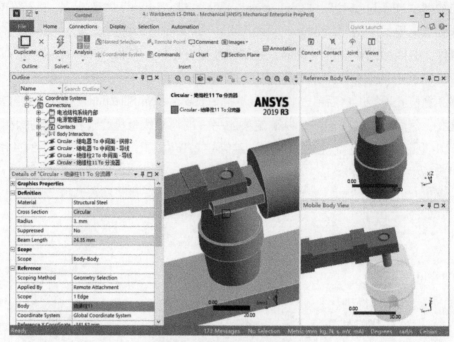

图 2-3-75 绝缘柱与分流器连接

柱 12 螺栓孔连接。然后单击，"Mobile"→"Scope"→"No Selection"，在图形窗口中选择铜排 3 螺栓孔，然后单击"Apply"，以确定梁的另一端与铜排 3 螺栓孔连接。在结构树"Connections"中也已经自动重命名为"Circular-绝缘柱 12 To 中间面-铜排 3"，如图 2-3-76 所示。

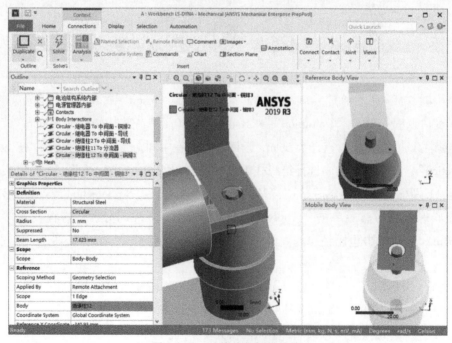

图 2-3-76 绝缘柱与铜排连接

在结构树 "Model（A4）"→"Connection" 中，右键 "Insert"→"Beam"，插入梁单元。

在详细信息里，单击 "Definition"→"Radius"→"0mm"，将其修改为 "2mm"，因为继电器和底座之间的螺栓直径为 4mm。单击 "Reference"→"Scope"→"No Selection"，在图形窗口中选择底座螺栓孔，然后单击 "Apply"，以确定梁的一端与底座螺栓孔连接。然后单击 "Mobile"→"Scope"→"No Selection"，在图形窗口中选择继电器螺栓孔，然后单击 "Apply"，以确定梁的另一端与继电器螺栓孔连接。在结构树 "Connections" 中也已经自动重命名为 "Circular-中间面-底座 To 继电器"，如图 2-3-77 所示。

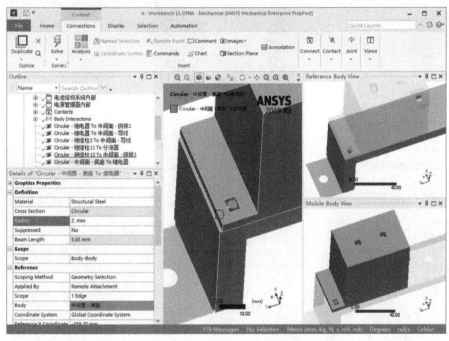

图 2-3-77　底座与继电器连接

同样方法设置继电器与底座固定的另外一个螺栓，如图 2-3-78 所示。

在结构树 "Model（A4）"→"Connection" 中，右键 "Insert"→"Beam"，插入梁单元。

在详细信息里，单击 "Definition"→"Radius"→"0mm" 将其修改为 "2.5mm"，因为绝缘柱 2 和底座之间的螺栓直径为 5mm。单击 "Reference"→"Scope"→"No Selection"，在图形窗口中选择绝缘柱 2 螺栓孔，然后单击 "Apply"，以确定梁的一端与绝缘柱 2 螺栓孔连接。然后单击 "Mobile"→"Scope"→"No Selection"，在图形窗口中选择底板螺栓孔，然后单击 "Apply"，以确定梁的另一端与底板螺栓孔连接。在结构树 "Connections" 中也已经自动重命名为 "Circular-绝缘柱 2 To 中间面-底座"，如图 2-3-79 所示。

在结构树 "Model（A4）"→"Connection" 中，右键 "Insert"→"Beam"，插入梁单元。

在详细信息里，单击 "Definition"→"Radius"→"0mm" 将其修改为 "3mm"，因为绝缘柱 11 和底座之间的螺栓直径为 6mm。单击 "Reference"→"Scope"→"No Selection"，在图形窗口中选择绝缘柱 11 螺栓孔，然后单击 "Apply"，以确定梁的一端与绝缘柱 11 螺栓孔连

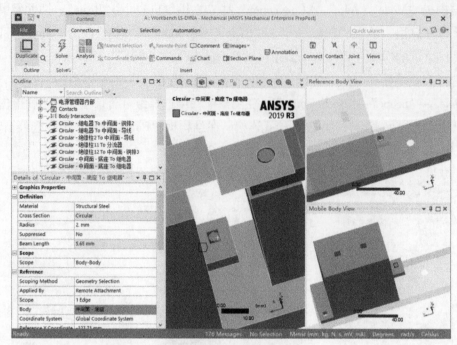

图 2-3-78　继电器与底座连接

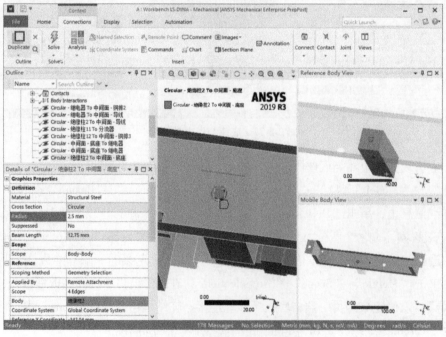

图 2-3-79　绝缘柱与底座连接

接。然后单击 "Mobile"→"Scope"→"No Selection"，在图形窗口中选择底板螺栓孔，然后单击 "Apply"，以确定梁的另一端与底板螺栓孔连接。在结构树 "Connections" 中也已经自动重命名为 "Circular-绝缘柱 11 To 中间面-底座"，如图 2-3-80 所示。

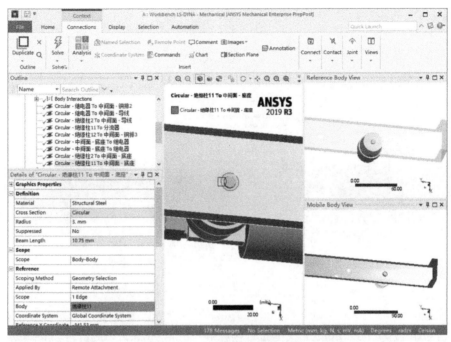

图 2-3-80　绝缘柱与底座连接

同样方法设置绝缘柱 12 与底座固定的另外一个螺栓，如图 2-3-81 所示。

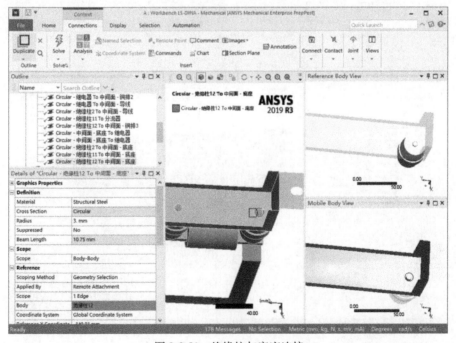

图 2-3-81　绝缘柱与底座连接

如图 2-3-82 所示，按住"Ctrl 键"，选择新建的 10 个连接，右键单击"Group"，新建组并且重命名为"电池电气系统内部"，如图 2-3-83 所示。

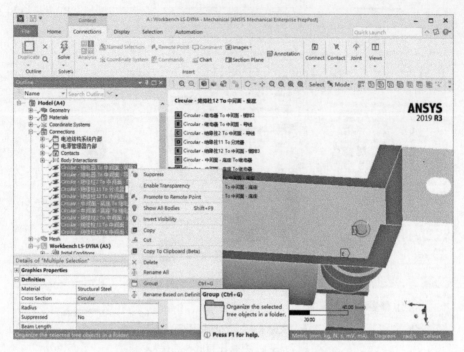

图 2-3-82 "电池电气系统内部"创建组

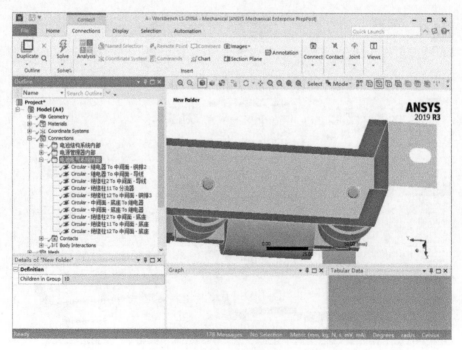

图 2-3-83 "电池电气系统内部"重命名

结构树"Contact"中右键，插入接触对"Manual Contact Region"，如图 2-3-84 所示。
在详细信息里，"Scope"→"Contact"选择"铜排 2"与"继电器"的接触面，"Scope"→

"Target" 选择 "继电器" 的表面，"Contact Shell Face" 在下拉选项中选择 "Top"。如图 2-3-85 所示，在详细信息里，"Definition"→"Type" 在下拉选项中选择 "Frictional"，"Friction Coefficient" 填入 "0.2"，"Dynamic Coefficient" 填入 "0.1"。

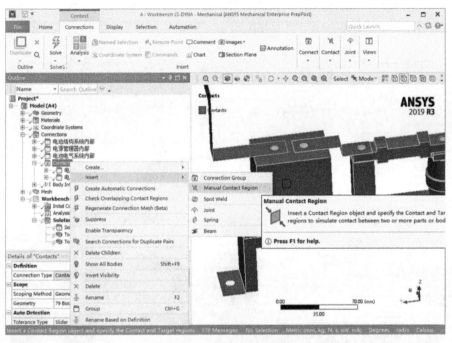

图 2-3-84　插入接触关系

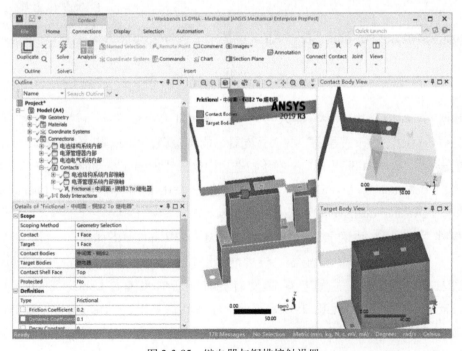

图 2-3-85　继电器与铜排接触设置

结构树"Contact"中右键，插入接触对"Manual Contact Region"。在详细信息里，"Scope"→"Contact"选择"导线"与"继电器"的接触面，"Scope"→"Target"选择"继电器"的表面，"Contact Shell Face"在下拉选项中选择"Bottom"。如图 2-3-86 所示，在详细信息里，"Definition"→"Type"在下拉选项中选择"Frictional"，"Friction Coefficient"填入"0.2"，"Dynamic Coefficient"填入"0.1"。

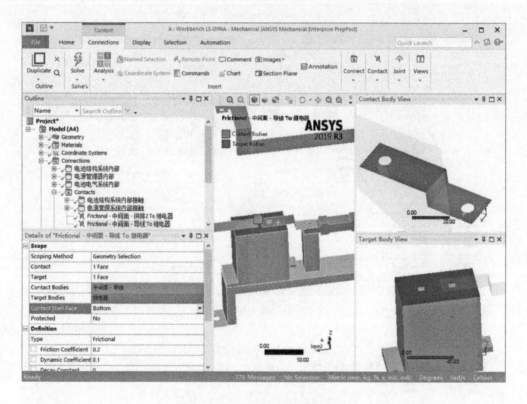

图 2-3-86　继电器与导线接触设置

结构树"Contact"中右键，插入接触对"Manual Contact Region"。在详细信息里，"Scope"→"Contact"选择"导线"与"分流器"的接触面，"Scope"→"Target"选择"分流器"的表面，"Contact Shell Face"在下拉选项中选择"Bottom"。如图 2-3-87 所示，在详细信息里，"Definition"→"Type"在下拉选项中选择"Frictional"，"Friction Coefficient"填入"0.2"，"Dynamic Coefficient"填入"0.1"。

结构树"Contact"中右键，插入接触对"Manual Contact Region"。在详细信息里，"Scope"→"Contact"选择"分流器"与"绝缘柱 2"的接触面，"Scope"→"Target"选择"绝缘柱 2"的表面，这里接触面没有壳体，所有没有"Contact Shell Face"和"Target Shell Face"选项。如图 2-3-88 所示，在详细信息里，"Definition"→"Type"在下拉选项中选择"Frictional"，"Friction Coefficient"填入"0.2"，"Dynamic Coefficient"填入"0.1"。

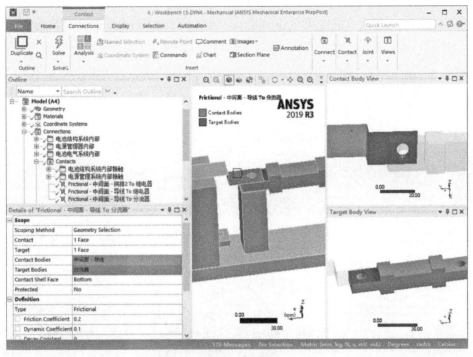

图 2-3-87　导线与分流器接触设置

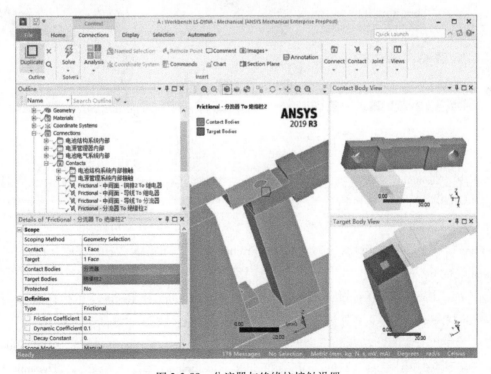

图 2-3-88　分流器与绝缘柱接触设置

结构树"Contact"中右键，插入接触对"Manual Contact Region"。在详细信息里，"Scope"→"Contact"选择"继电器"下底面，"Scope"→"Target"选择"底座"上表面，"Contact Shell Face"在下拉选项中选择"Top"。如图 2-3-89 所示，在详细信息里，"Definition"→"Type"在下拉选项中选择"Frictional"，"Friction Coefficient"填入"0.2"，"Dynamic Coefficient"填入"0.1"。

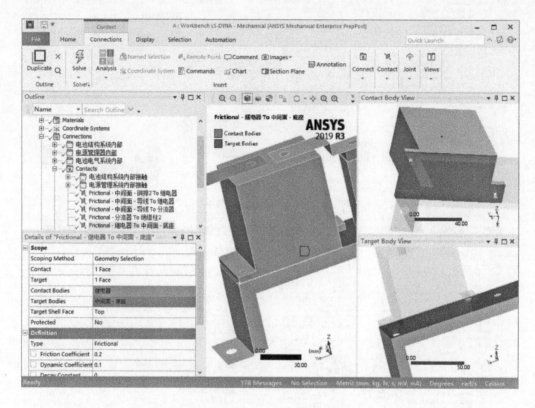

图 2-3-89 底座与继电器接触设置

结构树"Contact"中右键，插入接触对"Manual Contact Region"。在详细信息里，"Scope"→"Contact"选择"绝缘柱 2"下底面，"Scope"→"Target"选择"底座"上表面，"Contact Shell Face"在下拉选项中选择"Top"。如图 2-3-90 所示，在详细信息里，"Definition"→"Type"在下拉选项中选择"Frictional"，"Friction Coefficient"填入"0.2"，"Dynamic Coefficient"填入"0.1"。

结构树"Contact"中右键，插入接触对"Manual Contact Region"。在详细信息里，"Scope"→"Contact"选择"分流器"与"熔断器"的接触面，"Scope"→"Target"选择"熔断器"与"分流器"接触的上表面。如图 2-3-91 所示，在详细信息里，"Definition"→"Type"在下拉选项中选择"Frictional"，"Friction Coefficient"填入"0.2"，"Dynamic Coefficient"填入"0.1"。

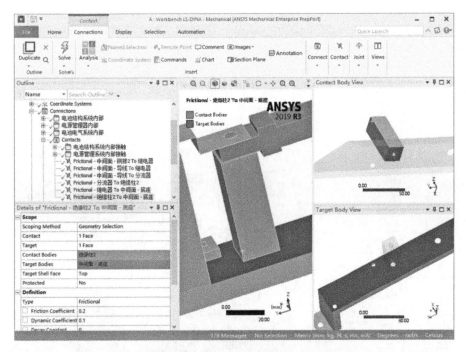

图 2-3-90　绝缘柱与底座接触设置

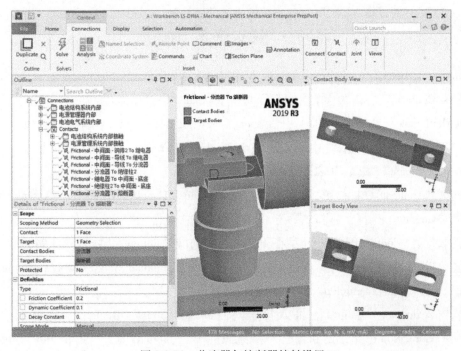

图 2-3-91　分流器与熔断器接触设置

　　结构树"Contact"中右键，插入接触对"Manual Contact Region"。在详细信息里，"Scope"→"Contact"选择"熔断器"与"绝缘柱 11"的接触面，"Scope"→"Target"选

择"绝缘柱 11"上表面。如图 2-3-92 所示，在详细信息里，"Definition"→"Type"在下拉选项中选择"Frictional"，"Friction Coefficient"填入"0.2"，"Dynamic Coefficient"填入"0.1"。

图 2-3-92　熔断器和绝缘柱接触设置

结构树"Contact"中右键，插入接触对"Manual Contact Region"。在详细信息里，"Scope"→"Contact"选择"绝缘柱 11"下底面，"Scope"→"Target"选择"底座"上表面，"Contact Shell Face"在下拉选项中选择"Top"。如图 2-3-93 所示，在详细信息里，"Definition"→"Type"在下拉选项中选择"Frictional"，"Friction Coefficient"填入"0.2"，"Dynamic Coefficient"填入"0.1"。

结构树"Contact"中右键，插入接触对"Manual Contact Region"。在详细信息里，"Scope"→"Contact"选择"铜排 3"与"熔断器"的接触面，"Scope"→"Target"选择"熔断器"的表面，"Contact Shell Face"在下拉选项中选择"Bottom"。如图 2-3-94 所示，在详细信息里，"Definition"→"Type"在下拉选项中选择"Frictional"，"Friction Coefficient"填入"0.2"，"Dynamic Coefficient"填入"0.1"。

结构树"Contact"中右键，插入接触对"Manual Contact Region"。在详细信息里，"Scope"→"Contact"选择"熔断器"与"绝缘柱 12"的接触面，"Scope"→"Target"选择"绝缘柱 12"上表面。如图 2-3-95 所示，在详细信息里，"Definition"→"Type"在下拉选项中选择"Frictional"，"Friction Coefficient"填入"0.2"，"Dynamic Coefficient"填入"0.1"。

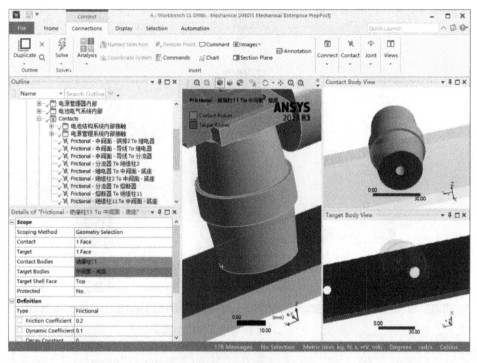

图 2-3-93　绝缘柱和底座接触设置

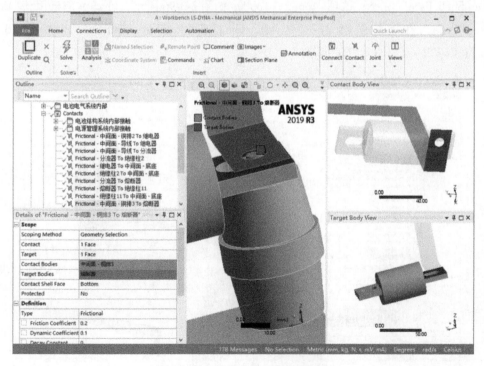

图 2-3-94　铜排和熔断器接触设置

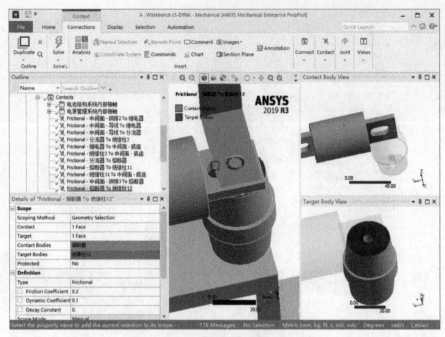

图 2-3-95　熔断器和绝缘柱接触设置

结构树"Contact"中右键，插入接触对"Manual Contact Region"。在详细信息里，"Scope"→"Contact"选择"绝缘柱 12"下底面，"Scope"→"Target"选择"底座"上表面，"Contact Shell Face"在下拉选项中选择"Top"。如图 2-3-96 所示，在详细信息里，"Definition"→"Type"在下拉选项中选择"Frictional"，"Friction Coefficient"填入"0.2"，"Dynamic Coefficient"填入"0.1"。

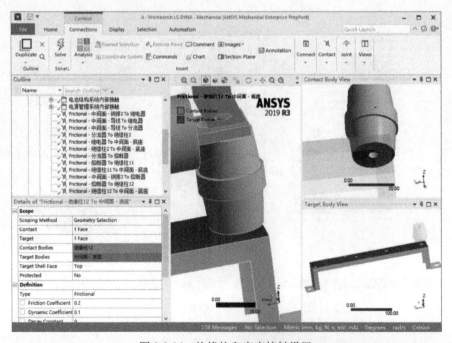

图 2-3-96　绝缘柱和底座接触设置

按住"Ctrl 键",选择所有接触选项,如图 2-3-97 所示,右键单击"Group",创建新组并且重命名为"电池电气系统内部接触",如图 2-3-98 所示。

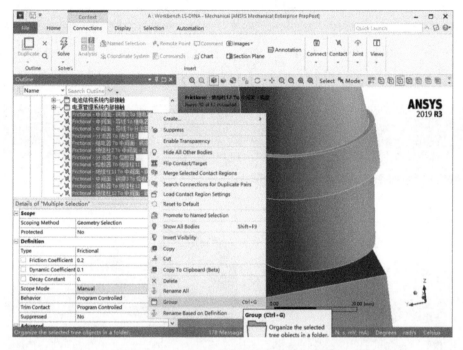

图 2-3-97　"电池电气系统内部接触"创建组

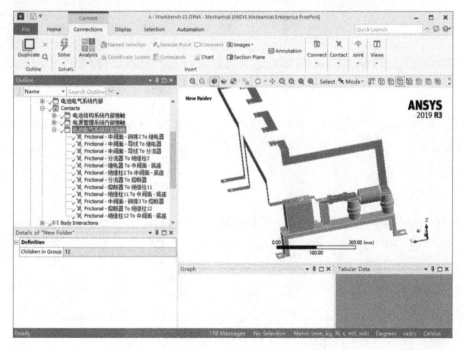

图 2-3-98　"电池电气系统内部接触"重命名

2.3.4 电池模组系统内部接触关系和连接关系的建立

下面建立"电池模组系统"内部接触关系和连接关系。

如图 2-3-99 所示，结构树"Model（A4）"→"Geometry"→"电池模组系统"→"模组 1"中，右键先单击"Hide Bodies Outside Group"，然后单击"Show Hidden Bodies in Group"，将"电池模组系统"中的"模组 1"单独显示出来。

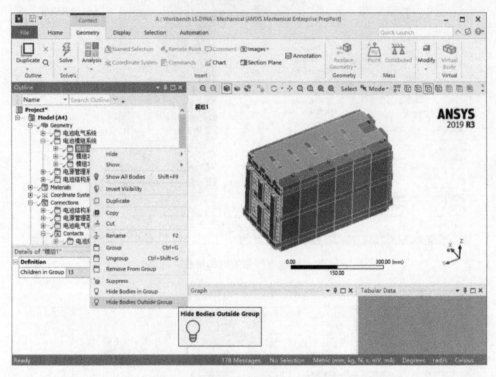

图 2-3-99　隐藏"模组 1"以外实体

在图形窗口中单击"模组 1"的"绝缘板"，右键单击"Hide Body"，隐藏"绝缘板"，如图 2-3-100 所示。

如图 2-3-101 所示，在结构树"Model（A4）"→"Connection"中，右键"Insert"→"Beam"，插入梁单元。

在详细信息里，单击"Definition"→"Radius"→"0mm"，将其修改为"1.5mm"，因为"FPC"和"电芯 16"之间的螺栓直径为 3mm。单击工具栏里"Edge"，可以选择"边"类型。

单击"Reference"→"Scope"→"No Selection"，在图形窗口中选择"电芯 16"其中一个螺栓孔，然后单击"Apply"，以确定梁的一端与"电芯 16"的螺栓孔连接。

然后单击"Mobile"→"Scope"→"No Selection"，在图形窗口中选择"FPC"的螺栓孔，然后单击"Apply"，以确定梁的另一端与"PFC"的螺栓孔连接。

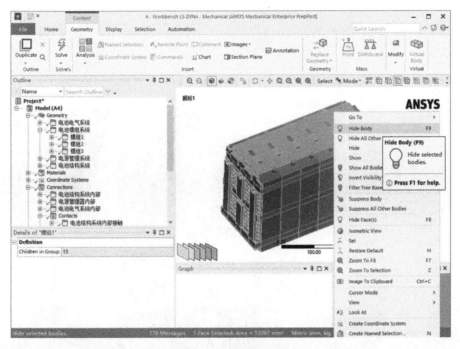

图 2-3-100　隐藏绝缘板

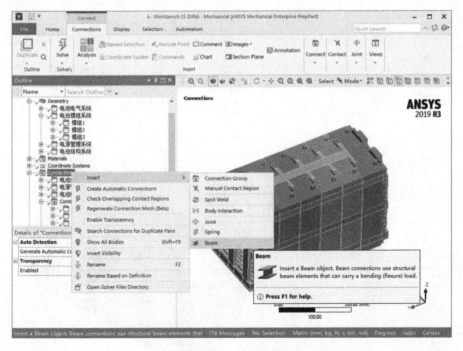

图 2-3-101　插入梁单元

梁连接设置完成以后，在详细信息"Definition"里可知，梁的材料为结构钢，横截面为圆形，半径为 1.5mm，长度为 5.2269mm。在结构树"Connections"中也已经自动重命名为"Circular-电芯 16 To 中间面-FPC",如图 2-3-102 所示。

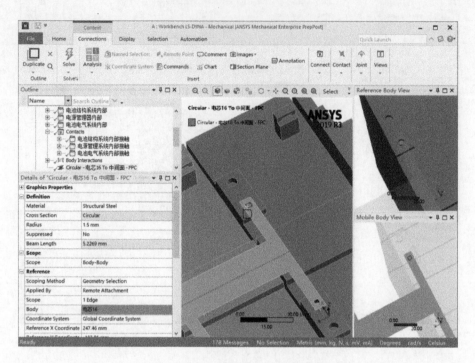

图 2-3-102　电芯与 FPC 接触设置

用同样的方法设置"模组 1"的"FPC"剩下的 9 个螺栓孔,如图 2-3-103 所示。

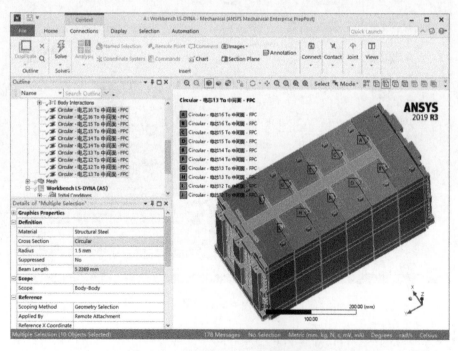

图 2-3-103　电芯与 FPC 所有接触设置

如图 2-3-104 所示，按住"Ctrl 键"，选择 10 个已经建立的连接，右键单击"Group"，创建新组并且重命名为"模组 1"，如图 2-3-105 所示。

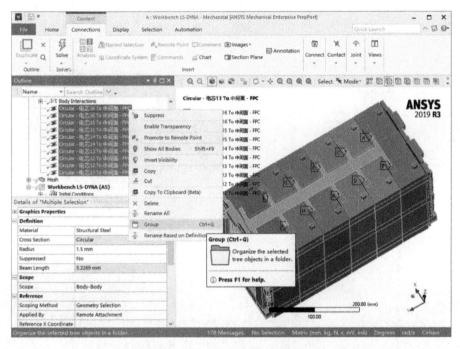

图 2-3-104　电芯与 FPC 接触创建组

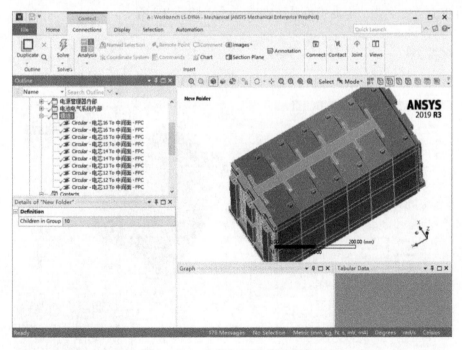

图 2-3-105　电芯与 FPC 接触重命名

如创建连接关系"模组1"同样的步骤，创建"模组2"和"模组3"，如图2-3-106所示。

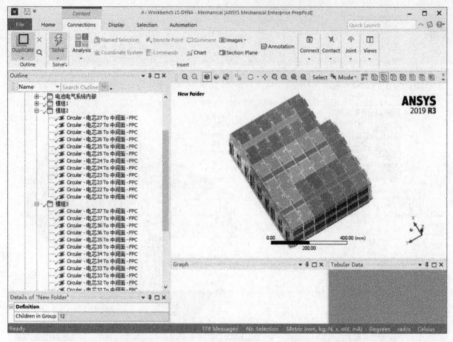

图 2-3-106 "模组2"和"模组3"接触关系创建

如图2-3-107所示，按住"Ctrl键"选择"模组1""模组2""模组3"，右键单击"Group"创建新组并且重命名为"电池模组系统内部"，如图2-3-108所示。

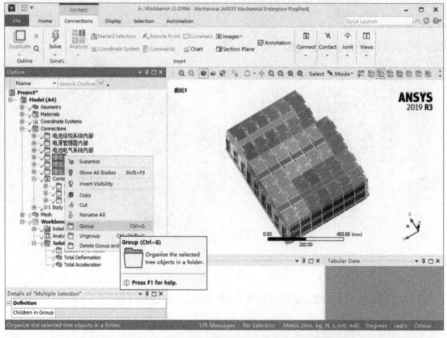

图 2-3-107 "模组1""模组2""模组3"创建组

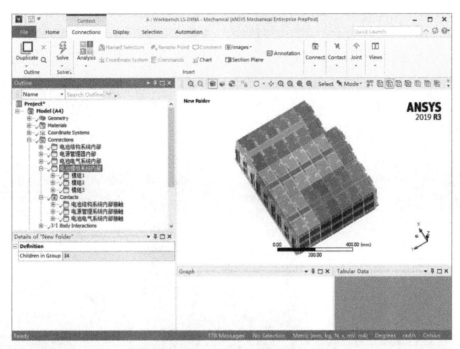

图 2-3-108　重命名"电池模组系统内部"

单独显示"模组 1"，在结构树"Model（A4）"→"Connections"→"Contact"中，右键"Insert"→"Manual Contact Region"，插入接触设置，开始设置"模组 1"接触，如图 2-3-109所示。

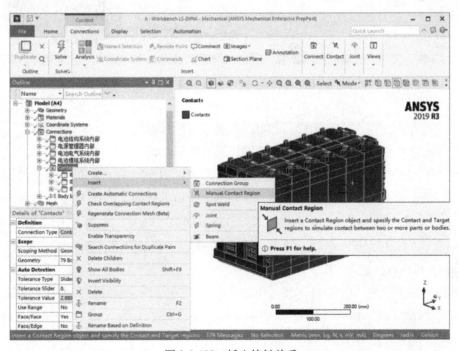

图 2-3-109　插入接触关系

首先设置"打包带 11"和电芯以及端板的接触,如图 2-3-110 所示,在详细信息"Scope"→"Contact"里,选择"打包带 11"的 4 个面,即"Contact Body View"中红色面,在"Scope"→"Contact Shell Face"选择"Bottom",代表是"打包带 11"的内表面被选中,在"Scope"→"Target"里选择 6 个电芯和两个端板的 22 个接触面,即"Target Body View"中蓝色面。在详细信息里,"Definition"→"Type"下拉选项中选择"Frictional","Friction Coefficient"填入"0.2","Dynamic Coefficient"填入"0.1"。

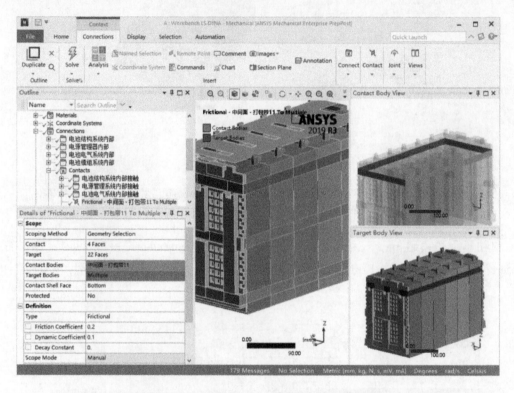

图 2-3-110 "打包带 11"与电芯和端板接触设置

用同样的方法设置"打包带 12"和电芯以及端板的接触,如图 2-3-111 所示。

用同样的方法设置"打包带 13"和电芯以及端板的接触,如图 2-3-112 所示。

设置"端板 11"和"电芯 11"的接触,如图 2-3-113 所示,在详细信息"Scope"→"Contact"里选择"端板 11"的 6 个面,即"Contact Body View"中红色面,在"Scope"→"Target"里选择电芯外壳上 1 个面,即"Target Body View"中蓝色面。在详细信息"Definition"→"Type"下拉选项中选择"Frictional","Friction Coefficient"填入"0.2","Dynamic Coefficient"填入"0.1"。

用同样的方法设置"电芯 11"和"电芯 12"、"电芯 12"和"电芯 13"、"电芯 13"和"电芯 14"、"电芯 14"和"电芯 15"、"电芯 15"和"电芯 16"、"电芯 16"和"端板 12"6 个接触对,如图 2-3-114 所示。

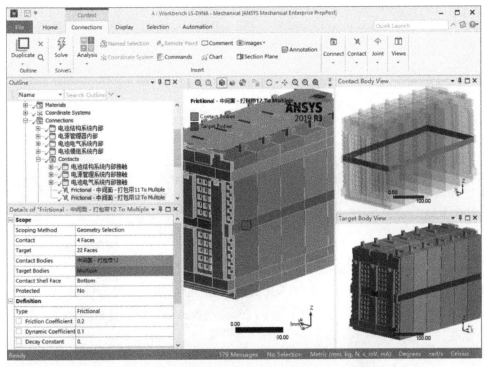

图 2-3-111　"打包带 12"与电芯和端板接触设置

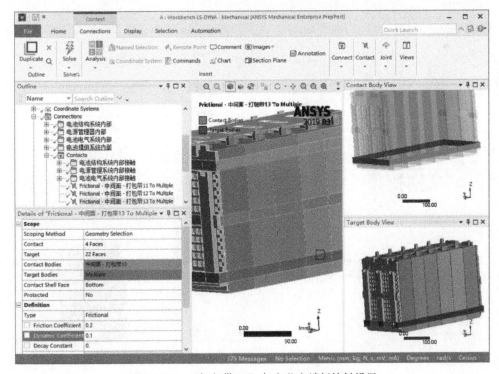

图 2-3-112　"打包带 13"与电芯和端板接触设置

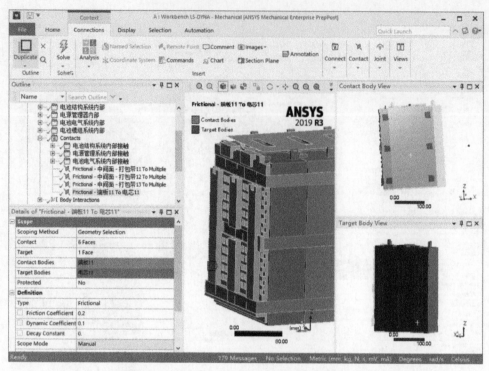

图 2-3-113 "端板 11"与"电芯 11"的接触设置

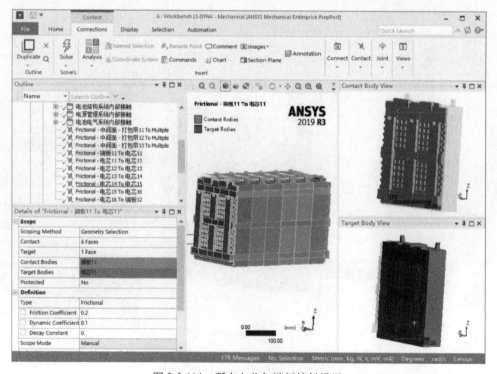

图 2-3-114 所有电芯与端板接触设置

设置"FPC"和电芯的接触，如图 2-3-115 所示，在详细信息"Scope"→"Contact"里选择"PFC"的表面，在"Scope"→"Contact Shell Face"中选择 Bottom，表示"PFC"的下表面被选中，即"Contact Body View"中红色面，在"Scope"→"Target"里选择电芯上所有与"FPC"接触的面，一共有 16 个面，即"Target Body View"中蓝色面。在详细信息"Definition"→"Type"下拉选项中选择"Frictional"，"Friction Coefficient"填入"0.2"，"Dynamic Coefficient"填入"0.1"。

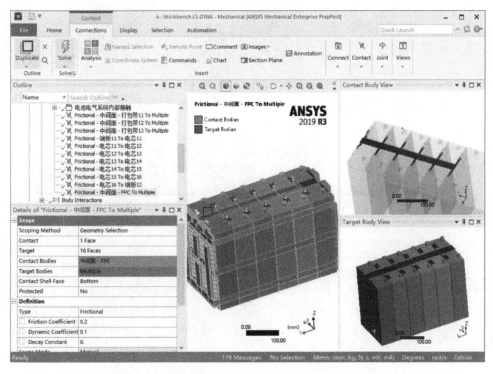

图 2-3-115　FPC 与电芯接触设置

设置"绝缘板"和电芯的接触，如图 2-3-116 所示，在详细信息"Scope"→"Contact"里选择"绝缘板"的表面，在"Scope"→"Contact Shell Face"中选择 Bottom，表示"绝缘板"的下表面被选中，即"Contact Body View"中红色面，在"Scope"→"Target"里选择电芯上所有与"绝缘板"接触的面，6 个电芯共有 12 个面，即"Target Body View"中蓝色面。这里绝缘板卡紧在电芯上面，所以在"Definition"→"Type"中选择"Bonded"。因为"绝缘板"的厚度为 1.5mm，电芯为实体，抽中面以后壳体和实体之间距离为 0.75mm，所以在"Definition"→"Maximum Offset"中填入 1mm。

按住"Ctrl 键"，选择刚才建立所有接触对，右键单击"Group"，创建新组并且重命名为"模组 1"，如图 2-3-117 所示。

"模组 2"和"模组 3"在结构上比"模组 1"多了一组电芯，其他都相同，所以用同样的方法建立"模组 2"和"模组 3"的接触关系，如图 2-3-118 所示。

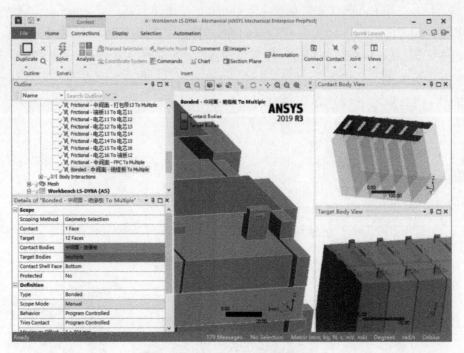

图 2-3-116　绝缘板与电芯接触设置

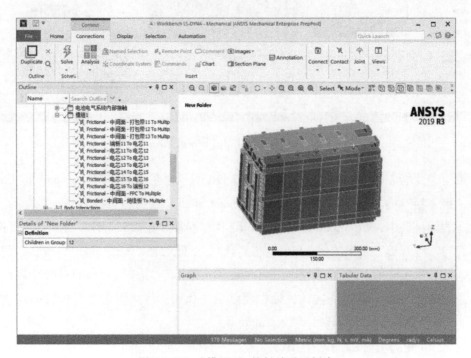

图 2-3-117　"模组 1"接触关系组创建

　　按住"Ctrl 键",选择"模组 1""模组 2""模组 3",右键单击"Group",创建新组并且重命名为"电池模组系统内部接触",如图 2-3-119 所示。

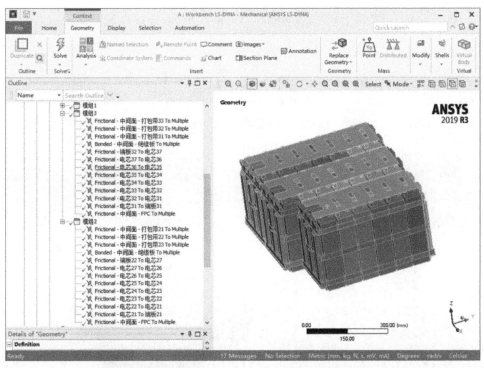

图 2-3-118 "模组 2"和"模组 3"接触关系组创建

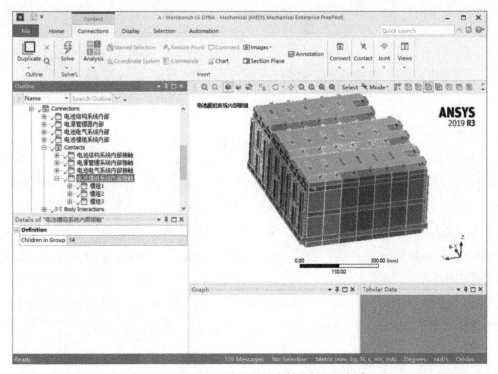

图 2-3-119 "电池模组系统内部接触"组创建

2.3.5 电池结构系统和电池电气系统的接触关系和连接关系的建立

下面建立"电池结构系统"和"电池电气系统"的接触关系和连接关系。

结构树"Model（A4）"→"Gemoetry"中按住"Ctrl 键"，选择"电池电气系统"和"电池结构系统"，右键先单击"Hiden Bodies Outside Group"，后单击"Show Hidden Bodies in Group"，单独显示"电池电气系统"和"电池结构系统"，如图 2-3-120 所示。

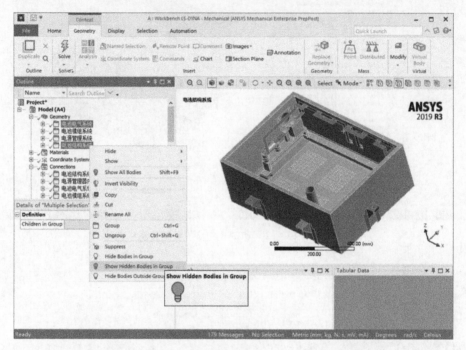

图 2-3-120　单独显示"电池电气系统"和"电池结构系统"

设置"支架 7"和"底座"之间的连接关系。

在结构树"Model（A4）"→"Connection"中，右键"Insert"→"Beam"，插入梁单元。

在详细信息里，单击"Definition"→"Radius"→"0mm"，将其修改为"3"，因为"支架 7"和"底座"之间的螺栓直径为 6mm。单击工具栏里"Edge"，可以选择"边"类型。

单击"Reference"→"Scope"→"No Selection"，在图形窗口中选择"支架 7"螺栓孔，在"Reference Body View"中显示红色，然后单击"Apply"，以确定梁的一端与"支架 7"的螺栓孔连接。

然后单击"Mobile"→"Scope"→"No Selection"，在图形窗口中选择"底座"的螺栓孔，在"Mobile Body View"中显示蓝色，然后单击"Apply"，以确定梁的另一端与"底座"的螺栓孔连接。

在结构树"Connections"中也已经自动重命名为"Circular-中间面-支架 7 To 中间面-底座"，如图 2-3-121 所示。

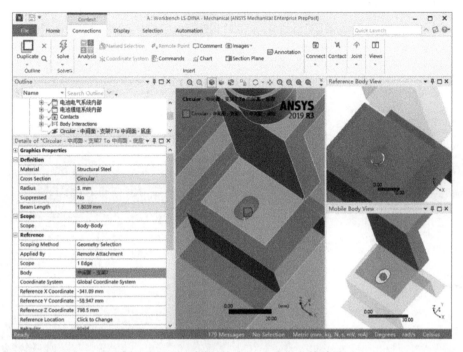

图 2-3-121　"支架 7"与"底座"连接关系

用同样的方法设置电池电气系统"底座"另一端与"支架 3"的连接，如图 2-3-122 所示。

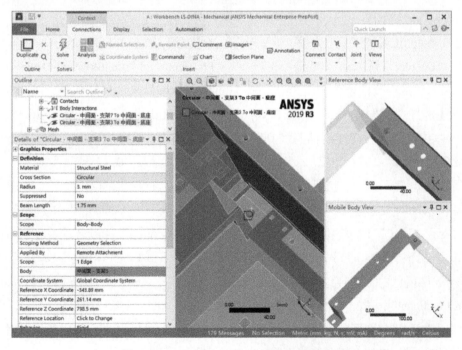

图 2-3-122　"支架 3"与"底座"连接关系

按住"Ctrl 键",选择刚才建立的两个连接,右键单击"Group",创建新组并且重命名为"电池结构系统-电池电气系统",如图 2-3-123 所示。

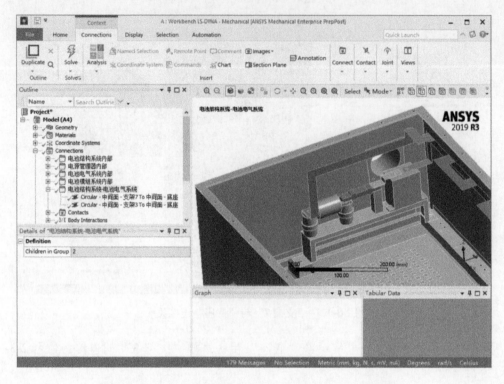

图 2-3-123 "电池结构系统-电池电气系统"创建组并重命名

设置电池电气系统"底座"和"支架 7"的接触,如图 2-3-124 所示,在详细信息"Scope"→"Contact"里选择"底座"的表面,在"Scope"→"Contact Shell Face"中选择Bottom,表示"底座"的下表面被选中,即"Contact Body View"中红色面,在"Scope"→"Target"里选择"支架 7"表面,在"Scope"→"Target Shell Face"中选择 Top,即"Target Body View"中蓝色面。在详细信息"Definition"→"Type"下拉选项中选择"Frictional","Friction Coefficient"填入"0.2","Dynamic Coefficient"填入"0.1"。

设置电池电气系统"底座"和"支架 3"的接触,如图 2-3-125 所示,在详细信息"Scope"→"Contact"里选择"底座"的表面,在"Scope"→"Contact Shell Face"中选择Bottom,表示"底座"的下表面被选中,即"Contact Body View"中红色面,在"Scope"→"Target"里选择"支架 3"表面,在"Scope"→"Target Shell Face"中选择 Top,即"Target Body View"中蓝色面。在详细信息"Definition"→"Type"下拉选项中选择"Frictional","Friction Coefficient"填入"0.2","Dynamic Coefficient"填入"0.1"。

按住"Ctrl 键",选择刚才建立的两个接触,右键单击"Group",创建新组并且重命名为"电池结构系统-电池电气系统接触",如图 2-3-126 所示。

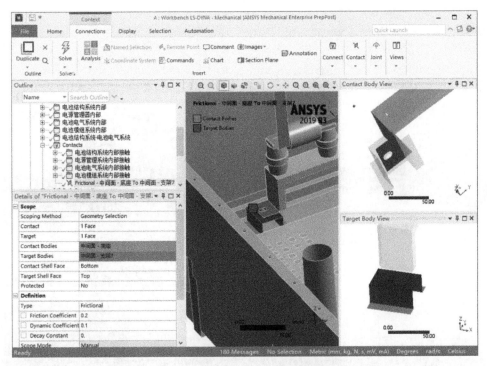

图 2-3-124　"支架 7"和"底座"接触关系设置

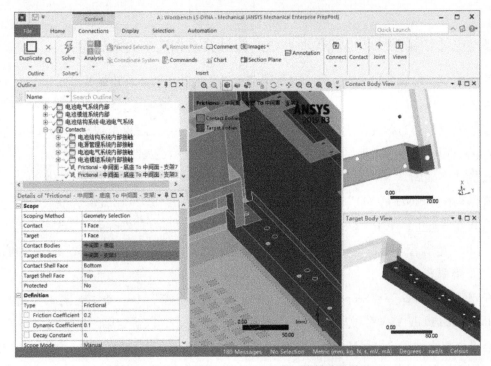

图 2-3-125　"支架 3"和"底座"接触关系设置

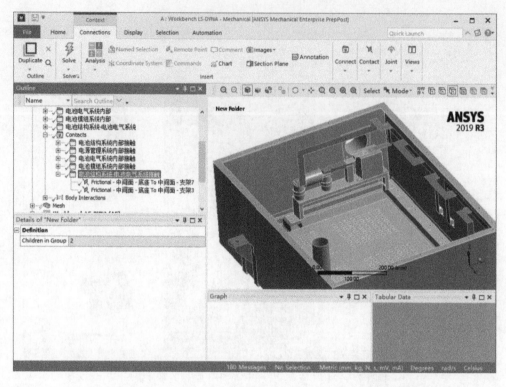

图 2-3-126　"电池结构系统-电池电气系统接触"组创建并重命名

2.3.6　电池结构系统和电源管理系统的接触关系和连接关系的建立

下面建立"电池结构系统"和"电源管理系统"的连接关系和接触关系。

结构树"Model（A4）"→"Gemoetry"中，按住"Ctrl键"，选择"电池结构系统"和"电源管理系统"，右键先单击"Hiden Bodies outside Group"，后单击"Show Hidden Bodies in Group"，单独显示"电池结构系统"和"电源管理系统"，如图 2-3-127 所示。

设置"支架 21"和"电源管理器固定板"之间的连接关系。

在结构树"Model（A4）"→"Connection"中，右键"Insert"→"Beam"，插入梁单元。

在详细信息里，单击"Definition"→"Radius"→"0mm"，将其修改为"2.5"，因为"支架 21"和"电源管理器固定板"之间的螺栓直径为 5mm。单击工具栏里"Edge"，可以选择"边"类型。

单击"Reference"→"Scope"→"No Selection"，在图形窗口中选择"支架 21"螺栓孔，在"Reference Body View"中显示红色，然后单击"Apply"，以确定梁的一端与"支架 21"的螺栓孔连接。然后单击"Mobile"→"Scope"→"No Selection"，在图形窗口中选择"电源管理器固定板"的螺栓孔，在"Mobile Body View"中显示蓝色，然后单击"Apply"，以确定梁的另一端与"电源管理器固定板"的螺栓孔连接。

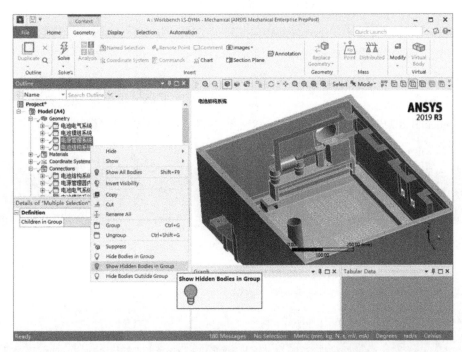

图 2-3-127   显示"电池结构系统"和"电源管理系统"

在结构树"Connections"中也已经自动重命名为"Circular-中间面-支架 21 To 中间面-电源管理器固定板",如图 2-3-128 所示。

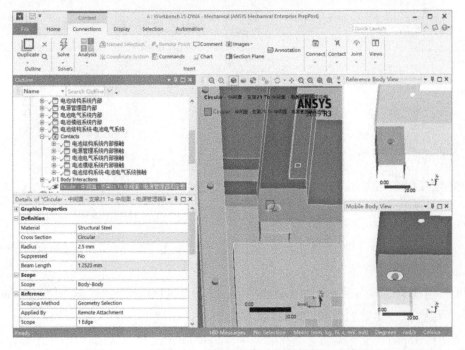

图 2-3-128   "支架 21"和"电源管理器固定板"连接关系

设置"支架 23"和"电源管理器固定板"之间的连接关系。

在结构树"Model（A4）"→"Connection"中，右键"Insert"→"Beam"，插入梁单元。

在详细信息里，单击"Definition"→"Radius"→"0mm"将其修改为"2.5"，因为"支架 23"和"电源管理器固定板"之间的螺栓直径为 5mm。

单击"Reference"→"Scope"→"No Selection"，在图形窗口中选择"支架 23"螺栓孔，在"Reference Body View"中显示红色，然后单击"Apply"，以确定梁的一端与"支架 23"的螺栓孔连接。然后单击"Mobile"→"Scope"→"No Selection"，在图形窗口中选择"电源管理器固定板"的螺栓孔，在"Mobile Body View"中显示蓝色，然后单击"Apply"，以确定梁的另一端与"电源管理器固定板"的螺栓孔连接。

在结构树"Connections"中也已经自动重命名为"Circular-中间面-支架 23 To 中间面-电源管理器固定板"，如图 2-3-129 所示。

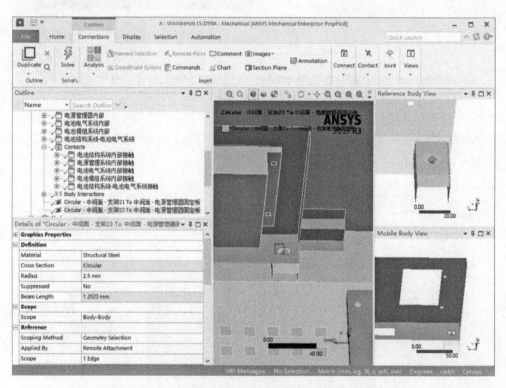

图 2-3-129 "支架 23"和"电源管理器固定板"连接关系

按住"Ctrl 键"，选择刚才建立的两个连接，右键单击"Group"，创建新组并且重命名为"电池结构系统-电源管理系统"，如图 2-3-130 所示。

设置"电源管理器固定板"和支架的接触，如图 2-3-131 所示，在详细信息"Scope"→"Contact"里选择"支架 21""支架 22""支架 23"的上表面，在"Scope"→"Contact Shell Face"中选择 Top，表示支架的上表面被选中，即"Contact Body View"中 3 个红色面，在"Scope"→"Target"里选择"电源管理器固定板"与支架接触的面，在"Scope"→"Target

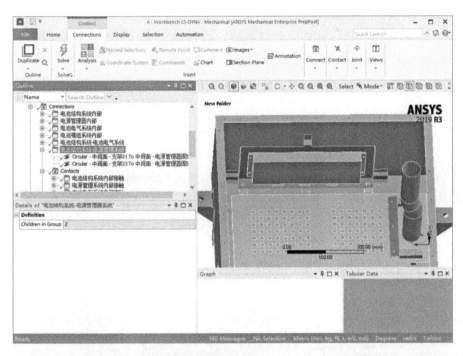

图 2-3-130　"电池结构系统-电源管理系统"创建组并重命名

Shell Face"中选择 Bottom，即 "Target Body View"中蓝色面。在详细信息 "Definition"→
"Type"下拉选项中选择 "Frictional"，"Friction Coefficient"填入 "0.2"，"Dynamic Coeffi-
cient"填入 "0.1"。

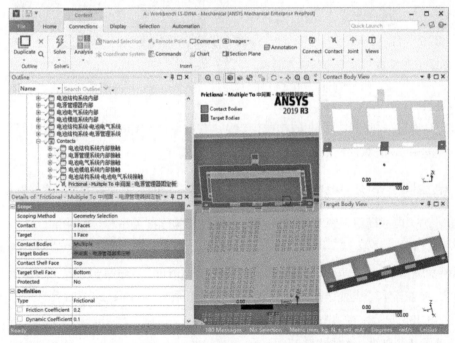

图 2-3-131　"电源管理器固定板"和支架接触设置

设置"电源管理器固定板"和"箱体"的接触，如图 2-3-132 所示，在详细信息"Scope"→"Contact"里选择"箱体"与"电源管理器固定板"接触的表面，在"Scope"→"Contact Shell Face"中选择 Bottom，表示"箱体"侧面被选中，即"Contact Body View"中的红色面，在"Scope"→"Target"里选择"电源管理器固定板"与"箱体"接触的面，在"Scope"→"Target Shell Face"中选择 Bottom，即"Target Body View"中蓝色面。此接触面没有螺栓孔，因此也是焊接连接。在"Definition"→"Type"中选择"Bonded"。"箱体"的厚度为 3mm，"电源管理器固定板"厚度为 1.2mm，抽中面以后两个壳体之间距离为2.1mm，所以在"Definition"→"Maximum Offset"中填入 2.5mm。

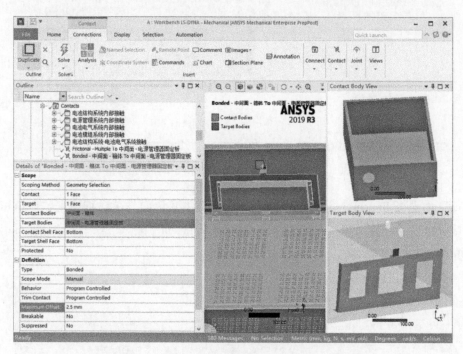

图 2-3-132 "电源管理器固定板"和"箱体"接触设置

按住"Ctrl 键"，选择刚才建立的两个连接，右键单击"Group"，创建新组并且重命名为"电池结构系统-电源管理系统接触"，如图 2-3-133 所示。

2.3.7 电池模组系统和电池结构系统的接触关系和连接关系的建立

下面建立"电池模组系统"和"电池结构系统"的连接关系和接触关系。

结构树"Model（A4）"→"Gemoetry"中按住"Ctrl 键"，选择"电池结构系统"和"电池模组系统"，右键先单击"Hiden Bodies outside Group"，后单击"Show Hidden Bodies in Group"，单独显示"电池结构系统"和"电池模组系统"，如图 2-3-134 所示。

如图 2-3-135 所示，在图窗口中选中"箱体盖板""箱体""密封圈"，右键单击"Hide Body"隐藏此 3 个部件，如图 2-3-136 所示。

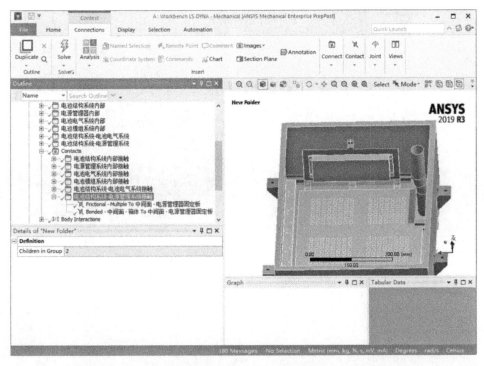

图 2-3-133　"电池结构系统-电源管理系统接触"创建组并命名

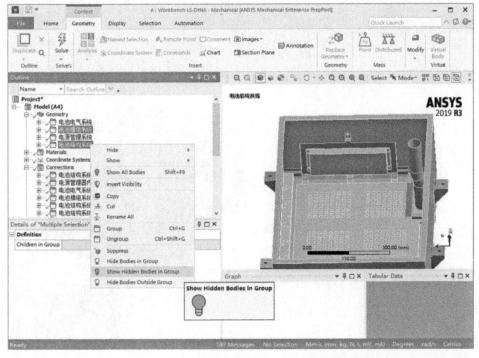

图 2-3-134　显示"电池结构系统"和"电池模组系统"

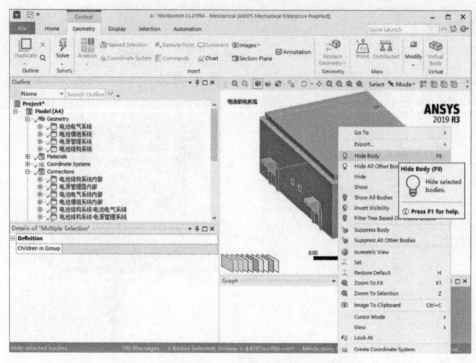

图 2-3-135　隐藏"箱体盖板""箱体""密封圈"

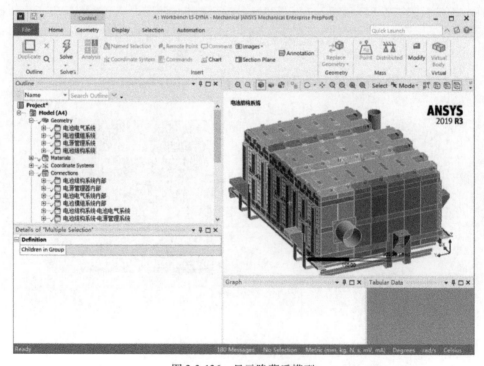

图 2-3-136　显示隐藏后模型

设置"端板 31"和"支架 3"之间的连接关系。

在结构树"Model（A4）"→"Connection"中，右键"Insert"→"Beam"，插入梁单元。

在详细信息里，单击"Definition"→"Radius"→"0mm"，将其修改为"3"，因为"端板
31"和"支架 3"之间的螺栓直径为 6mm。单击工具栏里"Edge"，可以选择"边"类型。

单击"Reference"→"Scope"→"No Selection"，在图形窗口中选择"端板 31"最右侧螺
栓孔，在"Reference Body View"中显示红色，然后单击"Apply"，以确定梁的一端与"端
板 31"最右侧的螺栓孔连接。

然后单击"Mobile"→"Scope"→"No Selection"，在图形窗口中选择"支架 3"最右侧的
螺栓孔，在"Mobile Body View"中显示蓝色，然后单击"Apply"，以确定梁的另一端与
"支架 3"最右侧的螺栓孔连接。

在结构树"Connections"中也已经自动重命名为"Circular-端板 31 To 中间面-支架 3"，
如图 2-3-137 所示。

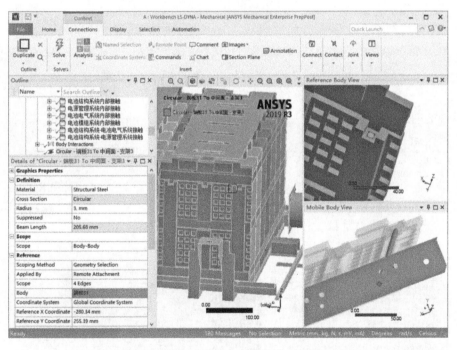

图 2-3-137　"端板 31"和"支架 3"连接关系设置

用以上同样的方法设置"端板 31"和"支架 3"左边和中间的两个螺栓连接，如
图 2-3-138 所示。

用以上设置"端板 31"和"支架 3"连接关系的方法，设置"端板 21"与"支架 3"
连接关系，设置"端板 11"与"支架 3"连接关系，设置"端板 32"与"支架 4"连接关
系，设置"端板 22"与"支架 4"连接关系，设置"端板 12"与"支架 6"连接关系，如
图 2-3-139 所示。

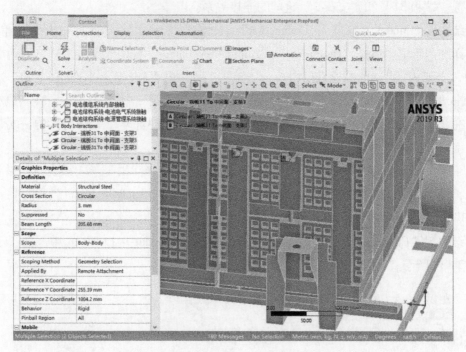

图 2-3-138　"端板 31"和"支架 3"连接关系设置

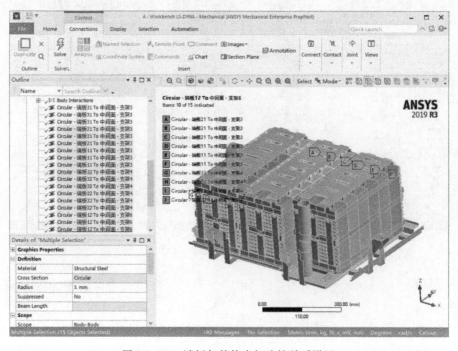

图 2-3-139　端板与其他支架连接关系设置

　　按住 "Ctrl 键",选择刚才建立的 18 个连接,右键单击 "Group",创建新组并且重命名为 "电池结构系统-电池模组系统",如图 2-3-140 所示。

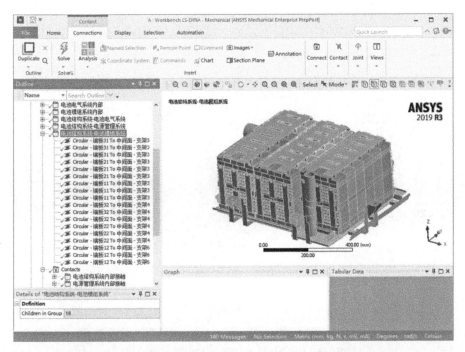

图 2-3-140　"电池结构系统-电池模组系统"创建组和重命名

设置"风冷支撑板"和电芯的接触，如图 2-3-141 所示，在详细信息"Scope"→"Contact"里选择 20 个电芯的底面，表示所有电芯的底面被选中，即"Contact Body View"中 20 个红色面，在"Scope"→"Target"里选择"风冷支撑板"上表面，在"Scope"→"Target Shell Face"中选择 Top，即"Target Body View"中蓝色面。在详细信息"Definition"→"Type"下拉选项中选择"Frictional"，"Friction Coefficient"填入"0.2"，"Dynamic Coefficient"填入"0.1"。

设置"支架 4"和端板的接触，如图 2-3-142 所示，在详细信息"Scope"→"Contact"里选择"端板 22"和"端板 32"与"支架 4"接触的底面，即"Contact Body View"中 2个红色面，在"Scope"→"Target"里选择"支架 4"接触面，在"Scope"→"Target Shell Face"中选择 Top，即"Target Body View"中蓝色面。在详细信息"Definition"→"Type"下拉选项中选择"Frictional"，"Friction Coefficient"填入"0.2"，"Dynamic Coefficient"填入"0.1"。

设置"支架 6"和"端板 12"的接触，如图 2-3-143 所示，在详细信息"Scope"→"Contact"里选择"端板 12"与"支架 6"接触的底面，即"Contact Body View"中的红色面，在"Scope"→"Target"里选择"支架 6"接触面，在"Scope"→"Target Shell Face"中选择 Top，即"Target Body View"中蓝色面。在详细信息"Definition"→"Type"下拉选项中选择"Frictional"，"Friction Coefficient"填入"0.2"，"Dynamic Coefficient"填入"0.1"。

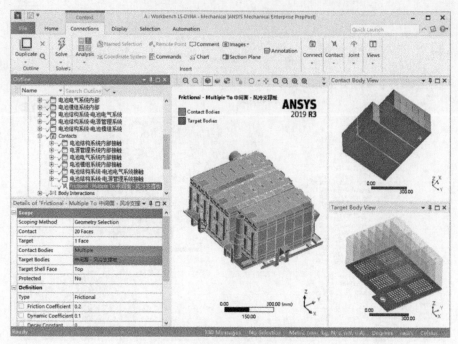

图 2-3-141 "风冷支撑板"和电芯接触设置

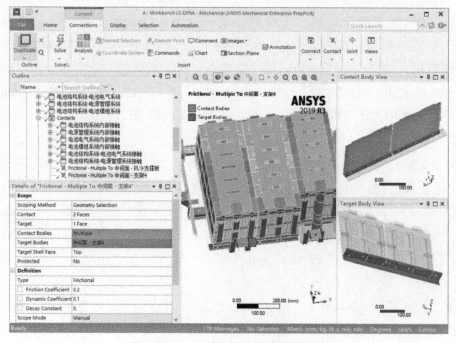

图 2-3-142 "支架 4"和端板接触设置

设置"支架 3"和端板的接触，如图 2-3-144 所示，在详细信息"Scope"→"Contact"里选择"端板 11""端板 21""端板 31"与"支架 3"接触的底面，即"Contact Body View"中的 3 个红色面，在"Scope"→"Target"里选择"支架 3"接触面，在"Scope"→

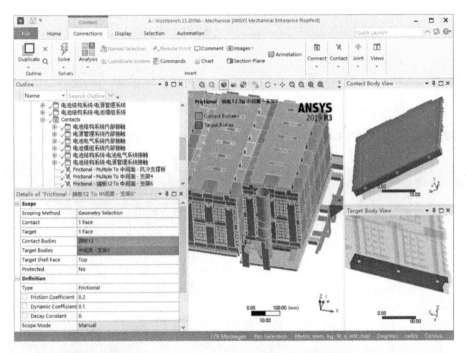

图 2-3-143　"支架 6"和"端板 12"接触设置

"Target Shell Face"中选择 Top，即"Target Body View"中蓝色面。在详细信息"Definition"→
"Type"下拉选项中选择"Frictional"，"Friction Coefficient"填入"0.2"，"Dynamic Coeffi-
cient"填入"0.1"。

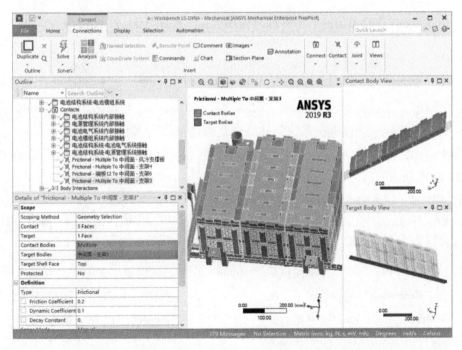

图 2-3-144　"支架 3"和端板接触设置

按住"Ctrl 键",选择刚才建立的 4 个接触,右键单击"Group",创建新组并且重命名为"电池结构系统-电池模组系统接触",如图 2-3-145 所示。

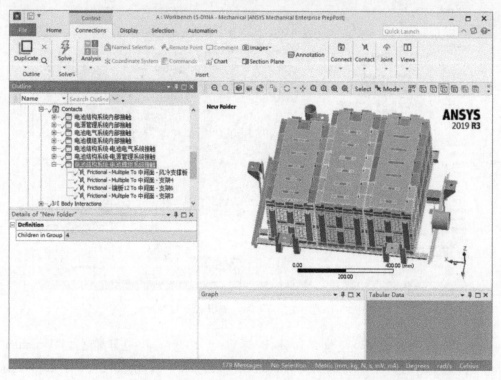

图 2-3-145 "电池结构系统-电池模组系统接触"创建组和重命名

2.3.8 电池模组系统和电池电气系统的接触关系和连接关系的建立

下面建立"电池模组系统"和"电池电气系统"的连接关系和接触关系。

结构树"Model(A4)"→"Gemoetry"中按住"Ctrl 键",选择"电池电气系统"和"电池模组系统",右键先单击"Hiden Bodies outside Group",后单击"Show Hidden Bodies in Group",单独显示"电池电气系统"和"电池模组系统",如图 2-3-146 所示。

在图窗口中,按住"Ctrl 键",选中 3 个绝缘板,右键单击"Hide Body",隐藏绝缘板,如图 2-3-147 所示。

设置"铜排 1"和 FPC 之间的连接关系。

在结构树"Model(A4)"→"Connection"中,右键"Insert"→"Beam",插入梁单元。

在详细信息里,单击"Definition"→"Radius"→"0mm",将其修改为"2",因为"铜排1"和模组 1 的"FPC"之间的螺栓直径为 4mm。单击工具栏里"Edge",可以选择"边"类型。单击"Reference"→"Scope"→"No Selection",在图窗口中选择"铜排 1"右侧螺栓孔,在"Reference Body View"中显示红色,然后单击"Apply",以确定梁的一端与"铜排1"螺栓孔连接。

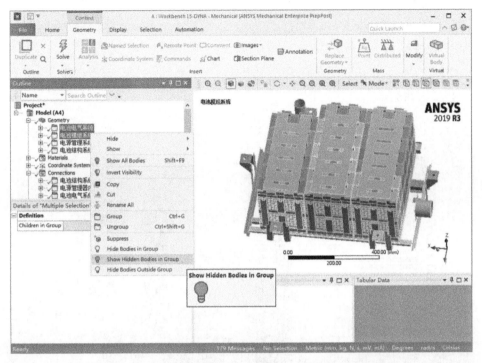

图 2-3-146　显示"电池电气系统"和"电池模组系统"

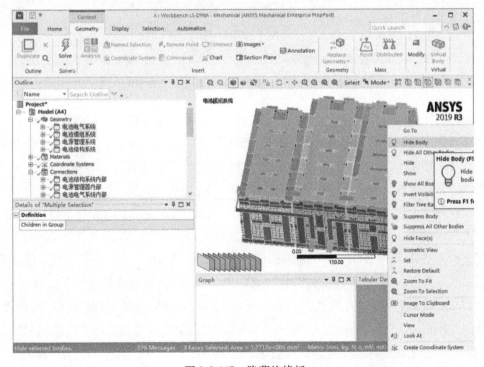

图 2-3-147　隐藏绝缘板

然后单击"Mobile"→"Scope"→"No Selection",在图窗口中选择模组 1 "FPC"左侧的螺栓孔,在"Mobile Body View"中显示蓝色,然后单击"Apply",以确定梁的另一端与"FPC"螺栓孔连接。

在结构树"Connections"中也已经自动重命名为"Circular-中间面-铜排 1 To 中间面-FPC",如图 2-3-148 所示。

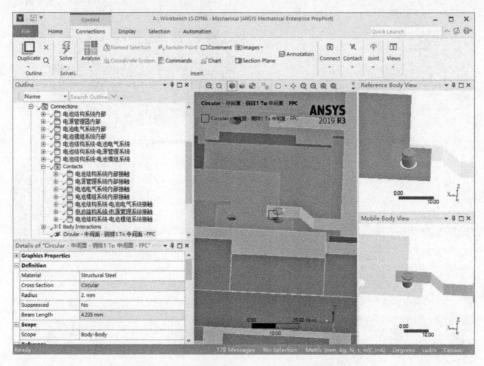

图 2-3-148 "铜排 1"与 FPC 连接关系设置

用同样的方法设置"铜排 4"和模组 1 "FPC"之间的连接关系,如图 2-3-149。

用同样的方法设置"铜排 4"和模组 2 "FPC"之间的连接关系,如图 2-3-150 所示。

用同样的方法设置"铜排 5"和模组 2 "FPC"之间的连接关系,如图 2-3-151 所示。

用同样方法设置"铜排 5"和模组 3 "FPC"之间的连接关系,如图 2-3-152 所示。

用同样方法设置"铜排 3"和模组 3 "FPC"之间的连接关系,如图 2-3-153 所示。

设置"铜排 1"和"电芯 11"之间的连接关系。

在结构树"Model（A4）"→"Connection"中,右键"Insert"→"Beam",插入梁单元。

在详细信息里,单击"Definition"→"Radius"→"0mm",将其修改为"2",因为"电芯 11"和"铜排 1"之间的螺栓直径为 4mm。单击工具栏里"Edge",可以选择"边"类型。

单击"Reference"→"Scope"→"No Selection",在图窗口中选择"电芯 11"螺栓孔,在"Reference Body View"中显示红色,然后单击"Apply",以确定梁的一端与"电芯 11"螺栓孔连接。

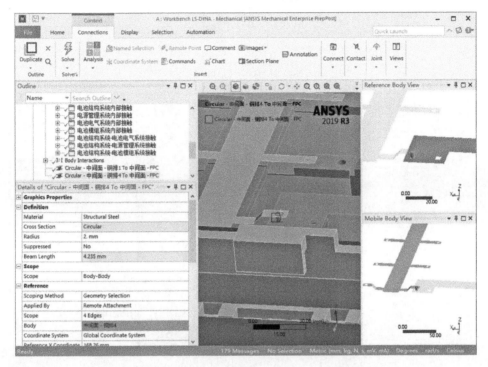

图 2-3-149　"铜排 4"与模组 1 "FPC"连接关系设置

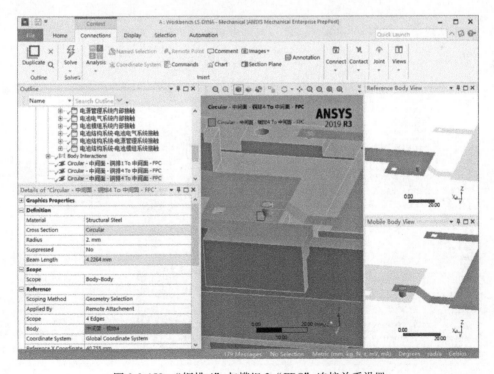

图 2-3-150　"铜排 4"与模组 2 "FPC"连接关系设置

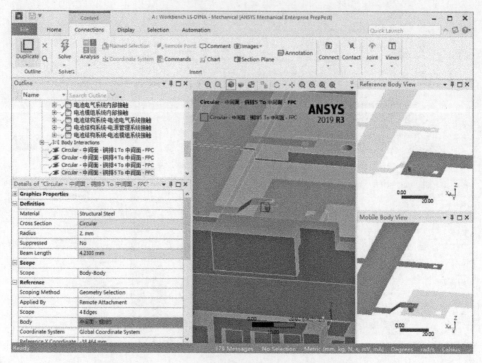

图 2-3-151　"铜排 5"与模组 2"FPC"连接关系设置

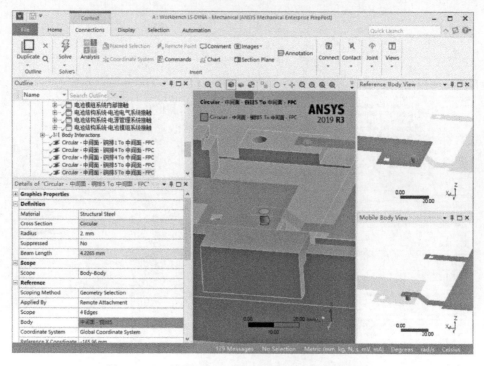

图 2-3-152　"铜排 5"与模组 3"FPC"连接关系设置

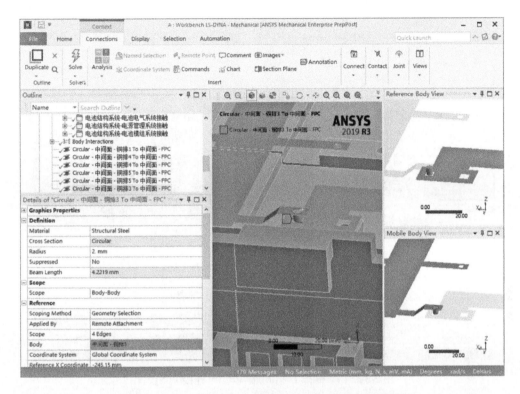

图 2-3-153　"铜排 3" 与模组 3 "FPC" 连接关系设置

然后单击 "Mobile"→"Scope"→"No Selection"，在图窗口中选择 "铜排 1" 螺栓孔，在 "Mobile Body View" 中显示蓝色，然后单击 "Apply"，以确定梁的另一端与 "铜排 1" 螺栓孔连接。

在结构树 "Connections" 中也已经自动重命名为 "Circular-电芯 11 To 中间面-铜排 1"，如图 2-3-154 所示。

用同样的方法设置 "电芯 11" 和 "铜排 4" 连接，设置 "电芯 21" 和 "铜排 4" 连接，设置 "电芯 21" 和 "铜排 5" 连接，设置 "电芯 31" 和 "铜排 5" 连接，设置 "电芯 31" 和 "铜排 3" 连接，如图 2-3-155 所示。

按住 "Ctrl 键"，选择刚才建立的 12 个连接，右键单击 "Group"，创建新组并且重命名为 "电池模组系统-电池电气系统"，如图 2-3-156 所示。

设置 "铜排 1" 和 "电芯 11" 的接触，如图 2-3-157 所示，在详细信息 "Scope"→"Contact" 里选择 "铜排 1" 与 "电芯 11" 的接触面，即 "Contact Body View" 中的红色面，在 "Scope"→"Contact Shell Face" 中选择 Bottom，在 "Scope"→"Target" 里选择 "电芯 11" 接触面，即 "Target Body View" 中蓝色面。在详细信息 "Definition"→"Type" 下拉选项中选择 "Frictional"，"Friction Coefficient" 填入 "0. 2"，"Dynamic Coefficient" 填入 "0. 1"。

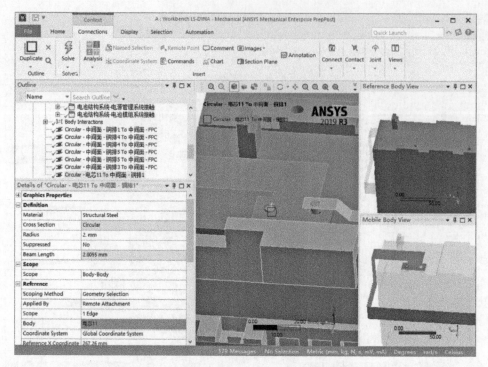

图 2-3-154　"铜排 1"和"电芯 11"连接关系设置

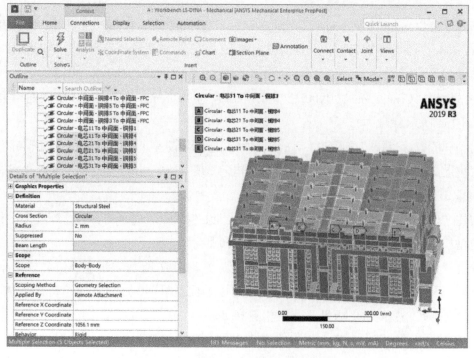

图 2-3-155　其他电芯和铜排连接关系设置

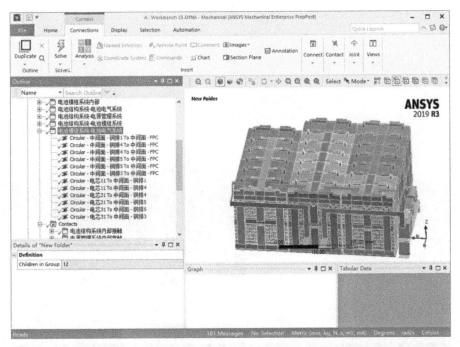

图 2-3-156　"电池模组系统-电池电气系统"创建组及重命名

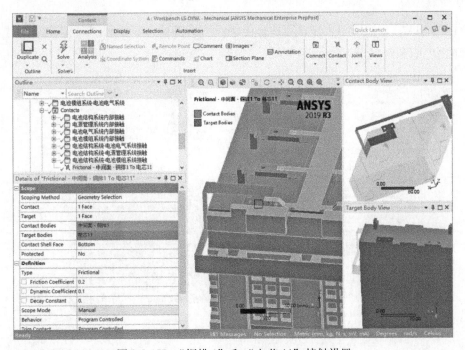

图 2-3-157　"铜排 1"和"电芯 11"接触设置

用同样的方法设置"铜排 4"和"电芯 11"接触，设置"铜排 4"和"电芯 21"接触，设置"铜排 5"和"电芯 21"接触，设置"铜排 5"和"电芯 31"接触，设置"铜排 3"和"电芯 31"接触，如图 2-3-158 所示。

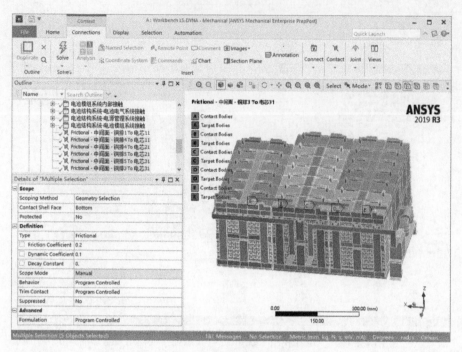

图 2-3-158　其他铜排和电芯接触设置

按住"Ctrl 键",选择刚才建立的 6 个接触对,右键单击"Group",创建新组并且重命名为"电池电气系统-电池模组系统接触",如图 2-3-159 所示。

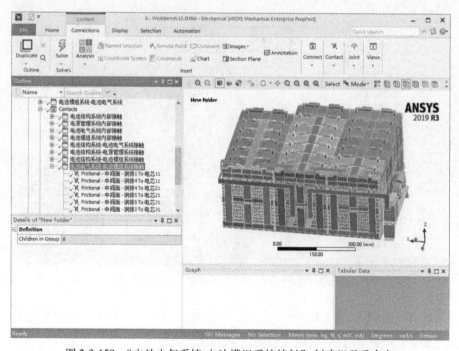

图 2-3-159　"电池电气系统-电池模组系统接触"创建组及重命名

整个电池包所有连接和接触已经设置完成，如图 2-3-160 所示。

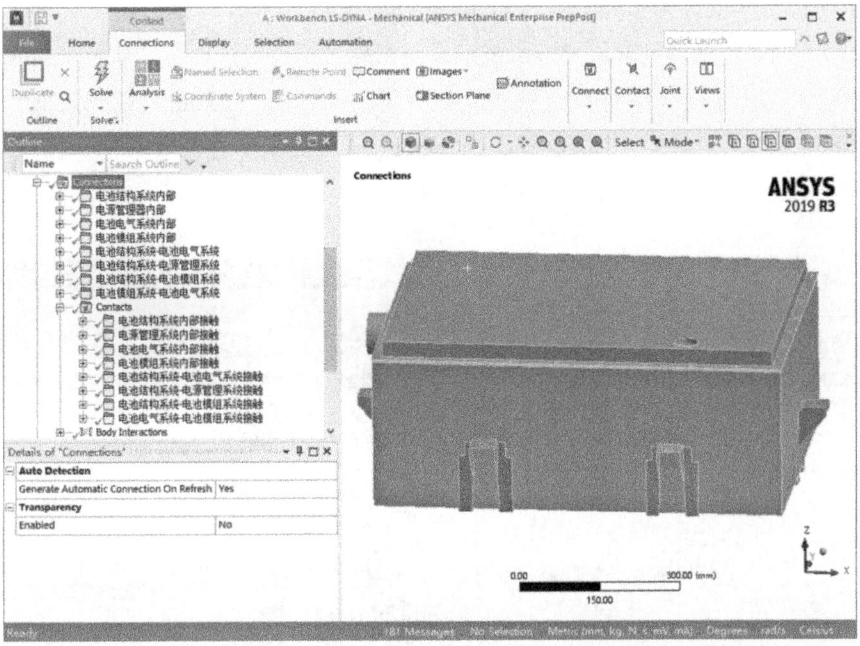

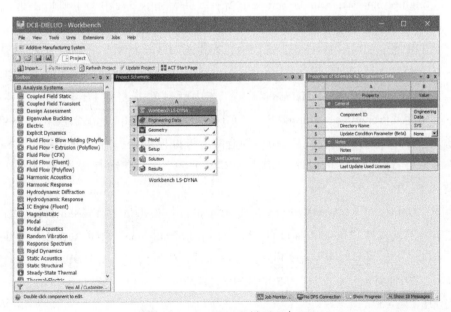

图　2-3-160

2.4　电池包材料模型建立

在 Workbench 界面双击 A2 "Engineering Data"，进入工程数据进行材料设置，如图 2-4-1 所示。

图 2-4-1　Workbench 界面双击 A2

如图 2-4-2 所示，进入工程数据界面，最左侧是工具盒"Toolbox"，在这里面可以设置各种材料属性；中间上侧为工程数据"Engineering Data"，所有已经选好的材料都会在这里列表出现；中间下侧为材料属性"Properties of Outline Row"，如果在"Engineering Data"中选择一种材料，这里会显示该材料所有属性，同时在右侧的"Table"和"Chart"中显示指定属性的表格和图例。单击"Engineering Data Sources"进入工程数据源，选择 ANSYS 软件自带数据库中材料。

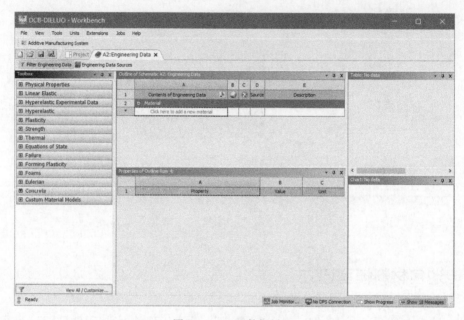

图 2-4-2　工程数据界面

进入"Engineering Data Sources"以后，如图 2-4-3 所示，在中间上侧单击通用材料库"General Materials"，在中间"Outline of General Materials"显示库中所有材料，一共有 14 种材料，这里需要选中 FR-4、Polyethylene、Structrual Steel 3 种材料，分别在 A 栏找到此 3 种材料，在 B 栏单击加号"+"，则在 C 栏会显示一本小书，代表此种材料已经被选中。

在中间"Outline of General Materials"显示库中材料单击 A 栏 FR-4，如图 2-4-4 所示，在中间下侧属性"Properties of Outline Row：FR-4"中可知，FR-4 的材料密度为 1840kg/m^3；材料属性为正交异性的弹性属性；X，Y，Z 方向的弹性模量分别为 2.0E10Pa，1.84E10Pa，1.5E10Pa；XY，YZ，XZ 的泊松比分别为 0.11，0.09，0.14；剪切模量分别为 9.2E9Pa，8.4E9Pa，6.6E9Pa。

在中间"Outline of General Materials"显示库中材料单击 A 栏 Polyethylene，如图 2-4-5 所示，在中间下侧属性"Properties of Outline Row：Polyethylene"中可知，Polyethylene 的材料密度为 950kg/m^3，材料属性为各向同性的弹性属性，弹性模量为 1.1E9Pa，泊松比为 0.42，体积模量为 2.2917E9Pa，剪切模量为 3.873E8Pa。各项同性的热传导率为 0.28W/(m·K)，比热容为 2300J/(kg·K)。

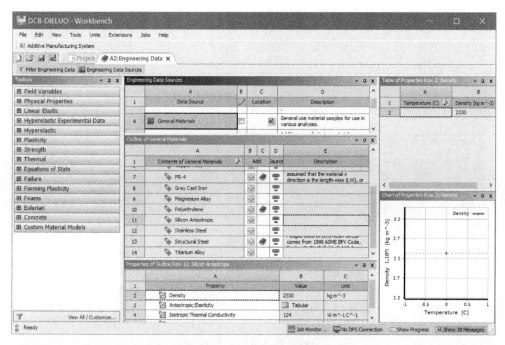

图 2-4-3　工程数据源界面

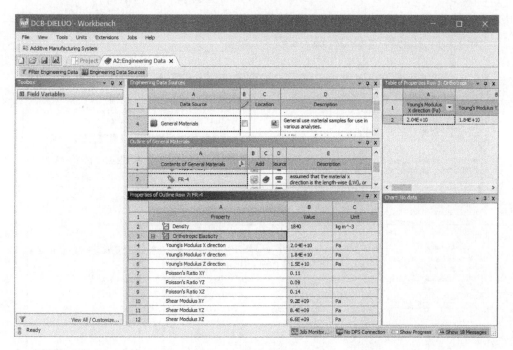

图 2-4-4　添加材料 FR-4

在中间 "Outline of General Materials" 显示库中材料单击 A 栏 Structrual Steel, 如图 2-4-6 所示, 在中间下侧属性 "Properties of Outline Row: Structrual Steel" 中可知, Structrual Steel

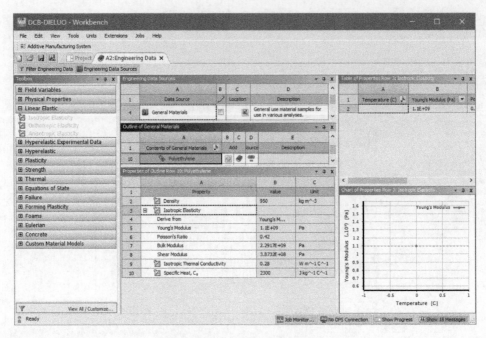

图 2-4-5　添加材料 Polyethylene

的材料密度为 $7850\mathrm{kg/m^3}$，材料属性为各向同性的弹性属性，弹性模量为 2E11Pa，泊松比为 0.3，体积模量为 1.6667E11Pa，剪切模量为 7.6923E10Pa。各项同性的热传导率为 $60.5\mathrm{W/(m \cdot K)}$，比热容为 $434\mathrm{J/(kg \cdot K)}$。

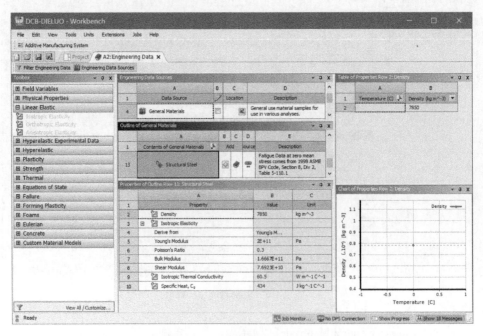

图 2-4-6　添加材料 Structrual Steel

在中间上侧单击通用非线性材料数据库 "General Non-linear Materials"，在中间 "Outline of General Non-linear Materials" 显示库中所有材料，一共有 11 种材料，这里需要选中 Aluminum Alloy NL、Copper Alloy NL、Stainless Steel NL、Structrual Steel NL 4 种材料，分别在 A 栏找到此 4 种材料，在 B 栏单击加号 "+"，则在 C 栏会显示一本小书，代表此种材料已经被选中，如图 2-4-7 所示。

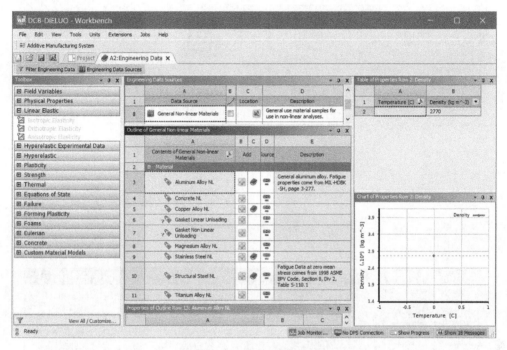

图 2-4-7　非线性材料数据库

在中间 "Outline of General Materials" 显示库中材料单击 A 栏 Aluminum Alloy NL，如图 2-4-8 所示，在中间下侧属性 "Properties of Outline Row：Aluminum Alloy NL" 中可知，Aluminum Alloy NL 的材料密度为 2770kg/m³，材料属性中各向同性的弹性属性，弹性模量为 7.1E10Pa，泊松比为 0.33，体积模量为 6.9608E10Pa，剪切模量为 2.6692E10Pa。用双线性等向强化模型表示塑性，屈服强度为 2.8E8Pa，切向模量为 5E8Pa，比热容为 875J/（kg·K）。

在中间 "Outline of General Materials" 显示库中材料单击 A 栏 Copper Alloy NL，如图 2-4-9 所示，在中间下侧属性 "Properties of Outline RowS：Copper Alloy NL" 中可知，Copper Alloy NL 的材料密度为 8300kg/m³，材料属性中各向同性的弹性属性，弹性模量为 1.1E11Pa，泊松比为 0.34，体积模量为 1.1458E11Pa，剪切模量为 4.1045E10Pa。用双线性等向强化模型表示塑性，屈服强度为 2.8E8Pa，切向模量为 1.15E9Pa，比热容为 385J/（kg·K）。

在中间 "Outline of General Materials" 显示库中材料单击 A 栏 Stainless Steel NL，如图 2-4-10 所示，在中间下侧属性 "Properties of Outline RowS：Stainless Steel NL" 中可知，

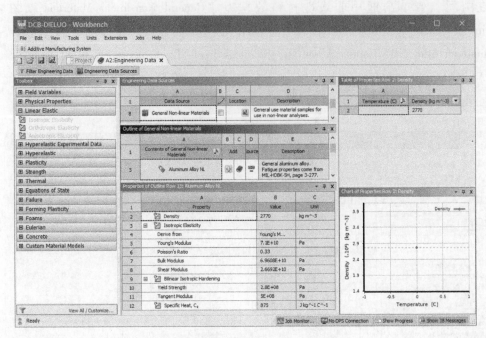

图 2-4-8　添加材料 Aluminum Alloy NL

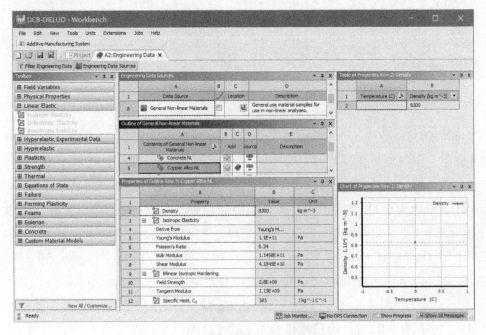

图 2-4-9　添加材料 Copper Alloy NL

Stainless Steel NL 的材料密度为 $7750kg/m^3$，材料属性中各向同性的弹性属性，弹性模量为 1.93E11Pa，泊松比为 0.31，体积模量为 1.693E11Pa，剪切模量为 7.366E10Pa。用双线性等向强化模型表示塑性，屈服强度为 2.1E8Pa，切向模量为 1.8E9Pa，比热容为 480J/（kg·K）。

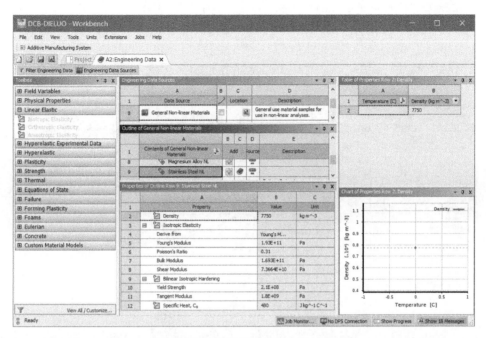

图 2-4-10　添加材料 Stainless Steel NL

在中间 "Outline of General Materials" 显示库中材料单击 A 栏 Structural Steel NL，如图 2-4-11 所示，在中间下侧属性 "Properties of Outline Row：Structural Steel NL" 中可知，Structural Steel NL 各向同性的弹性属性和通用材料库 "General Materials" 一样。但是，多了用双线性等向强化模型表示塑性，屈服强度为 2.5E8Pa，切向模量为 1.45E9Pa。

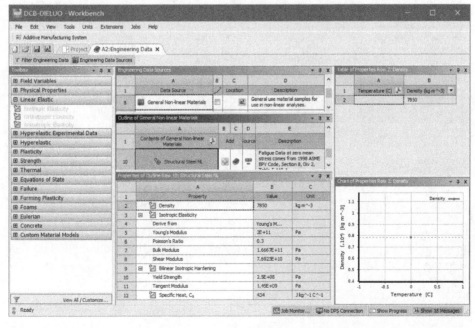

图 2-4-11　添加材料 Structural Steel NL

再一次单击"Engineering Data Sources"返回工程数据界面,在界面中可以看到已经选好的 7 种材料,如图 2-4-12 所示。

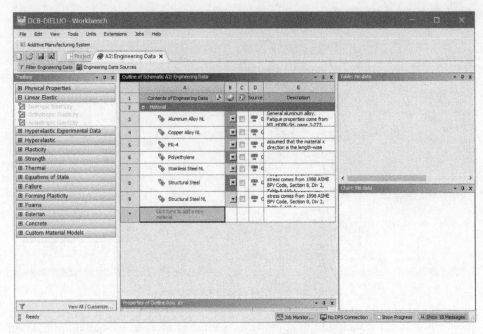

图 2-4-12　已经选好的材料

在上方标签栏单击"Project"返回 Workbench 界面,并且双击 A4 进入 Mechanical,将材料属性分配给模型,如图 2-4-13 所示。

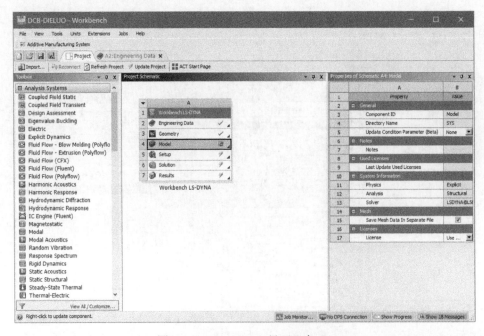

图 2-4-13　Workbench 界面双击 A4

进入 Mechanical 以后，展开 "Model（A4）"→"Materials"，可以看到在材料库中已经添加的材料，单击其中一种材料 "Copper Alloy NL"，在右侧和详细信息中都会显示非线性铜合金的所有材料属性，这样更方便查看这些信息，如图 2-4-14 所示。

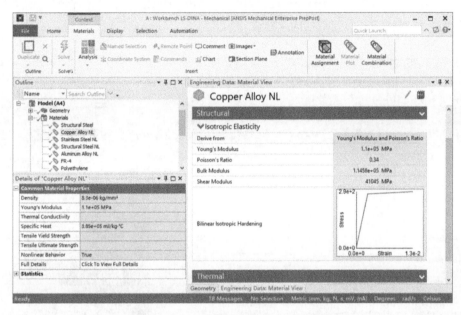

图 2-4-14　查看 Copper Alloy NL 材料

单击展开 "Model（A4）"→"Geometry"→"电池电气系统"→"铜排"，按住 "Ctrl 键"，选中 "中间面-铜排 5" 到 "中间面-铜排 1"，然后在详细信息 "Material"→"Assignment" 中选中材料 "Copper Alloy NL"，如图 2-4-15 所示。

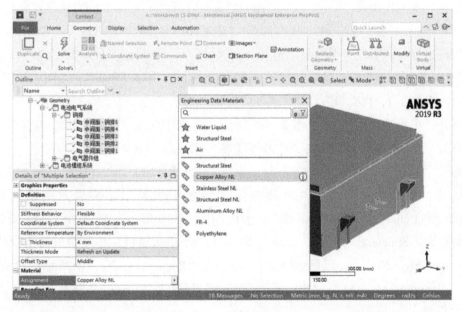

图 2-4-15　铜排材料分配

再展开 "电池电气系统"→"电气器件组"→"继电器"，如图 2-4-16 所示，然后在详细信息中 "Material"→"Assignment" 选中材料 "FR-4"。用同样的方法设置，"熔断器" 材料为 "FR-4"，"中间面-导线" 材料为 "Copper Alloy NL"，"中间面-底座" 材料为 "Structural Steel NL"，"绝缘柱 11" 和 "绝缘柱 12" 材料为 "Polyethylene"，"分流器" 材料为 "FR-4"，"绝缘柱 2" 材料为 "Polyethylene"。

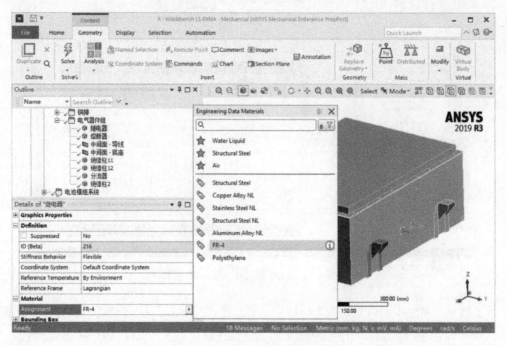

图 2-4-16　电气器件组材料分配

再展开 "电池模组系统"→"模组 1"，如图 2-4-17 所示，用同样的方法设置 "电芯 11""电芯 12""电芯 13""电芯 14""电芯 15""电芯 16" 材料为 "FR-4"，"中间面-打包带 11""中间面-打包带 12""中间面-打包带 13" 材料为 "Stainless Steel NL"，"中间面-绝缘板" 材料为 "FR-4"，"端板 11" 和 "端板 12" 材料为 "Polyethylene"，"中间面-FPC" 材料为 "FR-4"。然后，用同样方法给 "模组 2" 和 "模组 3" 相同部件分配材料。

再展开 "电源管理系统"，如图 2-4-18 所示，用同样方法设置 "中间面-电源管理器固定板" 材料 "Structural Steel NL"，"电源管理器" 材料为 "FR-4"。

再展开 "电池结构系统"→"箱体安装板"，如图 2-4-19 所示，按住 "Ctrl 键"，选中 "中间面-箱体安装板 1" 到 "中间面-箱体安装板 6"，然后用同样方法设置材料为 "Structural Steel NL"，再按住 "Ctrl 键"，选中 "中间面-支架 11" 到 "中间面-支架 7"，然后设置材料为 "Structural Steel NL"，再设置 "中间面-箱体盖板" 和 "中间面-箱体" 材料为 "Structural Steel NL"，"中间面-密封圈" 材料为 "Polyethylene"，"中间面-风冷支撑板" 材料为 "Aluminum Alloy NL"，"中间面-风管接头" 材料为 "Structural Steel NL"，"中间面-

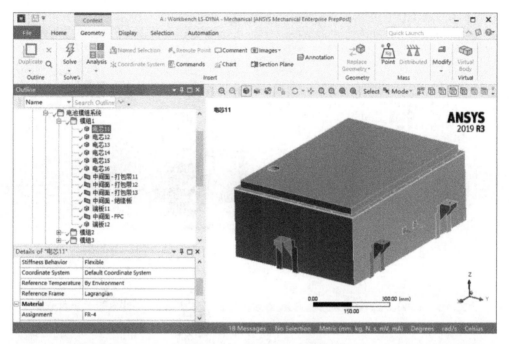

图 2-4-17　模组 1 材料分配

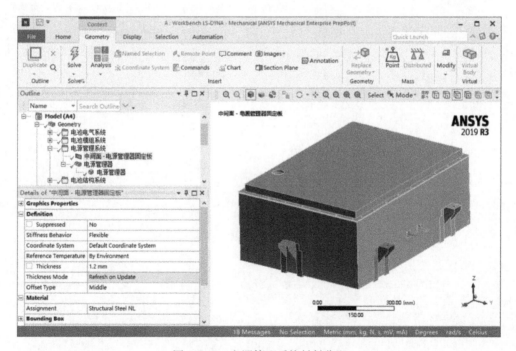

图 2-4-18　电源管理系统材料分配

风道"材料为"Polyethylene"。

至此，所有模型部件的材料均已经分配完成。

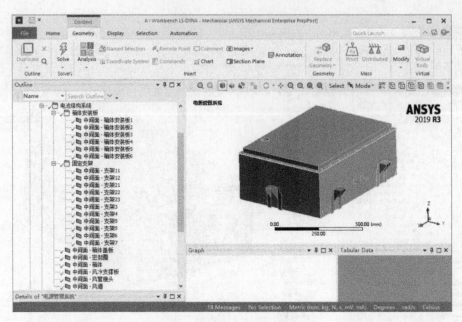

图 2-4-19　电池结构系统材料分配

第 3 章　电池包结构强度仿真计算

3.1　电池包静强度仿真分析

3.1.1　电池包静强度分析求解设置

静力学分析是电池包系统仿真分析中使用较多的仿真类型，主要用 ANSYS 静力学分析模块求解与时间无关的载荷对电池包的影响。一般情况下评价电池包系统刚度时会使用 1g 重力情况下，观察电池包系统最大变形量。

进入 Mechanical 界面，如图 3-1-1 所示，几何模型处理、材料分配、连接关系、网格划分按照前一章节方法处理。

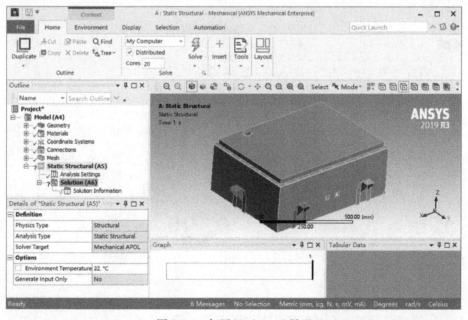

图 3-1-1　打开 Mechanical 界面

右键"Static Structural（A5）"，选择"Insert"→"Standard Earth Gravity"，如图 3-1-2 所示，在求解设置中添加重力加速度。

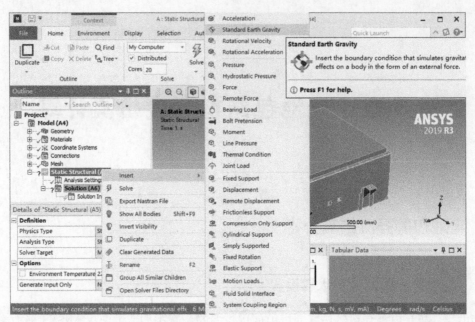

图 3-1-2　添加重力加速度

如图 3-1-3 所示，在 "Standard Earth Gravity" 的详细信息中，几何体选择默认，选择电池包所有零件，"Coordinate System" 中选择 "Global Coordinate System"，X 方向和 Y 方向为 0，Z 方向为 -9806.6mm/s²，方向为负 Z 方向，从右侧图形界面中显示指向 Z 轴负方向的黄色箭头即为重力加速度方向。

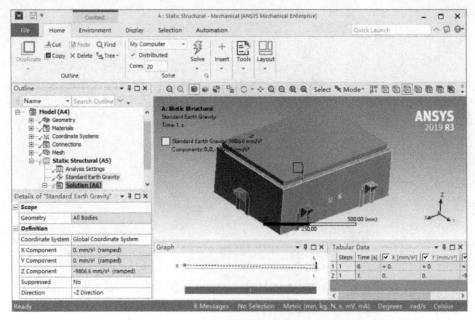

图 3-1-3　重力加速度设置

右键 "Static Structural（A5）"，选择 "Insert"→"Fixed Support"，如图 3-1-4 所示，在求

解设置中插入固定约束。

图 3-1-4　电池包固定约束添加

如图 3-1-5 所示，在图形窗口上方选择工具中选择 "Edge"，然后在图形窗口中选择 6 个箱体安装板的安装固定孔，最后在 "Scope"→"Geometry" 中单击 "Apply"，将 6 个箱体安装板固定。"Analysis Settings" 里面所有设置都保持默认即可。

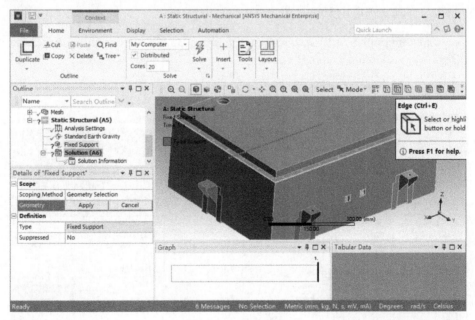

图 3-1-5　约束设置

右键 "Solution（A6）"，选择 "Insert"→"Deformation"→"Total"，如图 3-1-6 所示，在

结果分析设置中插入总的位移分析结果，并且在详细信息的几何选择中选择"All Bodies"，即整个电池包，其余选项均为默认值。

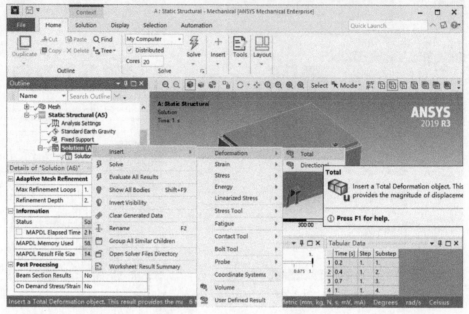

图 3-1-6　插入位移结果选项

右键"Solution（A6）"，选择"Insert"→"Stress"→"Equivalent（Von Mises）"，如图 3-1-7 所示，在结果分析设置中插入等效应力分析结果，并且在详细信息的几何选择中选择"All Bodies"，其余选项均为默认值。

图 3-1-7　插入等效应力结果选项

右键 "Solution（A6）"，选择 "Insert"→"Strain"→"Equivalent Plastic"，如图 3-1-8 所示，在结果分析设置中插入等效塑性应变分析结果，并且在详细信息的几何选择中选择 "All Bodies"，其余选项均为默认值。

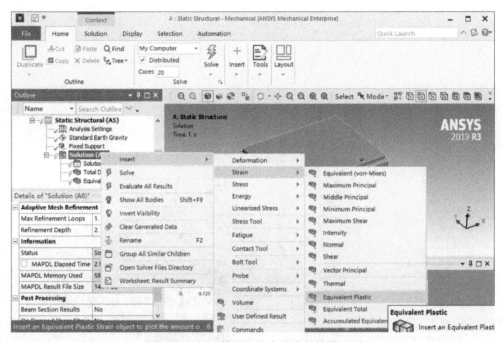

图 3-1-8　插入等效塑性应变分析结果选项

如图 3-1-9 所示，右键 "Solution（A6）"，选择 "Solve"，对整个模型进行求解运算。

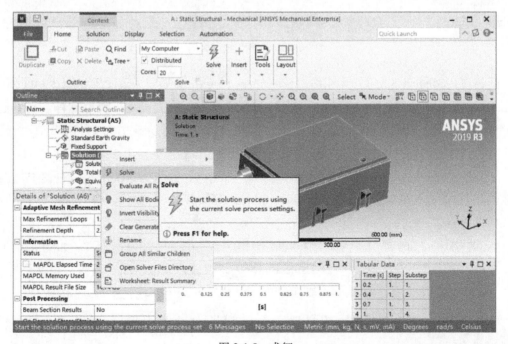

图 3-1-9　求解

3.1.2 电池包静强度仿真结果分析

求解完成以后，在左侧结构树中展开"Solution（A6）"，如图 3-1-10 所示，单击"Total Deformation"查看位移云图，从图中可以看出最大位移位置出现在电池包"箱体盖板"中间，最大位移值是 2.6mm，说明电池包"箱体盖板"在自身重力的影响下，最容易位移的地方是电池包"箱体盖板"中间，也说明电池包"箱体盖板"自身刚性不够。

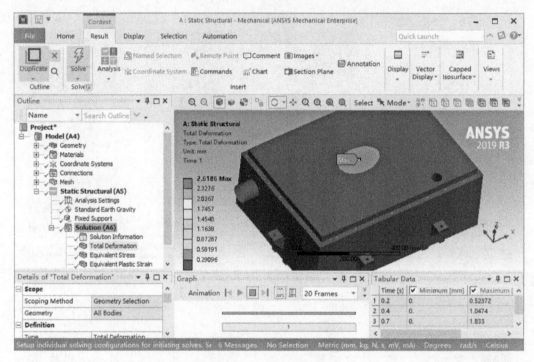

图 3-1-10 电池包位移云图

同样在"Solution（A6）"中单击"Equivalent Stress"查看应力云图，如图 3-1-11 所示，从图中可以看出 6 个电池包"箱体安装板"的螺栓孔附近应力较大，因为所有电池包全部重量都通过这 6 个孔以及螺栓传递到车架上，与预期相符。最大应力为 19.14MPa，但是最大应力位置却出现在电池包箱体内部，需要进一步确定其位置。

展开结构树中的"Geometry"找到"电池结构系统"，如图 3-1-12 所示，右键"电池结构系统"，在下拉菜单中选择"Hide Bodies Outside Group"，将"电池结构系统"以外所有的部件全部隐藏。

然后在按着"Ctrl 键"，选择"中间面-箱体盖板"和"中间面-箱体"，如图 3-1-13 所示，单击右键，在下拉菜单中选择"Hide Body"，将"箱体盖板"和"箱体"也隐藏起来。

如图 3-1-14 所示隐藏掉多余的部件以后，显示"电池结构系统"内部的部件，右键"Solution（A6）"，选择"Insert"→"Stress"→"Equivalent（von Mises）"，插入等效应力的后处理选项。

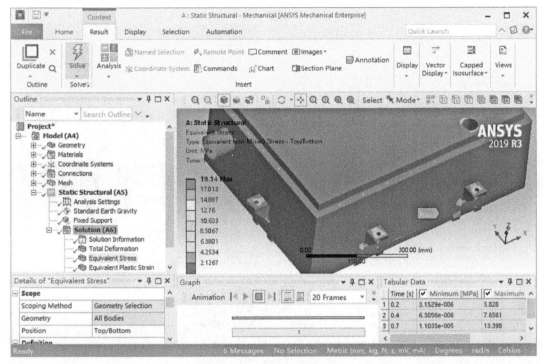

图 3-1-11　电池包应力云图

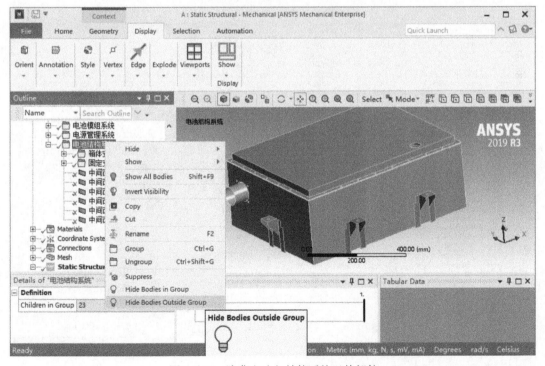

图 3-1-12　隐藏电池包结构系统以外部件

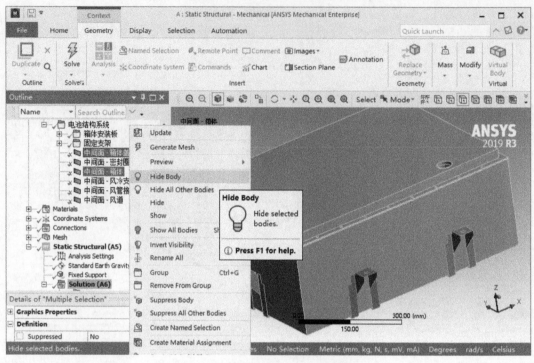

图 3-1-13　隐藏电池包结构系统壳体

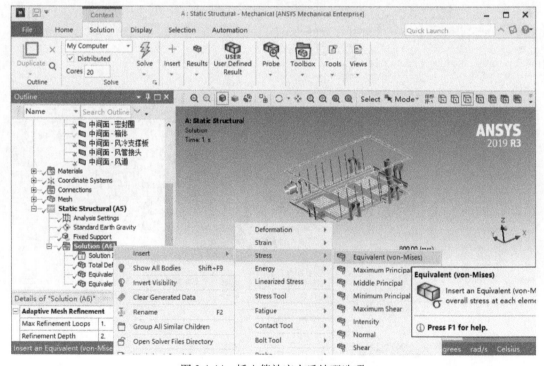

图 3-1-14　插入等效应力后处理选项

在图形窗口上方将鼠标选择模式，由单选 "Single Select" 改为框选 "Box Select"，如图 3-1-15 所示，在图形窗口中将所有模型用框选方式选中，然后在左下方 "Equivalent Stress 2" 的详细信息中，在 "Geometry" 中单击 "Apply"，将所有模型全部选中，最后右键 "Equivalent Stress 2"，选择 "Evaluate All Result"，将应力云图结果刷新。

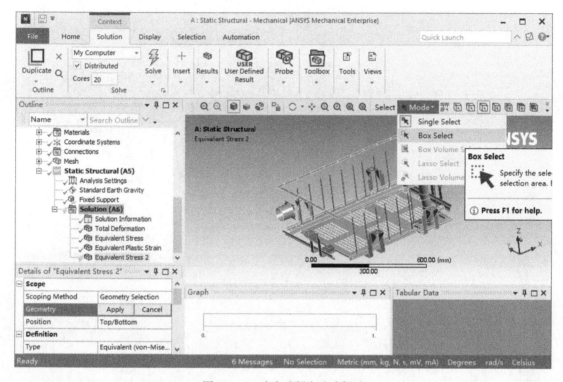

图 3-1-15　改变选择方法为框选

如图 3-1-16 所示的应力云图，从图中可以看出，电池包箱体前后 "固定支架" 受力都较大，原因是电池模组较重并通过模组两侧端板的螺栓锁定在 "固定支架" 上，最大应力和图 3-1-11 所示一致为 19.14MPa，从图中可知最大应力位置在靠近 "风道" 一侧 "固定支架" 端头处。

最后在 "Solution（A6）" 中单击 "Equivalent Plastic Strain"，查看塑性应变云图，如图 3-1-17 所示，整个电池包都为蓝色，塑性应变数值也为零，代表整个电池包在自身重力的影响下发生的变形和应力均在弹性范围内，未发生塑性应变。

由以上分析可以得到结论：

1）整个电池包在自身重力的影响下，最大位移发生在电池包箱体盖板中间位置，最大值为 2.6mm，说明电池包盖板刚性不够，需要重新设计盖板，建议增加加强筋。

2）整个电池包应力较大位置在 6 个箱体固定板螺栓孔附近以及箱体内部固定支架，最大应力为 19.14MPa，最大应力所在位置是靠近风道的固定支架一侧端头，其应力不会发生破坏。

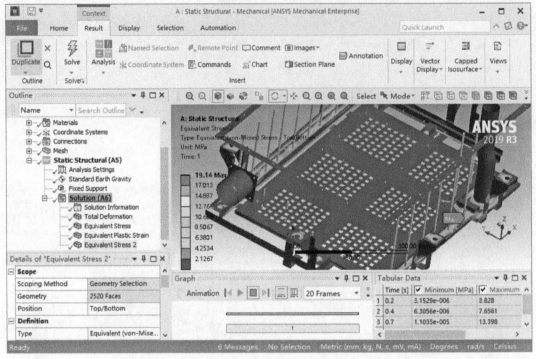

图 3-1-16　最大等效应力位置

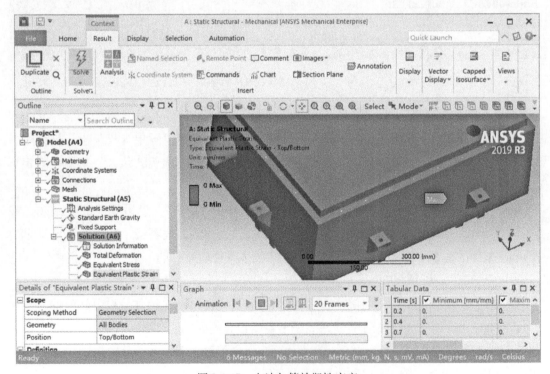

图 3-1-17　电池包等效塑性应变

3）从塑性应变云图中可知整个电池包未发生塑性应变，应力应变全部在弹性范围内变化。

3.2　电池包跌落仿真分析

3.2.1　电池包跌落仿真求解设置

创建电池包跌落过程中的局部坐标系。如图 3-2-1 所示，在结构树 Model（A4）→Coordinate Systems 中，右键单击 Coordinate Systems→Insert→Coordinate System，在坐标系系统下插入新的局部坐标系。

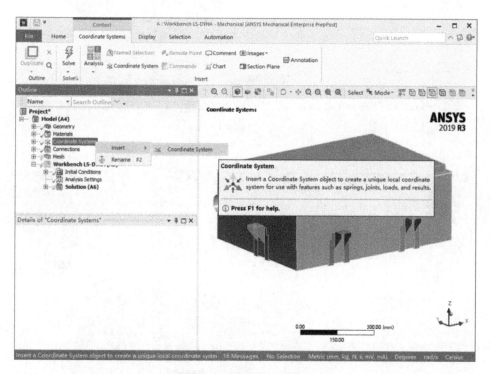

图 3-2-1　创建局部坐标系

在图形窗口中单击电池包箱体下底面，选中以后变为绿色，然后在详细信息中单击"Origin"→"Geometry"→"Apply"，确认在箱体底面中心建立局部坐标系，如图 3-2-2 所示。

如图 3-2-3 所示，在图形窗口中看到局部坐标系与全部坐标系的 3 个方向一致，在详细信息中 "Origin"→"Origin X" "Origin Y" "Origin Z" 可知局部坐标系相对与全局坐标系的坐标为 X 方向-4.3949mm，Y 方向 4.7944mm，Z 方向 771mm。右键单击局部坐标系 "Coordinate Systems" 选择 "Rename"，重新命名为 "Collision Point"。

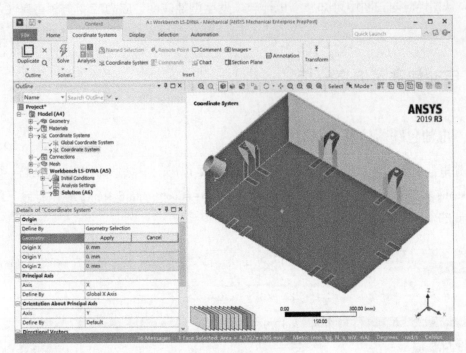

图 3-2-2　选择箱体底面

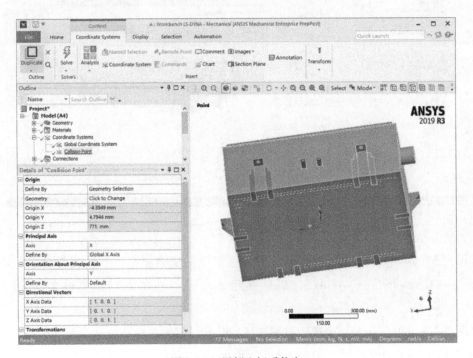

图 3-2-3　局部坐标系信息

在结构树中右键"Model（A4）"→"Insert"→"Construction Geometry"→"Solid"，在电池包模型里插入构造实体几何模型，如图 3-2-4 所示。

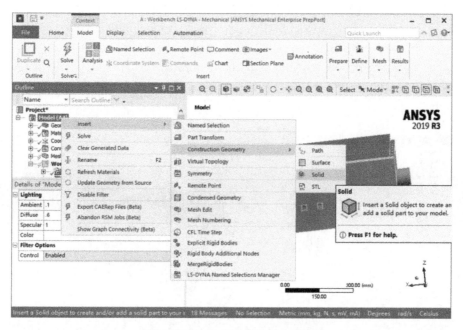

图 3-2-4　插入构造实体几何模型

　　在结构树中出现了"Construction Geometry"的目录，并且在目录下出现了刚才新建的实体模型"Solid"，单击"Solid"，在详细信息窗口中"Defintion"→"Type"默认为"Box"，即为盒子形状实体，在"Coordinate System"选择新建的局部坐标系"Collision Point"，并且按照图 3-2-5 填写"X1""X2""Y1""Y2""Z1""Z2"数值，表示构造的实体长度为600mm，宽度为500mm，厚度为10mm。

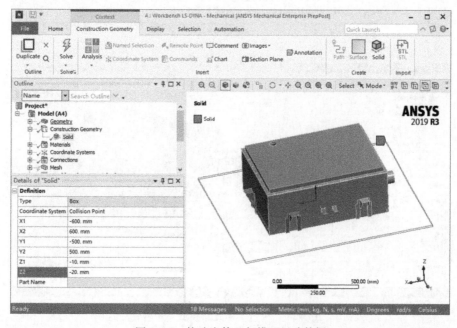

图 3-2-5　构造实体几何模型尺寸数据

如图 3-2-6 所示,右键单击"Solid",选择"Add to Geometry",红色线框就会变成实体模型。

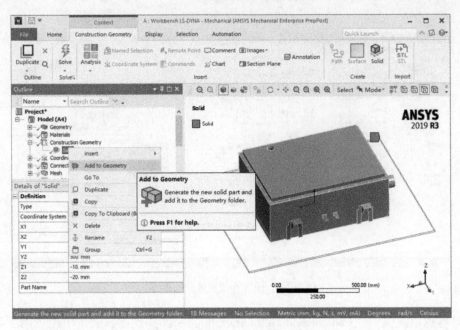

图 3-2-6　创建构造实体几何模型

如图 3-2-7 所示,右键单击"Solid",选择"Rename",将"Solid"改为"Drop Test Ground Plane",即跌落实验平板创建完成。

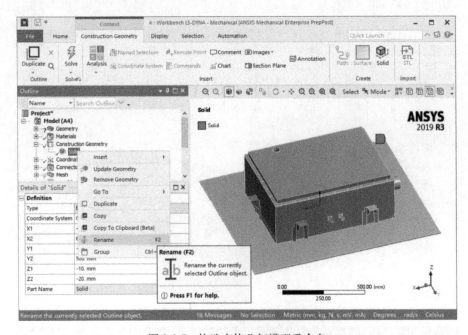

图 3-2-7　构造实体几何模型重命名

展开“Model（A4)”→“Geometry”，发现多了一个“Solid”，单击“Solid”，在详细信息中，“Definition”→“Stiffness Behaior”中，将“Flexible”改为“Rigid”，因为跌落地面为刚体，所以这里将地面属性从柔性体改为刚体。在“Material”→“Assignment”列表中选择“Structural Steel”，即将结构钢的材料属性赋予跌落地面，如图 3-2-8 所示。

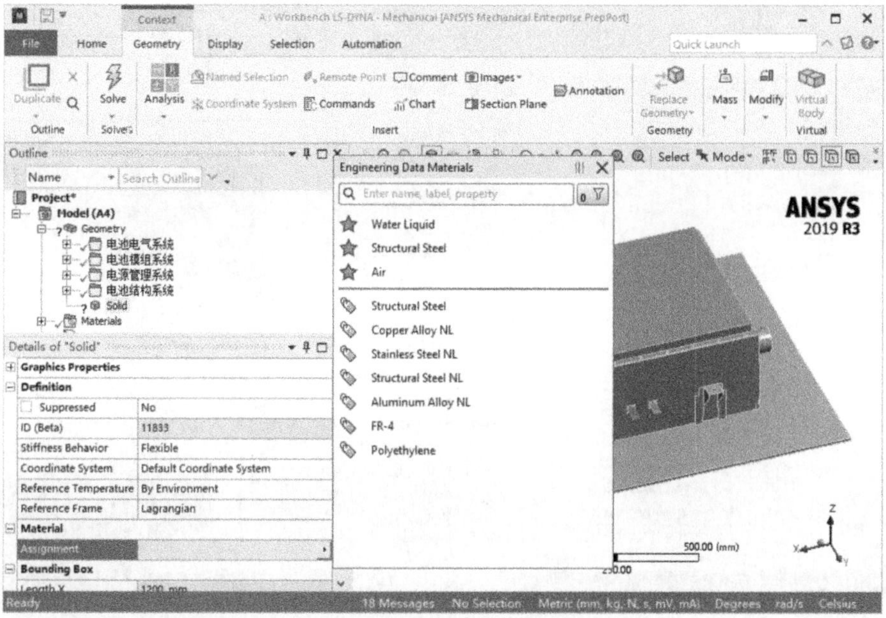

图 3-2-8　跌落地面模型属性修改

右键单击“Model（A4)”→“Geometry”→“Solid”→选择“Rename”，将地面重命名为“Drop Test Ground Plane”，如图 3-2-9 所示。

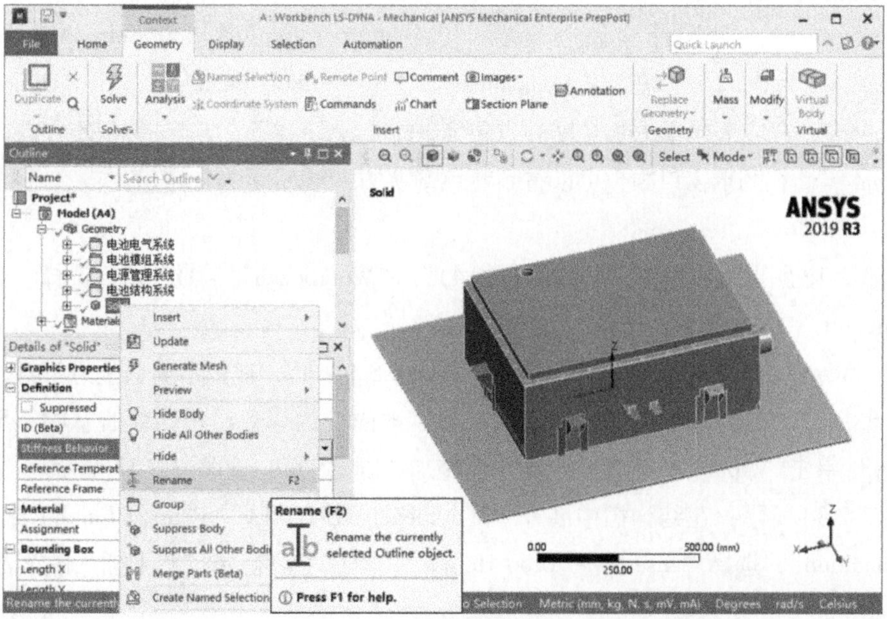

图 3-2-9　地面模型重命名

如图 3-2-10 所示，右键单击"Model（A4）"→"Workbench LS-DYNA"，选择"Insert"→"Standard Earth Gravity"，即在模型中加入标准地球重力加速度。

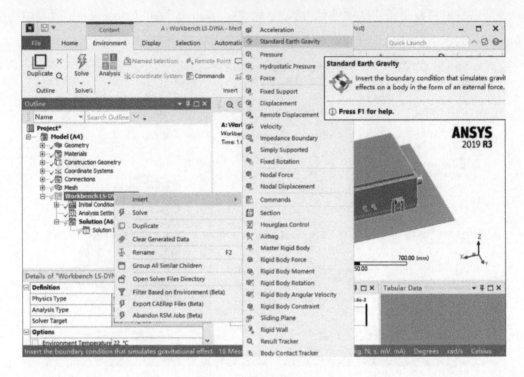

图 3-2-10 插入重力加速度选项

如图 3-2-11 所示，在详细信息中"Scope"→"Geometry"默认为"All Bodies"，即标准重力加速度适用于模型中所有的体，在"Definiton"→"Coordinate System"中选择"Global Coordinate System"，即选择全局坐标系为当前坐标系，在"X Component"和"Y Compeoenent"中为 0mm/s^2，在"Z Component"中为"-9806.6mm/s^2"，在"Direction"为"-Z Direction"。以上表示重力加速度的方向为在全局坐标系下，方向指向-Z 方向，大小为 -9806.6mm/s^2。在图形窗口中也可以看到黄色箭头方向表示重力加速度方向，并且指向-Z 轴方向。

如图 3-2-12 所示，右键单击"Model（A4）"→"Workbench LS-DYNA"，选择"Insert"→"Fixed Support"，即在求解设置中加入固定约束。

单击"Workbench LS-DYNA"目录下的"Fixed Support"，在图形窗口上方工具栏上选择"Body"，然后在图形窗口中选择刚体地面，刚体地面变为绿色，在详细信息中"Scope"→"Geometry"单击"Apply"，确定给刚体地面施加了固定约束，如图 3-2-13 所示。

如图 3-2-14 所示，在结构树中展开"Workbench LS-DYNA"→"Inital Conditions"，右键"Inital Condition"，选择"Insert"→"Drop Height"，即在求解初始状态下插入跌落高度的设置选项。

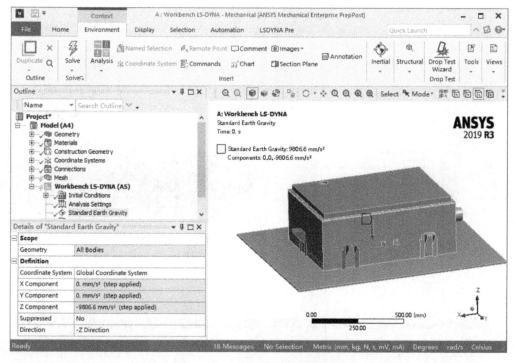

图 3-2-11　重力加速度参数设置

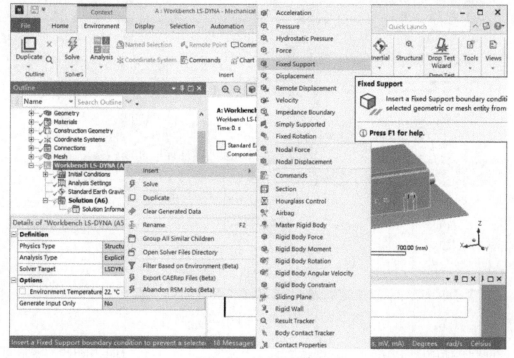

图 3-2-12　插入固定约束

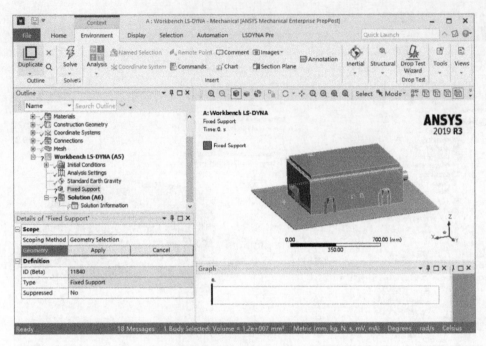

图 3-2-13　固定约束设置

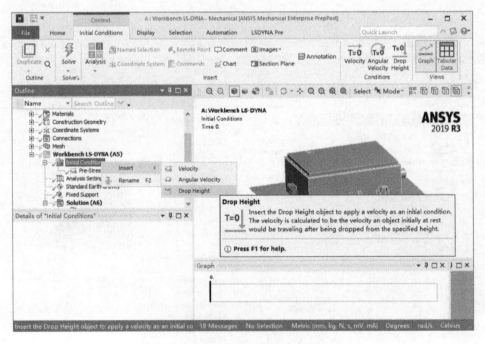

图 3-2-14　插入跌落初始状态高度选项

在图形窗口中单击刚体地面，刚体地面变为绿色，右键选择 "Hide Body"，将地面隐藏，如图 3-2-15 所示。

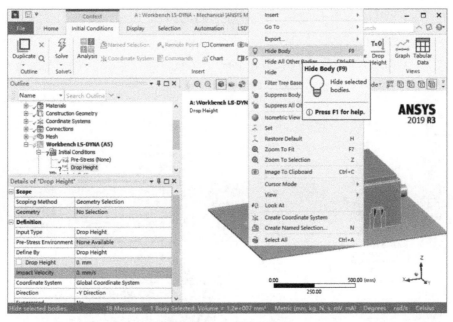

图 3-2-15　隐藏地面模型

在图形窗口上方工具栏，单击"Mode"，将选择方式由当前的"Single Select"改为"Box Select"，将鼠标单点模式改为框选模式，如图 3-2-16 所示。

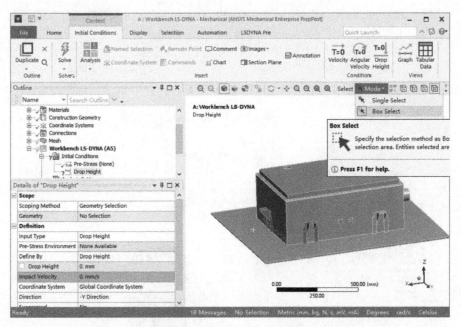

图 3-2-16　改变选择方式为框选

在图形窗口中框选整个电池包模型，电池包模型变为绿色，在详细信息中单击"Scope"→"Geometry"→"Apply"，显示有 79 个体被选中，在"Defintie By"选择定义的类型为"Drop Height"，在·"Definition"→"Drop Height"中定义跌落高度为 1000mm，即从 1m 的高度开始跌落，程序自动算出"Impact Veloctiy"碰撞速度为 4428.7mm/s，在"Definition"→"Coordinate System"中选择全局坐标系，即"Global Coordinate System"，在"Definition"→"Direction"中将默认状态"-Y Direction"改为"-Z Direction"，即跌落方向为-Z 方向，在图形窗口中看到蓝色箭头朝向-Z 轴方向，如图 3-2-17 所示。

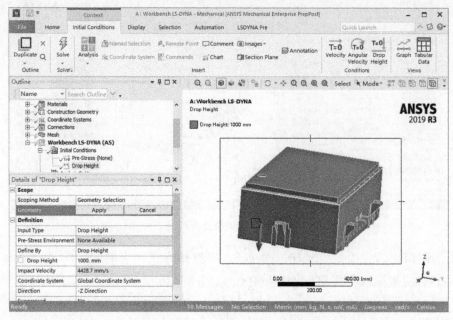

图 3-2-17　选择整个电池包模型

在结构树"Model（A4）"→"Geometry"→"Drop Test Ground Plane"中，右键单击"Show Body"，将刚体地面显示出来，如图 3-2-18 所示。

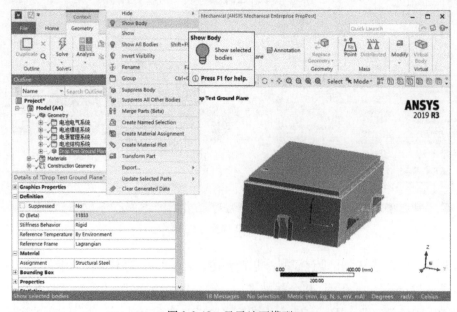

图 3-2-18　显示地面模型

在结构树中单击"Workbench LS-DYNA"→"Analysis Settings"，在详细信息中，"Step Controls"→"End Time"为电池包在整个跌落-碰撞-反弹过程的总时间。这里在建模过程中整个电池包最下端，即箱体安装板下表面，和刚体地面上表面的距离为 2.5mm，电池包初始速度为 4428.7mm/s，所以估算整个跌落-碰撞-反弹过程大概在 0.01～0.02s 之间，这里取 0.016s，所以在"End Time"填入 0.016s。"Time Step Safety Factor"默认为 0.9。"Maximum Number Of Cycles"为 1E7。自动质量缩放"Automatic Mass Scaling"默认为 No，这里将其改为 Yes，并且自动缩放时间步"Time Step Size"为 1E-7，即所有网格时间步如果小于 1E-7，将会参与时间缩放，使整体的求解速度加快，如图 3-2-19 所示。

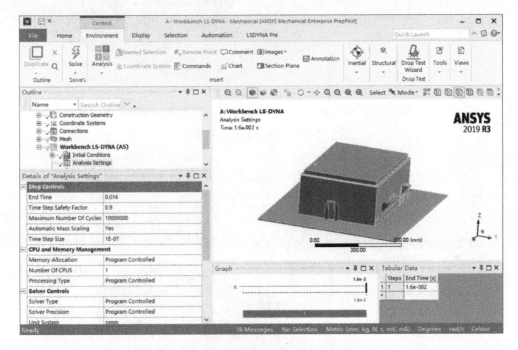

图 3-2-19　分析设置参数设定

如图 3-2-20 所示，在结构树中单击"Model（A4）"→"Mesh"，右键选中"Update"，更新所有划分网格到最新状态。

在结构树中单击"Model（A4）"→"Workbench LS-DYNA（A5）"→"Solution（A6）"，右键选中"Solve"，开始求解该电池包跌落算例，如图 3-2-21 所示。

3.2.2　电池包跌落仿真结果分析

求解完成以后，打开求解文件夹并且找到 MESSSAG 文件，用记事本打开并且找到质量缩放的记录，如图 3-2-22 所示，整个电池包的质量为 2.5384E-01 吨，添加的质量为 4.6805E-06 吨，添加质量比例为 1.8438E-05。添加的质量占总质量的比例非常小，所以添加质量对整个跌落分析基本上没有影响。

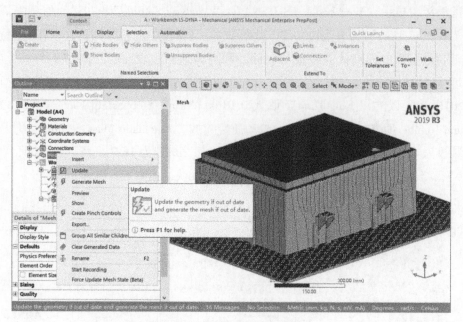

图 3-2-20　更新网格到最新状态

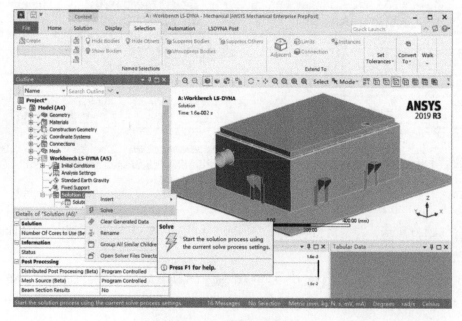

图 3-2-21　跌落仿真求解

calculation with mass scaling for minimum dt
added mass　=　4.6805E-06
physical mass=　2.5384E-01
ratio　　　=　1.8438E-05

图 3-2-22　质量缩放

在有限元仿真计算中，如果涉及到多种积分算法和不同的接触类型，系统为了保证正常的计算，会自动添加某些部件的质量，如果添加的质量太大，则会导致最后计算结果不可信，一般情况下，质量添加不得超过 1%，本例中比例远小于 1%，所以符合要求。

安装 ANSYS 软件以后，在安装目录里有 LS-DYAN 前后处理器安装文件，如图 3-2-23 所示，但是并没有安装，需要手动单击 LS-PrePost-4.5-x64_setup 进行安装。

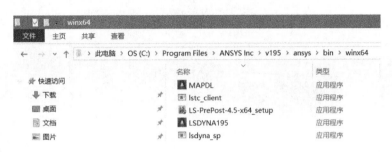

图 3-2-23　LS-PrePost 安装

安装完成以后打开 LS-PrePost 界面，如图 3-2-24 所示，界面最上面是菜单栏，中间是图形窗口，下面是快捷按钮，最下面是命令栏和状态栏，右侧是一些主要的控制按钮。

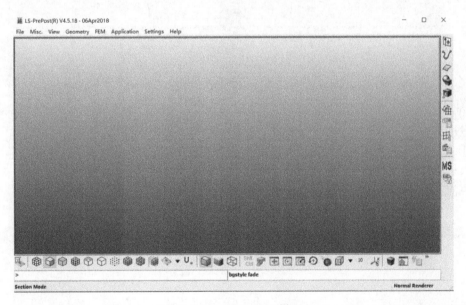

图 3-2-24　LS-PrePost 界面

在 LS-PrePost 界面选择"文件-打开-LS-DYNA 二进制文件"，如图 3-2-25 所示，然后在求解文件夹找到 d3plot 文件，并将其打开。

打开以后如图 3-2-26 所示，在图形界面用不同的颜色显示所有零件，在右上角有动画播放卡片，整个动画播放有 15 帧，每次增量为 1 帧，单击"播放"按钮，则可以显示整个电池包跌落过程中每个部件的动态变化。

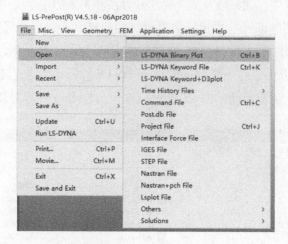

图 3-2-25   打开结果文件

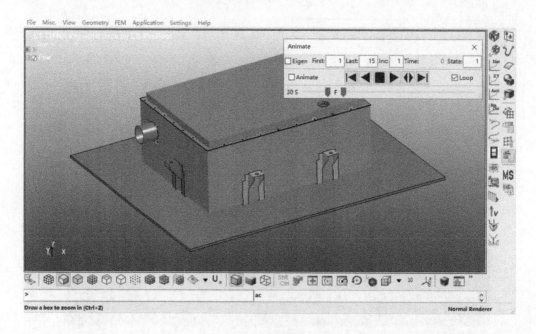

图 3-2-26   结果文件显示

在界面右侧选择"后处理"→"历史数据",打开历史数据界面,如图 3-2-27 所示,在界面中选择"全局",然后在下面选项中选择"动能""内能""总能量",最后单击"绘制",显示能量曲线。

能量曲线如图 3-2-28 所示,蓝色曲线代表总能量变化,绿色曲线代表内能变化,红色曲线代表动能变化,从曲线变化可以看出,整个跌落的过程是动能逐渐转化为内能的过程,图中的曲线一般应该是光滑的过渡,如果在某个位置出现了突变,则代表在这个位置出现了较大的沙漏或者质量增加。

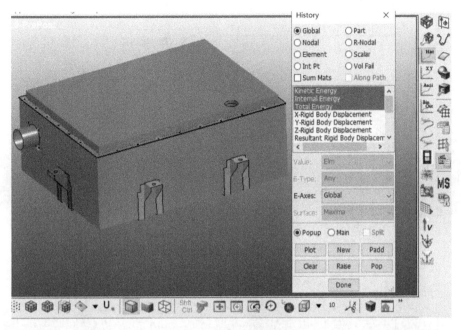

图 3-2-27　显示能量曲线

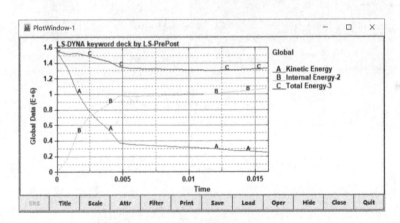

图 3-2-28　能量曲线

在界面右侧选择"后处理"→"ASCII",打开 ASCII 数据界面,如图 3-2-29 所示,在 ASCII 数据界面左侧选择"载荷",然后在右侧选择"matsum"数据,在下方选择"总和",最后在项目栏选择"内能""动能""沙漏能",在最下方单击"绘制",显示沙漏能量曲线。

能量曲线如图 3-2-30 所示,其中红色曲线代表内能变化,绿色曲线代表动能变化,蓝色曲线代表沙漏能变化,动能曲线和内能曲线变化与图 3-2-28 显示一致,蓝色曲线是纵坐标几乎为零的一条直线,与其他能量比非常小,代表沙漏能对电池包跌落过程影响非常小,而正常情况下,沙漏能被控制在 5% 以内即代表满足要求,这里也满足要求。

图 3-2-29　显示沙漏能量曲线

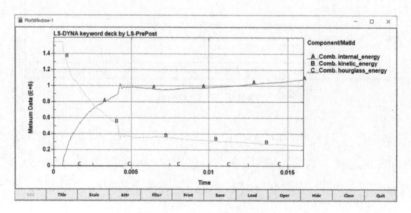

图 3-2-30　沙漏能量曲线

　　在图形界面左侧展开"post"并且找到第 80 个部件，该部件就是"跌落测试地面"，取消前面方框中对号，在图形窗口中地面被隐藏起来，如图 3-2-31 所示，隐藏的目的是为了更好地观察电池包。

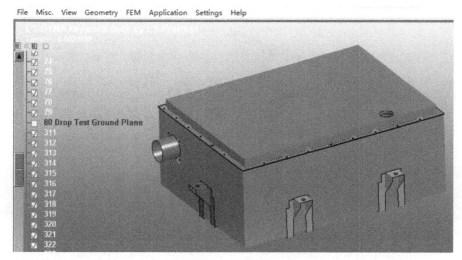

图 3-2-31　隐藏地面

在界面右侧选择"后处理"→"云图部件",打开选择界面,如图 3-2-32 所示,在"云图部件"界面中选择"Ndv",即"节点位移/速度云图"选项,然后选择"结果位移",最后单击最下方"完成",整个电池包就会显示出位移云图。单击动画播放界面的"播放"键就可以看到整个电池包跌落过程中位移的动态过程,播放完成以后定位到最后时刻,此刻整个电池包都有一定的位移,但是电池包盖板中间位移相对较大。

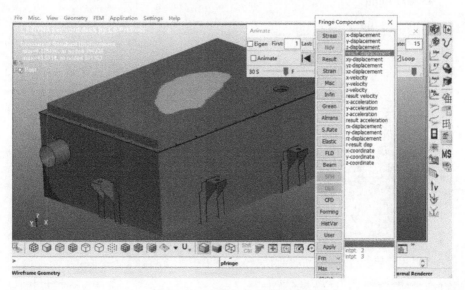

图 3-2-32　整个电池包位移云图

在图形界面左侧展开"post"并且找到第 18 个部件和第 20 个部件,这两个部件是电池包箱体和盖板,取消前面方框中对号,将此两个部件隐藏。此时可以看到电池包内部部件的位移情况,如图 3-2-33 所示,从图中可知"电池模组 2"和"电池模组 3"中间部分位移较大,"电气系统"的"熔断器"和"铜排 3"位移也比较大。

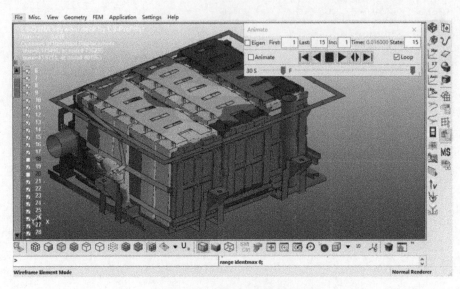

图 3-2-33　电池包内部位移云图

在界面右侧选择"后处理"→"云图范围",打开选择界面,如图 3-2-34 所示,在界面中选择"动态""激活的部件",把"数量"改为 1,并且勾选"最大值"前面的方框,最后单击"完成"。在图中可以看到最大位移在"铜排 3"拐角处,最大位移位置编号 801963,最大位移为 43.6714mm。

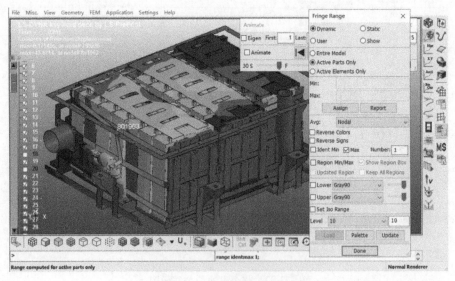

图 3-2-34　确认位移最大值位置

从位移云图可以看出,"电池模组 2"和"电池模组 3"的电芯数量偏多,用打包带和两个端板固定不够牢固,需要加强模组电芯之间的固定强度。另外,"电池电气系统"的"铜排 3"以及与"铜排 3"连接的"熔断器"固定也不够牢固,导致跌落冲击以后位移较大,特别是"铜排 3"的形状需要改变或者固定方式需要加强。

显示电池包的箱体和盖板，在界面右侧选择"后处理"→"云图部件"，打开选择界面，如图 3-2-35 所示，在"云图部件"界面中选择"应力"选项，然后选择"等效应力"，最后单击最下方"完成"，整个电池包就会显示应力云图。单击动画播放界面的"播放"键，就可以看到整个电池包跌落过程中应力变化的动态过程，播放完成以后定位到最后时刻。

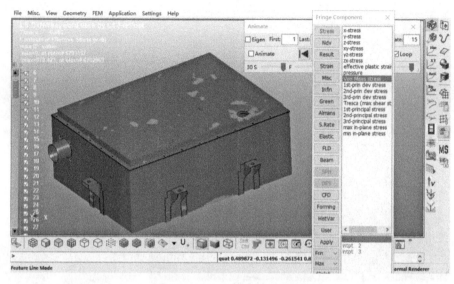

图 3-2-35　整个电池包应力云图

从图 3-2-35 可以看出，电池包盖板上靠近风道的地方应力相对较大，特别是风道与电池包盖板边缘之间狭长的区域，应力会更大一点。从图 3-2-36 可知，电池包箱体底部靠近箱体安装板一圈的应力较大，原因是此处内部有大量的固定支架和风冷支撑板固定，在跌落过程中会造成这些地方受力集中。

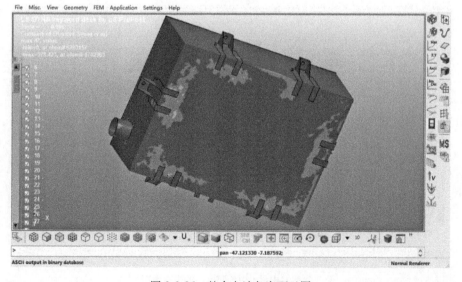

图 3-2-36　整个电池包底面云图

用同样方法在"post"中隐藏部件 18 和 20，即隐藏箱体和盖板，如图 3-2-37 所示，在界面右侧选择"后处理"→"云图范围"，打开选择界面，在界面中选择"动态""激活的部件"，并且勾选"最大值"前面的方框，最后单击"完成"。从图中可以看到应力最大值出现在"电池模组 2"中的"FPC"上，最大位置编号为 6702963，最大应力为 978MPa，"FPC"的材料为 FR4，而 FR4 为各项异性的材料，强度极限大概是 300MPa 左右，所以 FPC 会发生破坏。

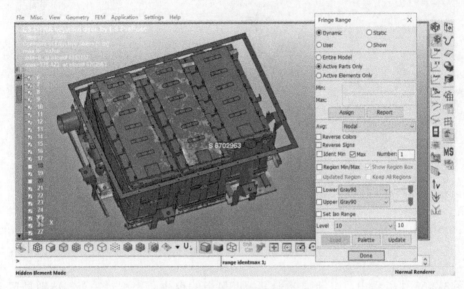

图 3-2-37　电池包内部应力云图

在"post"中隐藏部件 41、44、45、49、71、76，即电池包模组所有的 FPC 和绝缘板，如图 3-2-38 所示，从图中可以看出，应力较大的部件是铜排、电池包固定支架和风冷支撑板。

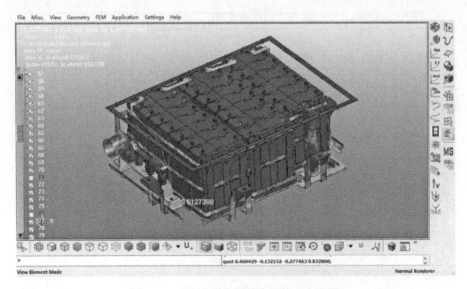

图 3-2-38　电池包内部其余部件应力云图

翻转到电池包底部，如图 3-2-39 所示，可以更清楚地看到应力较大的地方是固定支架，特别是固定支架螺栓孔附近，还有风冷支撑板与电池包箱体接触的一周区域，特别是风冷支撑板的风道周围。应力值最大值在固定电气系统的"支架 7"，编号是 6127388，应力值为495.97MPa。固定支架材料为结构钢，屈服极限强度为 250MPa，所有"支架 7"会发生破坏。

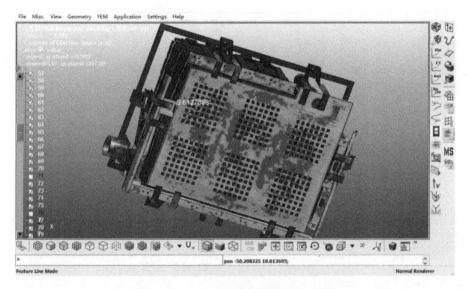

图 3-2-39　电池包内部底面应力云图

显示电池包的箱体和盖板，在界面右侧选择"后处理"→"云图部件"，打开选择界面，如图 3-2-40 所示，在"云图部件"界面中选择"应力"选项，然后选择"等效塑性应变"，最后单击最下方"完成"，整个电池包就会显示塑性应变云图。

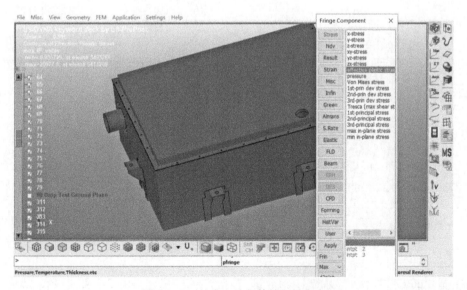

图 3-2-40　整个电池包等效塑性应变

　　隐藏电池包所有 FPC 和绝缘板，以及电池包箱体和盖板，翻转到电池包底部，按照图 3-2-37 所示的方法显示塑性应变最大的 5 个点，如图 3-2-41 所示，结果与应力分析相似，所有电池包支架，特别是螺栓孔附近发生塑性变形较严重，最严重的是"支架 7"，还有风冷支撑板，塑性变形也比较严重。

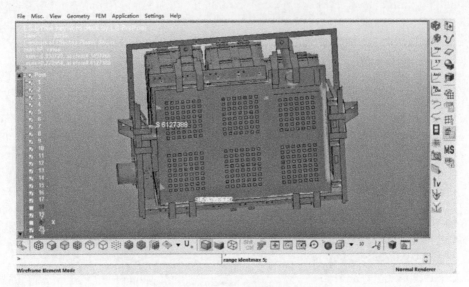

图 3-2-41　电池包底面塑性应变

　　在左侧"post"中单独显示部件 11，即"支架 7"，如图 3-2-42 所示，可以看到最大塑性应变在右下角处，位置编号为 6127388，最大塑性应变为 0. 229。

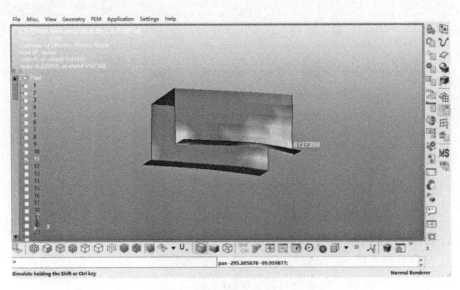

图 3-2-42　支架 7 塑性应变

　　在左侧"post"中单独显示部件 21，即"风冷支撑板"，如图 3-2-43 所示，最大塑性应变在左下角翻边处，位置编号为 6202854，最大塑性应变为 0.19353。

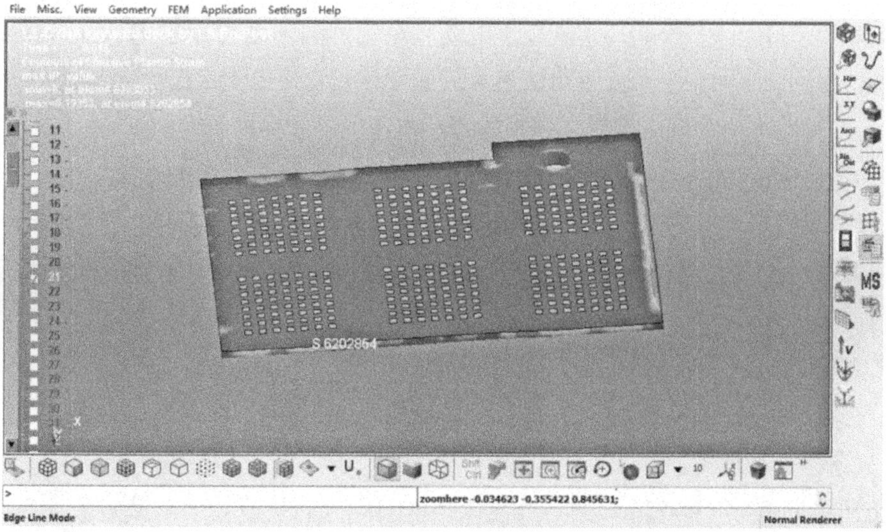

图 3-2-43 风冷支撑板塑性应变

由以上分析可以得到结论：

1）"电池模组 2"和"电池模组 3"由于电芯较多，并且靠端板和打包带的固定不够牢固，模组中间的电芯会发生较大位移，打包带的应力也较大，并且固定电池模组端板的螺栓孔也发生轻度塑性变形。建议加强电池模组的固定方式，使电芯和整个模组固定得更牢固。

2）FPC 和绝缘板靠螺栓和卡扣固定，FPC 靠近铜排的螺栓孔附近出现应力过大情况，直接发生破坏，而绝缘板靠近铜排的螺栓孔附近卡扣位置也发生应力过大情况，发生破坏。建议增加 FPC 与铜排和电芯固定螺栓的数量，增大绝缘板卡扣大小，并用螺栓固定绝缘板。

3）电气系统铜排发生较大位移并且应力也较大，是由于铜排较长较厚且固定的位置数量较少，发生冲击时容易发生晃动并与其他部件发生冲击，造成损坏。建议优化铜排布线线路并且增加固定点。

4）电池包内部固定支架和风冷支撑板是发生塑性应变最严重的部件，是由于它们都是支撑部件，在电池包跌落瞬间承受冲击的主要部件，建议加厚固定支架和风冷支撑板或者换成强度更高的材料。

3.3 电池包挤压仿真分析

3.3.1 电池包模型处理

电池 PACK 是新能源汽车核心能量源，为整车提供驱动电能，它主要通过壳体包络构成电池 PACK 主体。电池 PACK 组成主要包括电芯、模块、电气系统、热管理系统、壳体和 BMS 几个部分。

国标 GB/T 31467.3——2015，规定了电动汽车用锂离子动力蓄电池包和系统安全性的要求和测试方法。其中描述了通用测试条件，通用测试和安全性测试，其中安全性测试包括：振动、机械冲击、跌落、翻转、模拟碰撞、挤压、温度冲击、湿热循环、海水浸泡、外部火烧、盐雾、高海拔、过温保护、短路保护、过充电保护、过放电保护。

为了保证动力电池系统运行的稳定性、一致性，在电池包设计过程中需对电池包进行仿真和相关测试，在结构方面需要进行跌落、机械冲击、振动、翻转、模拟碰撞、挤压、温度冲击等。

其中，挤压要求：

测试对象：蓄电池包或系统。

按下列条件进行加压：

1）挤压板形式：半径 75mm 的半圆柱体，半圆柱体的长度大于测试对象的高度，但不超过 1m。

2）挤压方向：x 和 y 方向（汽车行驶方向为 x 轴，另一垂直于行驶方向的水平方向为 y 轴）。

3）挤压程度：挤压力达到 100kN 或挤压变形量达到挤压方向的整体尺寸的 30% 时，停止挤压。

4）保持 10min。

5）观察 1h。

要求：蓄电池包或系统无着火、爆炸等现象。

在 Workbench 界面新建 ANSYS LS-DYNA 电池包挤压分析流程，如图 3-3-1 所示，材料的设置在 A2 中，其与电池包跌落分析一致，这里不再叙述。

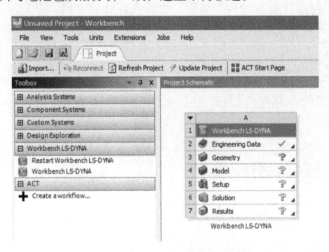

图 3-3-1　新建电池包挤压分析流程

在分析流程 A3 几何模型中右键，选择导入几何→浏览，找到电池包跌落分析时已经处理好的几何模型，需要在此基础上做一些修改，如图 3-3-2 所示。

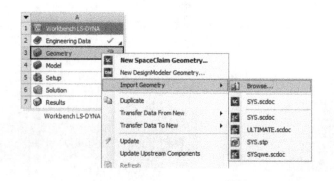

图 3-3-2　导入 SCDM 几何模型

用 SCDM 打开电池包几何模型，如图 3-3-3 所示，根据国标 GB/T 31467.3——2015 的要求，需要在模型中加入刚性墙面和刚性半圆柱体。

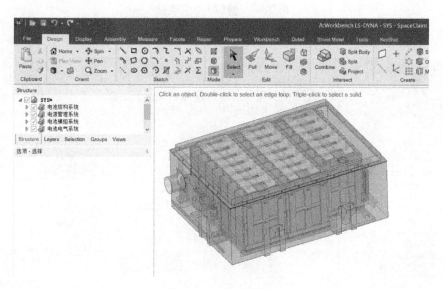

图 3-3-3　电池包模型

在挤压过程中，箱体安装板会影响挤压过程，这里将 6 个箱体安装板隐藏掉，如图 3-3-4 所示，在 SCDM 中展开左侧结构树 "电池结构系统"→"箱体安装板" 中，按住 "Ctrl 键"，选择 6 个箱体安装板，右键选择 "物理抑制"，将 6 个箱体安装板全部抑制，即不参与求解计算。

单击图像界面左下角的坐标系上的红点，改变视图到 YZ 平面，如图 3-3-5 所示，在工具栏找到 "模型"→"草图模式"，单击以后选择电池包侧面，即形成草图平面，在这个草图平面将建立刚性墙面和半径为 75mm 的刚性半圆柱体。

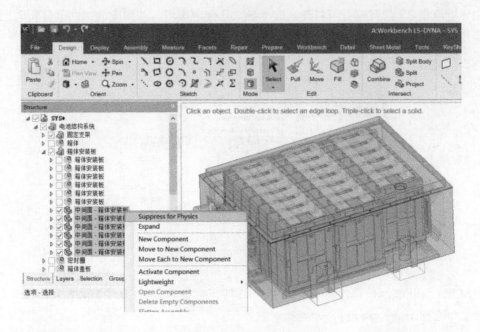

图 3-3-4　隐藏箱体安装板

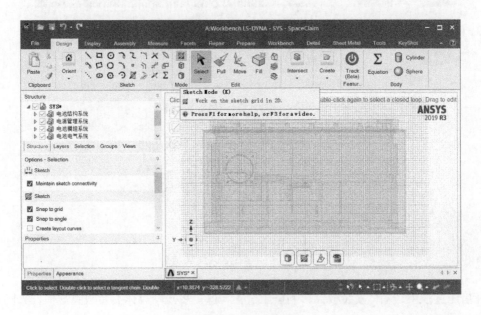

图 3-3-5　草图平面创建

　　在工具栏中找到"草图"→"直线"，如图 3-3-6 所示，以草图基准面的圆点为起始点，向左右各画 282mm 的基线。

　　以左边基线为基础，画 400mm 的直线，如图 3-3-7 所示，此直线即为刚性墙面的侧面图。

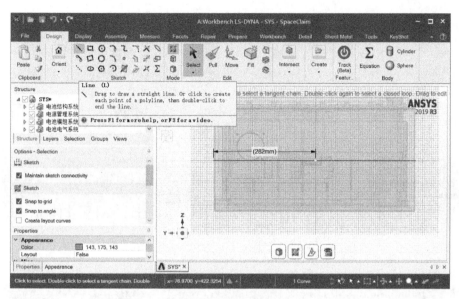

图 3-3-6　草图基线绘制

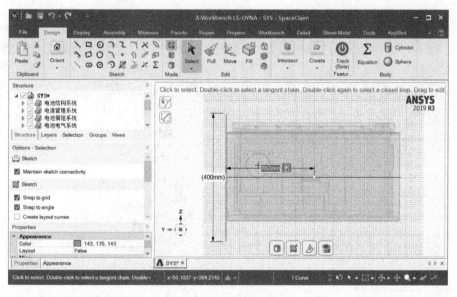

图 3-3-7　草图刚性墙面

以右边基线为基础，画角度为 180°，直径为 150mm 的半圆弧，如图 3-3-8 所示，此圆弧即为刚性半圆柱体的侧面图。选择两个基线并且右键选择删除，然后在工具栏找到"模型"→"3D 模型"，回到三维界面。

回到三维界面，如图 3-3-9 所示，在工具栏中找到"编辑"→"拉伸"，然后分别选择直线和半圆弧，拉伸长度为 1000mm，拉伸方向延 X 轴方向，拉伸完成以后得到刚性墙体和刚性半圆柱体的三维模型，此模型也为壳体。

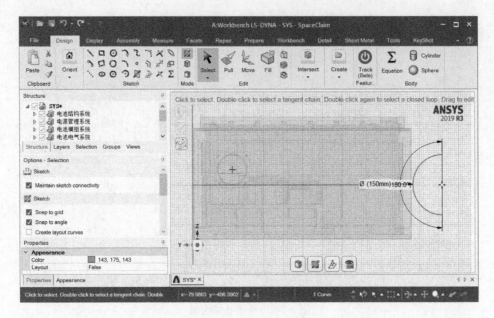

图 3-3-8　草图刚性半圆柱体

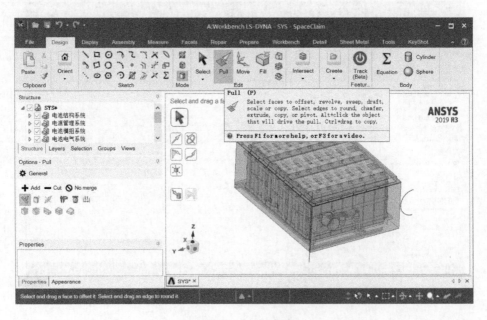

图 3-3-9　草图拉伸

　　如图 3-3-10 所示，在工具栏中找到"编辑"→"移动"，然后分别选择刚性墙面和刚性半圆柱体，将其向 X 轴负方向移动 100mm，目的是使电池包正好位于刚性墙面和刚性半圆柱体中间位置，最后在左侧结构树中将两个体重命名为"地面"和"圆柱体"。至此，所有模型修改处理完毕，保存并退出 SCDM。

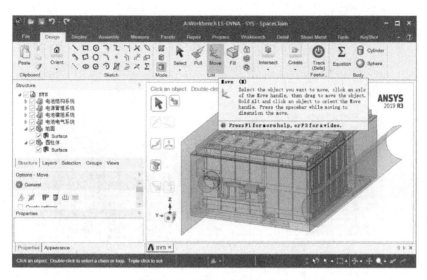

图 3-3-10　地面和圆柱体调整

3.3.2　电池包挤压仿真求解设置

在 Workbench 中双击 A4，进入 Mechanical 中，如图 3-3-11 所示，打开 Geometry，可以看到电池包模型分组还是"电池电气系统""电池模组系统""电源管理系统""电池结构系统"，除此之外，还有刚才建立的"底面"和"圆柱体"两个模型。

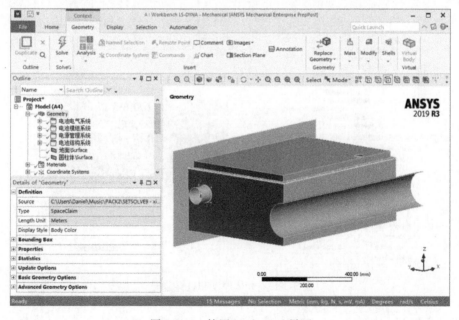

图 3-3-11　挤压 Mechanical 界面

如图 3-3-12 所示，在结构树中选择"地面"，然后在"地面"详细信息中找到"Definition"→"stiffness Behavior"，在下拉选型中将默认的"Flexible"改为"Rigid"，即将刚性面改为刚体属性。然后对挤压圆柱体做同样的设置。

图 3-3-12　设置刚体属性

在"Stiffness Behavior"下面的"Thickness"填入 4mm，指定刚体墙面的厚度，如图 3-3-13 所示，墙体的材料也默认为"Structural Steel"结构钢。然后对挤压圆柱体做同样的设置。

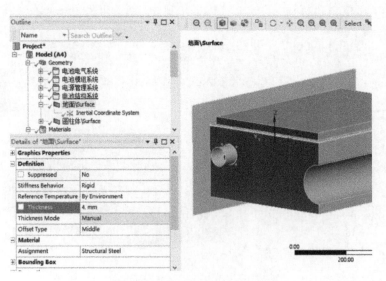

图 3-3-13　壳体厚度和材料分配

如图 3-3-14 结构树中展示，材料的设置和分配与电池包跌落案例一致，坐标系只需默认全局坐标系，连接关系中所有的连接和接触也与电池包跌落案例一致，网格划分方法也与电池包跌落案例一致，但是多了墙体和挤压圆柱体两个模型，因为此两个模型比较简单，所以不需要设置网格划分方法，系统会自动给其划分网格。

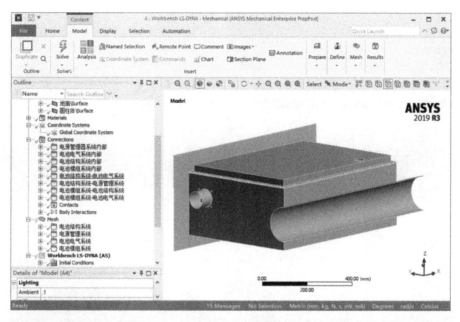

图 3-3-14　其他设置

在结构树中单击"Workbench LS-DYNA（A5）"，在下方 Analysis Settings 的详细信息的"Setp Controls"中，"End Time"设置为 0.05，"Automatic Mass Scaling"设置为"Yes"，"Time Step Size"为 1E-07，如图 3-3-15 所示。

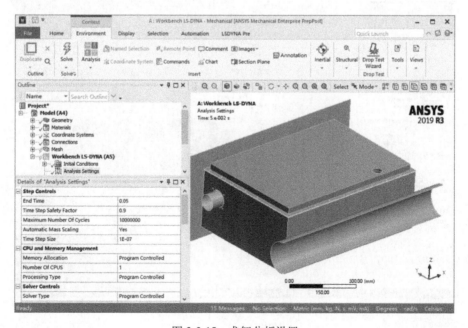

图 3-3-15　求解分析设置

如图 3-3-16 所示，在结构树中右键单击"Workbench LS-DYNA（A5）"，选择"Insert"→"Fixed Support"，插入固定约束设置选项。

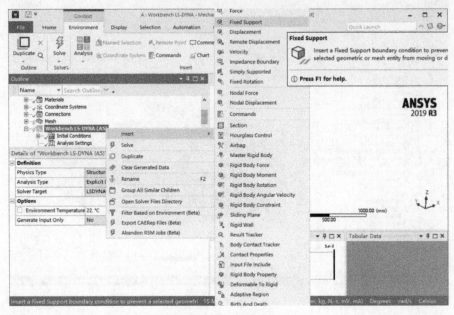

图 3-3-16　插入固定约束选项

在"Fixed Support"的详细信息中单击"Scope"→"Geometry"，然后在右侧图形窗口中选中刚性墙体，然后在"Geometry"中单击"Apply"确定，如图 3-3-17 所示。

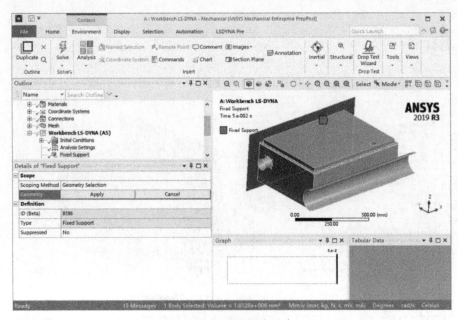

图 3-3-17　设置固定约束

如图 3-3-18 所示，在结构树中右键单击"Workbench LS-DYNA（A5）"，选择"Insert"→

"Force",插入力的设置选项。

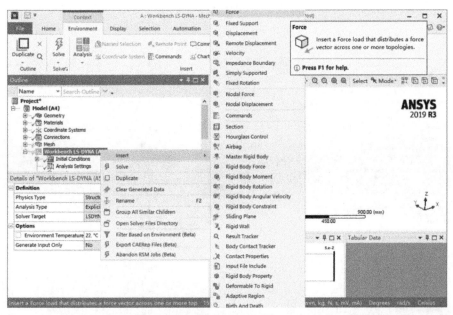

图 3-3-18 插入力选项

在"Force"的详细信息中单击"Scope"→"Geometry",然后在右侧图形窗口中选中刚性半圆柱体,然后在"Geometry"中单击"Apply"确定,如图 3-3-19 所示。

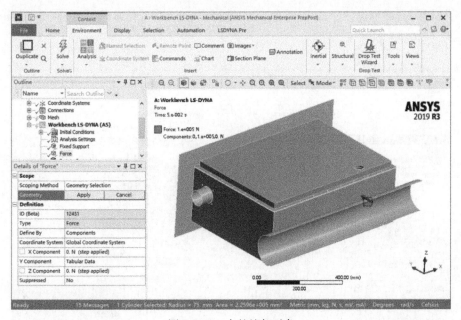

图 3-3-19 力的施加对象

在"Force"的详细信息"Definition"中,"Define By"在下拉选项中选择"Components",然后在"X Component"和"Z Component"填入 0N,在"Y Component"中右键在下拉选项

中选择"Tabular（Time）"，然后在右侧表格中填入数据，如图 3-3-20 所示，填完以后在表格左边会自动绘制出一条曲线，代表在 0.05s 时间内力的加载过程，力会从 0 一直加载到 100kN。

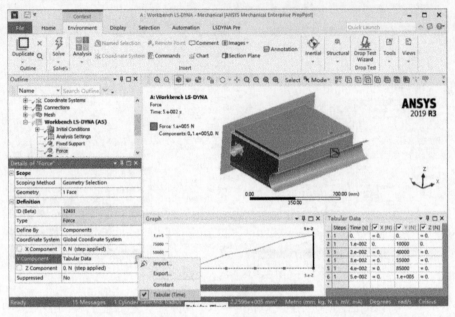

图 3-3-20　力的参数设置

在结构树中右键单击"Solution（A6）"，选择"Solve"开始求解，等待求解结束以后进行后处理，如图 3-3-21 所示。

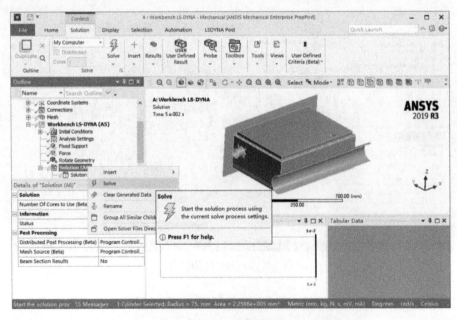

图 3-3-21　挤压求解运算

3.3.3 电池包挤压仿真结果分析

在 LS-PrePost 界面选择"文件-打开-LS-DYNA 二进制文件",如图 3-3-22 所示,然后在求解文件夹找到 d3plot 文件并将其打开。

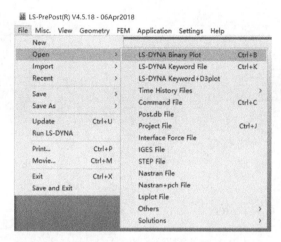

图 3-3-22 打开结果文件

打开以后如图 3-3-23 所示,在图形界面用不同的颜色显示所有零件,在右下角有动画播放卡片,单击"播放"按钮,则可以显示整个电池包被半圆柱体挤压在墙体上的动态过程,在这个过程中可以看到电池包箱体的变形。

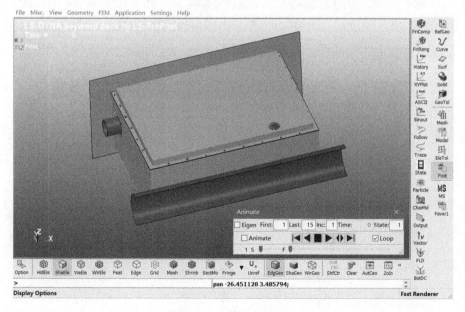

图 3-3-23 结果文件显示

在界面右侧选择"后处理"→"历史数据"打开历史数据界面,如图 3-3-24 所示,在界

面中选择"全局",然后在下面选项中选择"动能""内能""总能量",最后单击"绘制",
显示能量曲线。

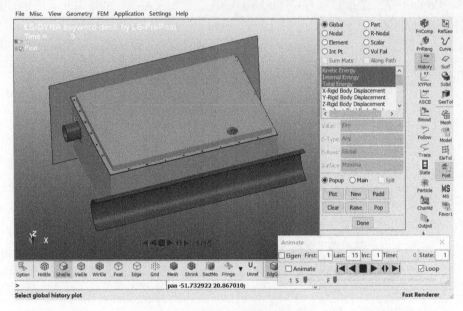

图 3-3-24 显示能量曲线

能量曲线如图 3-3-25 所示,蓝色曲线代表总能量变化,绿色曲线代表内能变化,红色
曲线代表动能变化,从曲线变化可以看出,在 $0 \sim 0.01\mathrm{s}$ 时间段内,能量基本没有变化,在
$0.01 \sim 0.037\mathrm{s}$ 时间段内,内能逐渐增加,动能也逐渐增加,在 $0.037 \sim 0.04\mathrm{s}$ 时间段内,内能
突然增加,动能也有所增加,而 $0.04 \sim 0.05\mathrm{s}$,内能增加越来越缓慢,动能也逐渐变小。这 4
个阶段可以总结为抵抗变形阶段、缓慢变形阶段、快速溃缩阶段、溃缩后变形阶段。

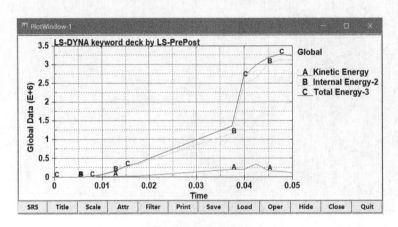

图 3-3-25 能量曲线

在图形界面左侧展开"post"在序列中找到 294 和 295 部件,这两个部件就是刚性墙面
和刚性半圆柱体,取消前面方框中对号,在图形窗口中地面被隐藏起来,如图 3-3-26 所示,

隐藏的目的是为了更好地观察电池包变化情况。

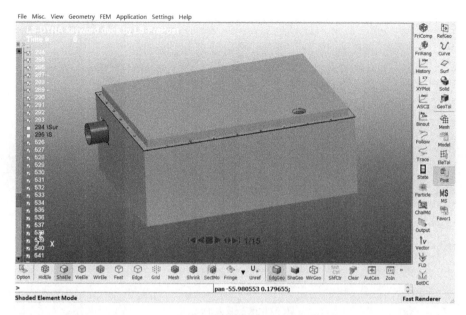

图 3-3-26　隐藏墙面和半圆柱体

在图形界面右上侧有"Animate"动画播放卡片，如图 3-3-27 所示，可以看到电池包变形的过程，拖动状态进度条到最后时刻，可以看到整个电池包变形最大的状态。

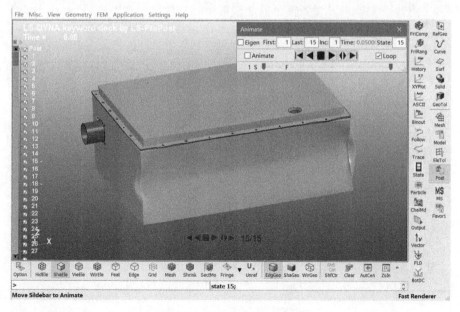

图 3-3-27　电池包挤压变形动画

在图形界面右侧选择"后处理"→"云图范围"，打开选择界面，如图 3-3-28 所示，在卡片中选择"动态""激活的部件""最大值"，然后在"最大值/最小值数量"填写 1，最后单击"完成"按钮，就可以在后续云图中显示最大值的节点位置。

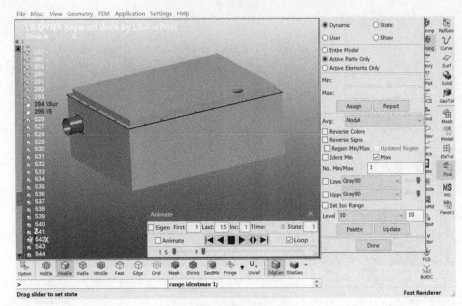

图 3-3-28　最大值设置

在图形界面右侧选择"后处理"→"云图部件"，打开选择界面，如图 3-3-29 所示，在"云图部件"界面中选择"Ndv"，即"节点位移/速度云图"选项，然后选择"结果位移"，最后单击最下方"完成"按钮，整个电池包被挤压以后的变形云图就显示出来。单击动画播放界面的"播放"键就可以看到整个电池包被半圆柱体加压变形过程。

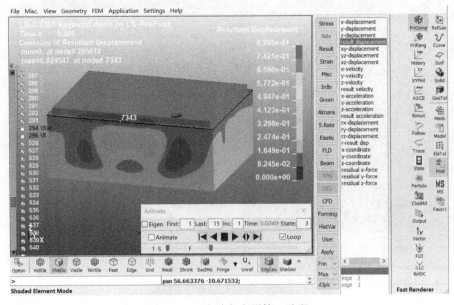

图 3-3-29　电池包变形第一阶段

电池包变形第一阶段如图 3-3-29 所示，整个电池包上方盖板以及螺栓连接处位移较大，同时与半圆柱体接触面出现两个位移较大的区域，最大变形节点在电池包箱体与电池包盖板连接处，节点是 7343，最大位移值是 0.82mm。

电池包变形第二阶段如图 3-3-30 所示，电池包与半圆柱体接触面两个较大变形区域的变形进一步变大，特别是左侧区域变形更大。最大变形节点是 64867，最大位移是 1.83mm。

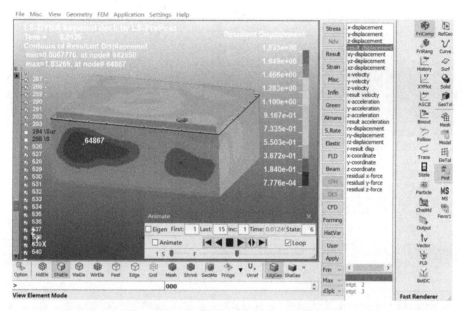

图 3-3-30　电池包变形第二阶段

电池包变形第三阶段如图 3-3-31 所示，电池包与半圆柱体接触面继续变形，变形最大的区域变成了电池箱体最右侧两面连接处，最大变形节点是 68809，最大位移是 15.6mm。

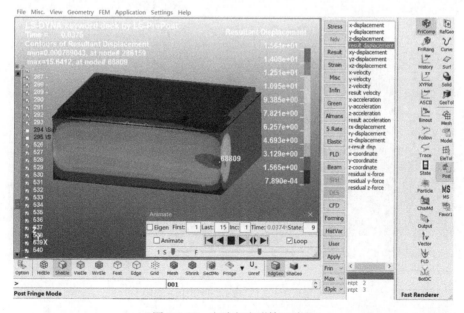

图 3-3-31　电池包变形第三阶段

电池包变形第四阶段如图 3-3-32 所示，电池包箱体出现快速溃缩，最大变形区域仍然在最右侧，最大变形节点是 68808，最大位移是 41.6mm。

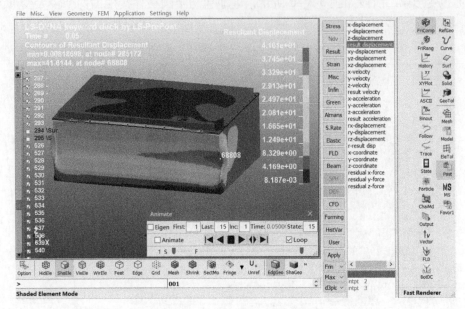

图 3-3-32　电池包变形第四阶段

在图形界面最左侧的"post"里隐藏掉 12 和 14 两个部件，这两个部件分别是电池包箱体和电池包盖板，可以观察电池包箱体内部部件变形情况。如图 3-3-33 所示，电池包箱体内部变形第一阶段，上端密封圈位移较大，最大位移节点是 7900966，最大位移是 0.82mm。

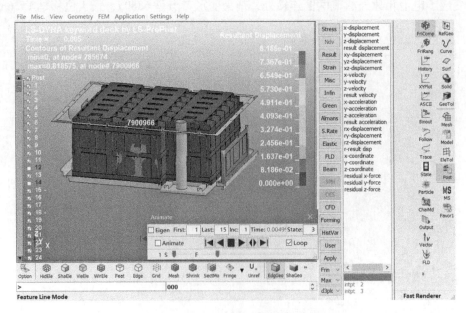

图 3-3-33　电池包内部变形第一阶段

电池包内部变形第二阶段，如图 3-3-34 所示，电池包模组 2 和模组 3 端板和靠近端板电芯、密封圈、电气系统、电池包箱体内支架位移都较大，其中位移最大的是风管接头，最大位移节点是 92274，最大位移是 1.6mm。

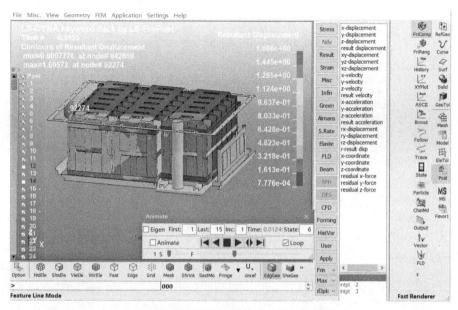

图 3-3-34　电池包内部变形第二阶段

电池包内部变形第三阶段，如图 3-3-35 所示，整个电池包内部都有较大位移，除了电池模组 1 以外，最大位移区域在密封圈处，最大位移节点是 7900965，最大位移是 3.6mm。

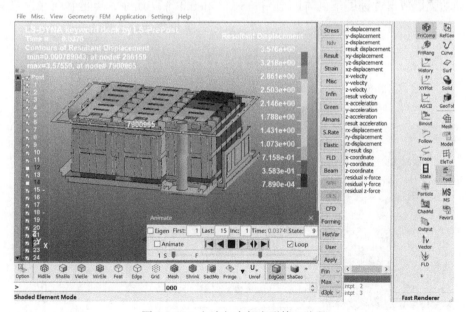

图 3-3-35　电池包内部变形第三阶段

电池包内部变形第四阶段，如图 3-3-36 所示，位移分布与第三部分相似，但是最大位移区域变成了风道中段，最大位移节点是 582290，最大位移是 18.9mm。

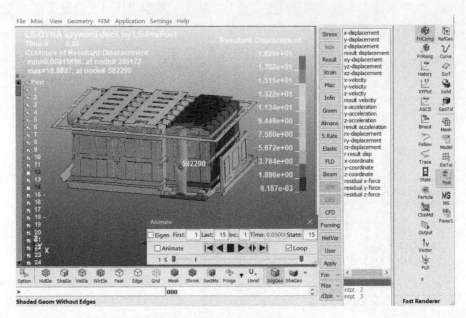

图 3-3-36　电池包内部变形第四阶段

　　在"云图部件"卡片中选择"Stress"，即应力云图选项，如图 3-3-37 所示，然后选择 "Von Mises stress"，即等效应力，最后单击最下方"完成"按钮，整个电池包被挤压以后的变形云图就显示出来。单击动画播放界面的"播放"键就可以看到整个电池包挤压变形过程，拉动动画播放卡片进度条到时间最后一刻，如图 3-3-37 所示，电池包与半圆柱体接触一侧壁面应力比较大，特别是变形部分，还有电池包盖板拐角处，应力也较大。

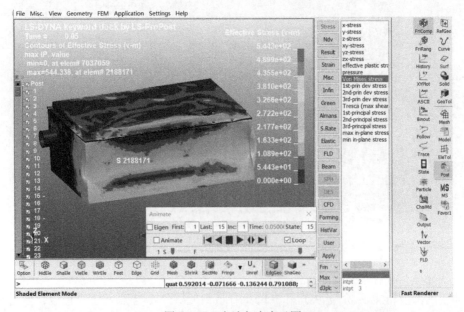

图 3-3-37　电池包应力云图

在图形界面左侧的"Post"中隐藏掉 12 和 14，即电池包箱体和电池包盖板，如图 3-3-38 所示，可以看到电池包箱体内部应力较大的地方是已经变形的风管、风冷支撑板和电池包箱体内部支架。

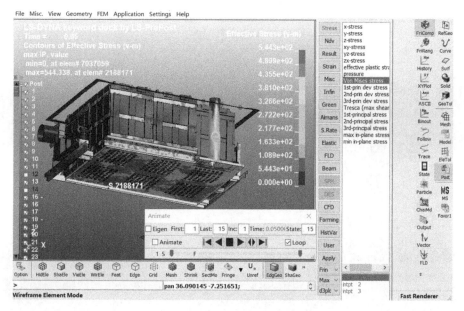

图 3-3-38　电池包内部应力云图

从图 3-3-39 最大应力区域可以知道，最大应力点发生在风冷支撑板靠近墙面的一侧的侧边，最大应力单元是 2188171，最大应力是 544MPa，已经发生破坏。

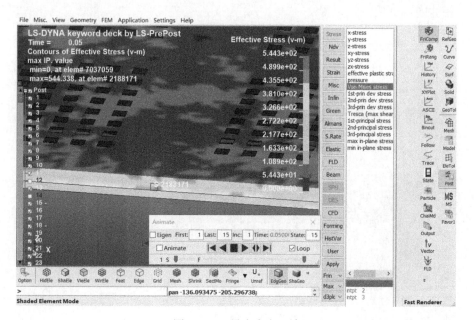

图 3-3-39　最大应力区域

在应力云图卡片中选择"等效塑性应变",如图 3-3-40 所示,塑性应变较大的区域是电池包箱体左右两个拐角处,其中右侧靠近风道的拐角塑性应变最大,最大塑性应变的单元是2157046,最大塑性应变为 0.46。

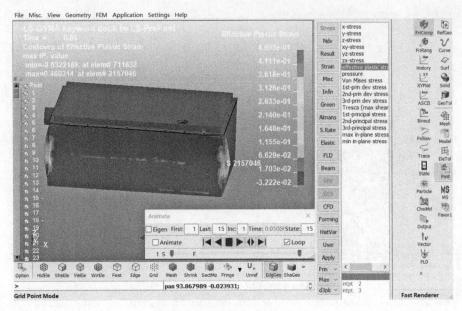

图 3-3-40　电池包塑性应变

在图形界面左侧的"Post"中隐藏掉 12 和 14,即电池包箱体和电池包盖板,如图 3-3-41所示,在电池包箱体内部塑性较大区域和应力分布一致,分别在风管中段、风冷支撑板边缘和电池包箱体内部支架。

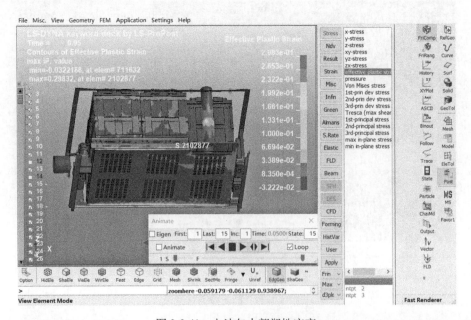

图 3-3-41　电池包内部塑性应变

从图 3-3-42 可知，电池包箱体内部最大塑性应变发生在支架 5 与电池包箱体底面焊接处，最大塑性应变单元为 2102877，最大值为 0.298。

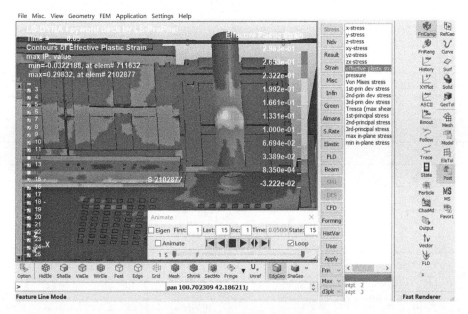

图 3-3-42　电池包内部最大塑性应变区域

由以上分析可以得到结论：

1）整个电池包抵抗挤压变形的能力是左边强、右边弱，主要原因是左边模组 2 和模组 3 比模组 1 多一节电芯，在挤压过程中，模组 2 和模组 3 先被挤压，而模组 1 这边风管先被挤压，风管与模组 1 之间还有很大空间缓冲。建议对模组 1 一侧做结构加强。

2）整个电池包抵抗挤压变形的能力是上边弱、下边强，主要原因是电池包箱体下面有很多固定支架，有加强作用，而上端电池包盖板没有做相应的加强。建议对电池包盖板做加强筋或支架加强。

3）从最大应力和最大塑性应变发生区域可以判断，电池包箱体、风道、风冷支撑板、电池包箱体支架是容易损坏部件。建议给电池包箱体增加加强筋；将风道向内测移动，增加其余箱体壁面距离；增强风冷支撑板和电池包箱体支架与电池包箱体之间的焊接强度。

3.4　电池包振动仿真分析

3.4.1　电池包模型处理

国标 GB/T 31467.3——2015 规定了电动汽车用锂离子动力蓄电池包和系统安全性的要求和测试方法。其中，对振动的要求：

测试对象为蓄电池包或系统。

参考测试对象车辆安装位置和 GB/T 2423.43 的要求，将测试对象安装在振动台上。振动测试在 3 个方向上进行，测试从 Z 轴开始，然后是 Y 轴，最后是 X 轴。测试过程参考 GB/T 2423.56 对于安装位置在车辆乘员仓下部的测试对象和安装位置在车辆其他位置的测试对象，测试参数按照表 3-4-1~表 3-4-4 所示。

表 3-4-1　Z 轴 PSD 值

频率/Hz	功率谱密度（PSD）/(g^2/Hz)	功率谱密度（PSD）/$[(m/s^2)^2/Hz]$
5	0.05	4.81
10	0.06	5.77
20	0.06	5.77
200	0.0008	0.0
RSM	1.44g	14.13m/s^2

表 3-4-2　Y 轴 PSD 值

频率/Hz	功率谱密度（PSD）/(g^2/Hz)	功率谱密度（PSD）/$[(m/s^2)^2/Hz]$
5	0.04	3.85
20	0.04	3.85
200	0.0008	0.08
RSM	1.23g	12.07m/s^2

表 3-4-3　Y 轴 PSD 值（乘员仓下）

频率/Hz	功率谱密度（PSD）/(g^2/Hz)	功率谱密度（PSD）/$[(m/s^2)^2/Hz]$
5	0.01	0.96
10	0.015	1.44
20	0.015	1.44
50	0.01	0.96
200	0.0004	0.04
RSM	0.95g	9.32m/s^2

表 3-4-4　X 轴 PSD 值

频率/Hz	功率谱密度（PSD）/(g^2/Hz)	功率谱密度（PSD）/$[(m/s^2)^2/Hz]$
5	0.0125	1.2
10	0.03	2.89
20	0.03	2.89
200	0.00025	0.02
RSM	0.96g	9.42m/s^2

每个方向的测试时间是 21h，如果测试对象是两个，则可以减少到 15h，如果测试对象是 3 个，则可以减少到 12h。

试验过程中，监控测试对象内部最小监控单元状态，如电压和温度等。

振动测试后，观察 2h。

在 Workbench 界面新建 Modal 分析电池包振动分析流程，如图 3-4-1 所示，材料的设置在 A2 中，其与电池包跌落分析一致，这里不再叙述。

在分析流程 A3 几何模型右键，选择导入几何→浏览，找到电池包跌落分析时已经处理好的几何模型，需要在此基础上做一些修改，如图 3-4-2 所示。

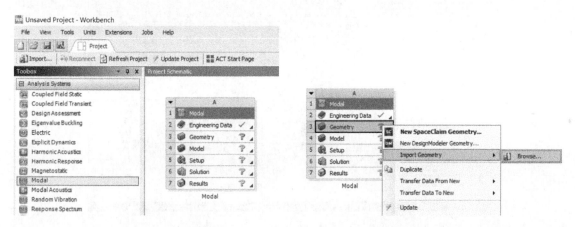

图 3-4-1 新建模态分析流程   图 3-4-2 导入电池包模型

用 SCDM 打开电池包几何模型，如图 3-4-3 所示，对电池包振动分析时不需要对模型进行修改。

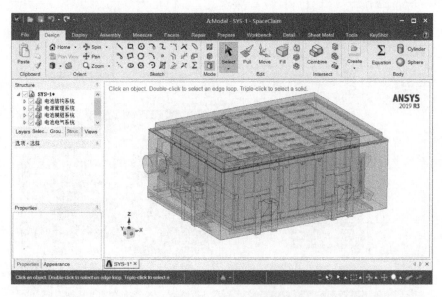

图 3-4-3 电池包几何模型

3.4.2 电池包振动仿真求解设置

在 Workbench 中双击 A4，打开 Mechanical 界面，如图 3-4-4 所示，展开 Geometry 电池包模型分组还是"电池电气系统""电池模组系统""电源管理系统""电池结构系统"。材料的设置和分配与电池包跌落案例一致，坐标系只需默认全局坐标系。

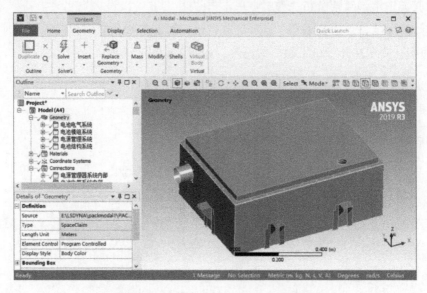

图 3-4-4　模态分析 Mechanical 界面

电池包连接关系也与电池包跌落案例一致，如图 3-4-5 所示，但是对于接触关系，需要将有些接触关系由摩擦接触更改为绑定接触，因为模态分析为线性分析过程，需要将非线性接触行为改为线性接触。

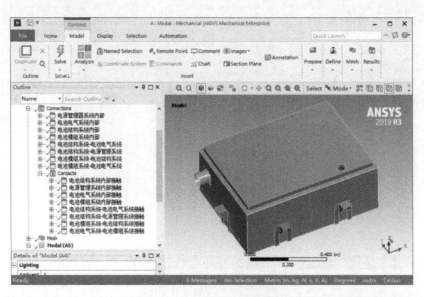

图 3-4-5　电池包连接关系

如图 3-4-6 所示，电池包结构系统"风管接头"和"箱体"，"箱体盖板"和"密封圈"，"密封圈"和"箱体"之间都是摩擦接触，在接触关系的详细信息中，选择"Definition"→"Type"的下拉菜单，将"Frictional"改为"Bonded"。用同样的方法将电池包中剩余的摩擦接触对全部改为绑定接触。

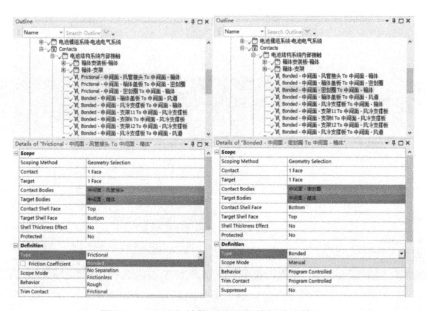

图 3-4-6　电池包结构系统内部接触关系修改

在结构树中展开"Mesh"，如图 3-4-7 所示，电池包网格划分标准和方法和跌落分析中设置一致。

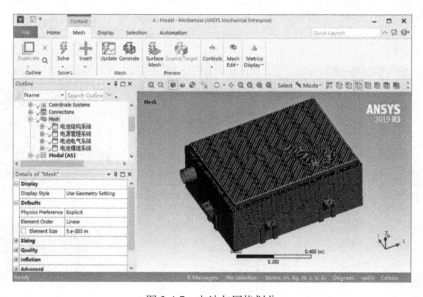

图 3-4-7　电池包网格划分

在结构树中展开"Modal（A5）"并找到"Analysis Settings"，如图 3-4-8 所示，对模态分析进行求解设置，在"Analysis Settings"详细信息中展开"Options"，设置最大模态数量为 6 个，限定搜寻范围打开，最小范围值为 0Hz，最大范围值为 100000Hz。

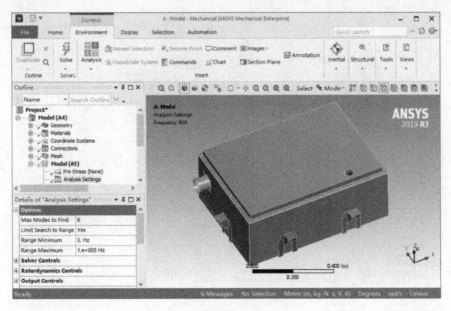

图 3-4-8　模态求解设置

在结构树中右键"Modal（A5）"，选择"Insert"→"Fixed Support"，为电池包添加固定约束，如图 3-4-9 所示。

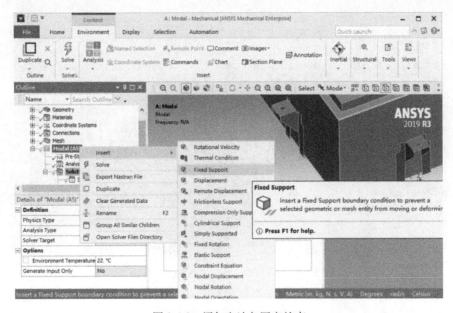

图 3-4-9　添加电池包固定约束

如图 3-4-10 所示，在图形界面上方将选择方式改为 "Edge"，然后选择 6 个 "箱体安装板" 的安装孔位，最后在详细信息 "Scope" → "Geometry" 中单击 "Apply"，完成电池包的固定设置。

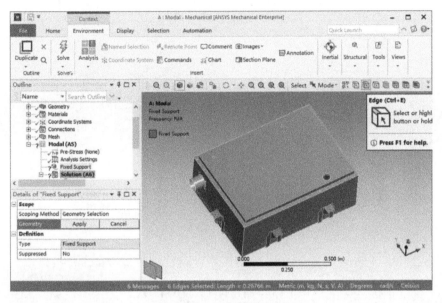

图 3-4-10　施加固定约束

返回 Workbench 界面，如图 3-4-11 所示，在左侧的 "Analysis Sytems" 中找到 "Random Vibration"，鼠标左键将其拖到模态分析系统的 "A6" 上然后松开，搭建 "模态-随机振动分析系统"，将模态分析结果传递到随机振动系统中进行随机振动分析。

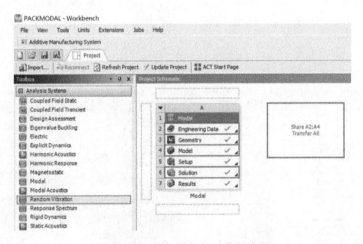

图 3-4-11　添加随机振动分析流程

用同样的方法拖动 "Random Vibration" 到模态分析系统的 "A6" 上然后松开，如图 3-4-12 所示，一共创建 3 个随机振动系统并且从上到下重命名为 "Random Vibration Z"、"Random

Vibration Y"、"Random Vibration X",代表需要进行 3 个方向上的随机振动分析。

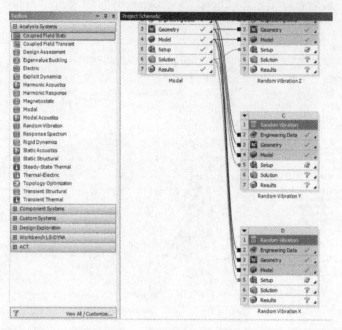

图 3-4-12　搭建随机振动分析系统

双击"Random Vibration Z"系统的"B5"进入 Mechanical 界面,如图 3-4-13 所示,在结构树中可以看到在"Modal(A5)"下方的"Random Vibration(B5)"、"Random Vibration(C5)"、"Random Vibration(D5)",分别代表刚才建立的 Z 方向、Y 方向、X 方向的随机振动系统。

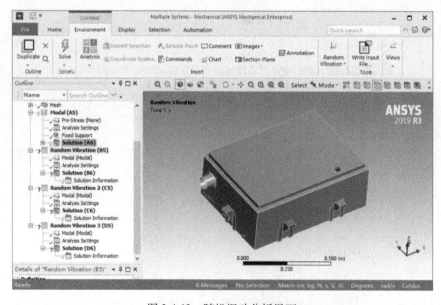

图 3-4-13　随机振动分析界面

在结构树中右键"Random Vibration（B5）"，选择"Insert"→"PSD Acceleration"，即在
Z 方向振动系统插入 PSD 加速度谱，如图 3-4-14 所示。

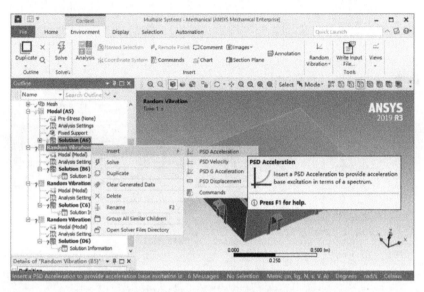

图 3-4-14　插入 PSD 加速度谱

在图形界面下方的表格中按照国家标准填写 PSD 加速度谱值，如图 3-4-15 所示，填写
完成以后，在表格左侧会自动画出 PSD 加速度谱值曲线。

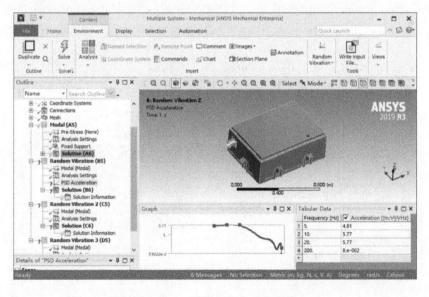

图 3-4-15　填写 PSD 加速度谱值

从加速度谱值曲线可以看出前两段线是绿色，后一段线是红色，绿色代表数据是可信
的，求解以后可以得到可靠和准确的结果，红色代表数据不可信，如果求解则为错误结果，

因此需要对曲线进行修正。在"PSD Acceleration"的详细信息中,选择"Definition"→ "Load Data"→"Tabular Data"右侧向下箭头,在下拉选项中选择"Improved Fit",对已经添加的 PSD 加速度谱进行修正。修正完成以后,在原有 PSD 数据又添加两组数据,所有加速度谱值曲线也全部变成绿色,如图 3-4-16 所示。

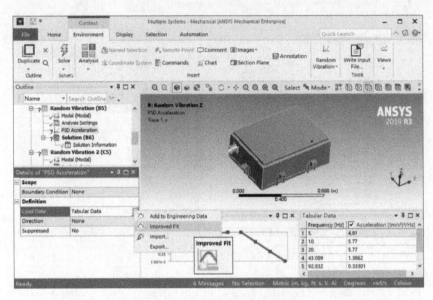

图 3-4-16   PSD 加速度谱值修正

在"PSD Acceleration"详细信息中,选择"Scope"→"Boundary Condition"右侧下拉选项中"Fixed Support",即 PSD 加速度的边界条件设置为固定约束,如图 3-4-17 所示。

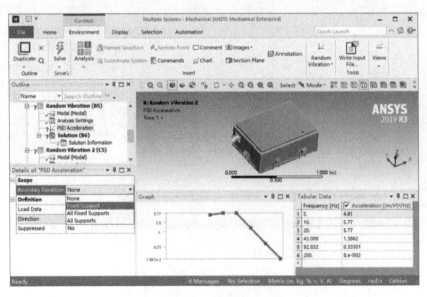

图 3-4-17   边界条件设定

在"PSD Acceleration"详细信息中，选择"Defintion"→"Direction"右侧下拉选项中"Z Axis"，即 PSD 加速度的方向为 Z 轴方向，如图 3-4-18 所示。

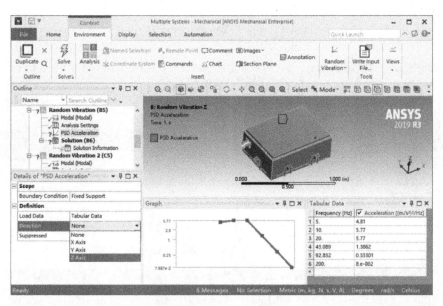

图 3-4-18　振动方向设定

在结构树中右键"Solution（B6）"，选择"Insert"→"Deformaiton"→"Directional"，即在结果分析中插入位移分析结果，如图 3-4-19 所示。

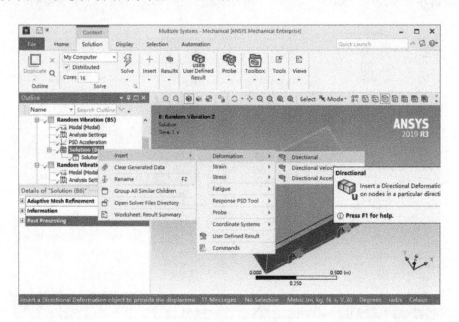

图 3-4-19　插入位移结果

在结构树中右键"Solution（B6）"，选择"Insert"→"Stress"→"Equivalent（von-

Mises）",即在结果分析中插入应力分析结果,如图 3-4-20 所示。

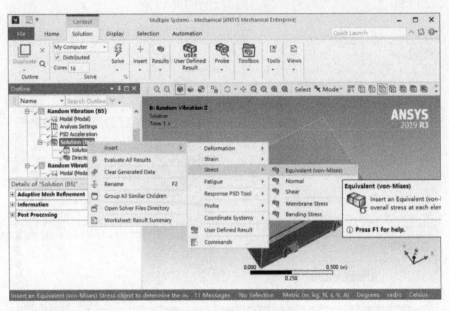

图 3-4-20　插入应力结果

用同样的方法在结构树中右键"Random Vibration（C5）",选择"Insert"→"PSD Acceleration",如图 3-4-21 所示,输入 Y 方向振动 PSD 谱值并且修正,然后设置方向为"Y Axis",最后在"Solution（C6）"插入"Directional"和"Equivalent（von-Mises）"。

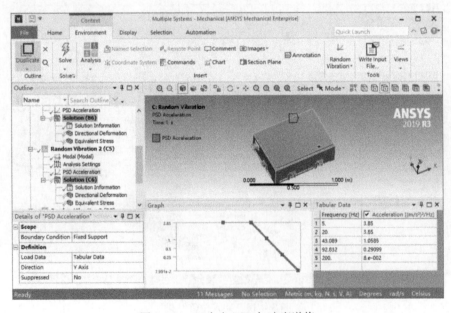

图 3-4-21　Y 方向 PSD 加速度谱值

再用同样的方法在结构树中右键"Random Vibration（D5）",选择"Insert"→"PSD Acceleration"，如图 3-4-22 所示，输入 X 方向振动 PSD 谱值并且修正，然后设置方向为"X Axis"，最后在"Solution（D6）"插入"Directional"和"Equivalent（von-Mises）"。

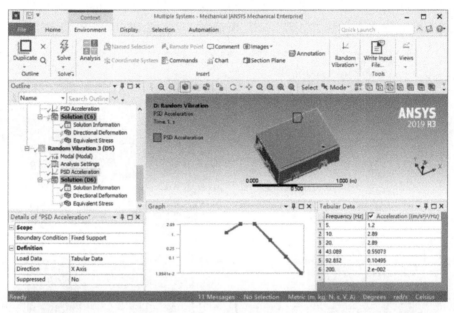

图 3-4-22　X 方向 PSD 加速度谱值

在 Mechanical 上方"Environment"卡片中选择"Solve"开始求解，等待求解结束以后进行后处理，如图 3-4-23 所示。

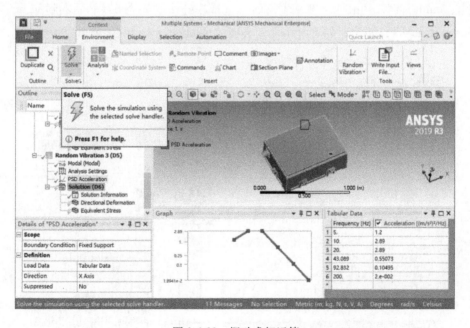

图 3-4-23　振动求解运算

3.4.3 电池包振动仿真结果分析

求解完成以后，单击"Solution（A6）"查看模态分析结果，如图 3-4-24 所示，在图形窗口右下方表格数据看到电池包前 6 阶模态频率为 33.984Hz、49.093Hz、49.253Hz、49.254Hz、57.234Hz、72.987Hz，图形窗口左下方看到电池包前 6 阶模态的图表数据。

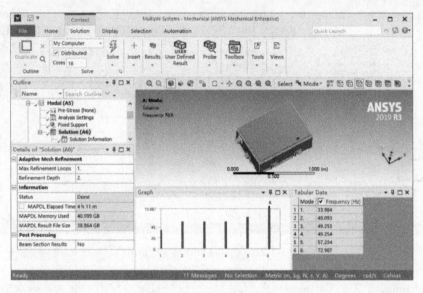

图 3-4-24　模态分析结果

按住"Shift"键，用鼠标左键在表格数据选择模态 1 到模态 6，然后右键选择"Create Mode Shape Results"，如图 3-4-25 所示，则会在"Solution（A6）"下方创建 6 个模态振型。

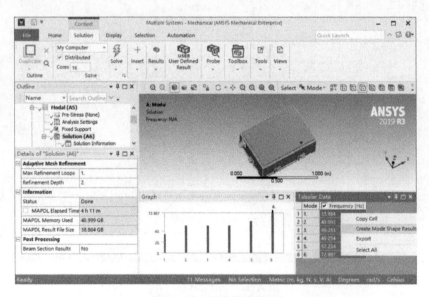

图 3-4-25　创建模态振型

　　在结构树"Solution（A6）"中右键，选择"Evaluate All Results"，如图3-4-26所示，更新所有的模态振型的结果。

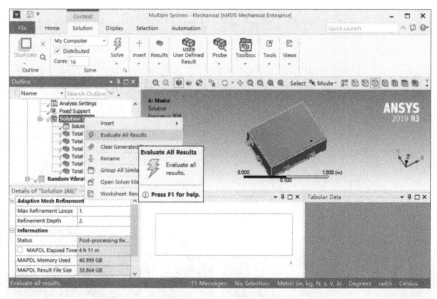

图 3-4-26　更新模态振型

　　更新完成以后如图 3-4-27 所示，单击"Total Deformation"查看第 1 阶模态的振型，在频率为 33.984Hz 的激励下，电池包"箱体盖板"中间发生上下振动，最大位移是 1.8609m。

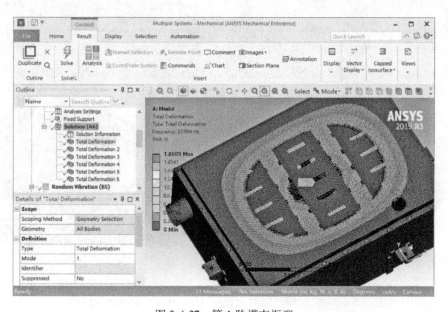

图 3-4-27　第 1 阶模态振型

单击"Total Deformation2"查看第 2 阶模态的振型，在频率为 49.093Hz 的激励下，电池包模组 1 的"绝缘板"上端发生上下振动，最大位移是 19.994m。第 3 阶模态和第 4 阶模态的振型，在频率为 49.253Hz 和 49.254Hz 的激励下，电池包模组 2 和模组 3 的"绝缘板"上端发生上下振动，最大位移是 18.017m。第 5 阶模态的振型，在频率为 57.234Hz 的激励下，电池包"箱体盖板"左右上下振动，最大位移是 1.7949m。第 6 阶模态的振型，在频率为 72.987Hz 激励下，电池包模组 2 和模组 3 的"绝缘板"中间上下振动，最大位移是 5.9847m。从模态振型可以看出，电池包"箱体盖板"和电池包模组"绝缘板"在外部载荷激励下容易发生振动，如图 3-4-28 所示。

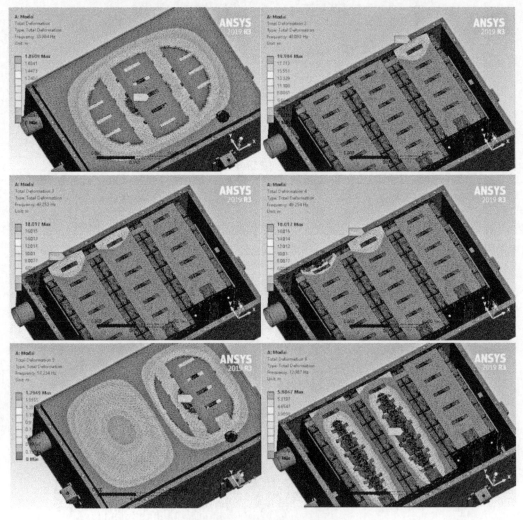

图 3-4-28　第 1-6 阶模态振型

在结构树中单击"Solution（B6）"下方的"Directional Deformation"，然后详细信息中"Definiton"→"Orientation"的下拉选项中选择"Z Axis"，更新以后如图 3-4-29 所示，看到在 PSD 加速度激励下，在 1Sigma 范围内整个电池包在 Z 方向的位移最大值出现在电池包的

"箱体盖板"中间，最大值为 2.81mm。

图 3-4-29　Z 轴 PSD 振动 Z 向位移

单击"Solution（B6）"下方的"Equivalent Stress"，如图 3-4-30 所示，可以看到在 1Sigma 范围内整个电池包在 Z 方向 PSD 加速度激励下，最大应力出现在电池包"箱体盖板"的上端，最大值为 11.78MPa。

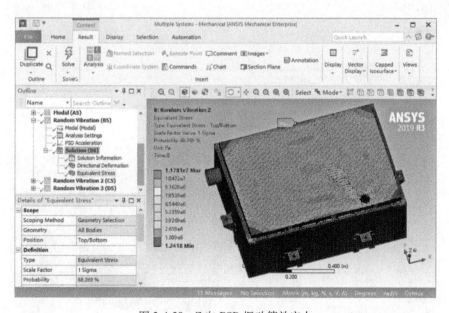

图 3-4-30　Z 向 PSD 振动等效应力

同样在结构树中单击"Solution（C6）"下方的"Directional Deformation"，然后详细信息中"Definiton"→"Orientation"的下拉选项中选择"Y Axis"，更新以后如图 3-4-31 所示，

看到在 PSD 加速度激励下，在 1Sigma 范围内整个电池包在 Y 方向的位移最大值出现在电池包的"箱体盖板"和"风道"的接口处，最大值位移为 0.0011mm。

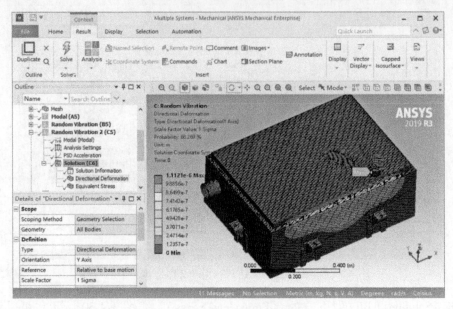

图 3-4-31　Y 轴 PSD 振动 Y 向位移

同样单击"Solution（C6）"下方的"Equivalent Stress"，如图 3-4-32 所示，可以看到在 1Sigma 范围内整个电池包在 Y 方向 PSD 加速度激励下，最大应力也出现在电池包"箱体盖板"的上端，最大值为 0.157MPa。

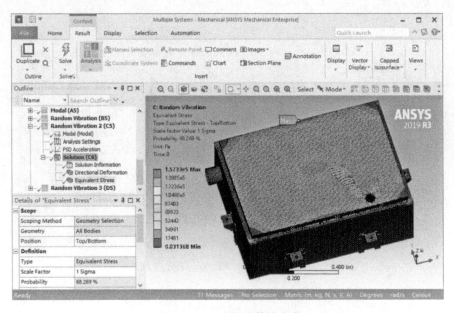

图 3-4-32　Y 向振动等效应力

同样在结构树中单击"Solution（D6）"下方的"Directional Deformation"，然后在详细信息中"Definiton"→"Orientation"的下拉选项中选择"X Axis"，更新以后如图 3-4-33 所示，看到在 PSD 加速度激励下，在 1Sigma 范围内整个电池包在 X 方向的位移最大值出现在电池包的"箱体盖板"的右端，最大值位移为 0.00013mm。

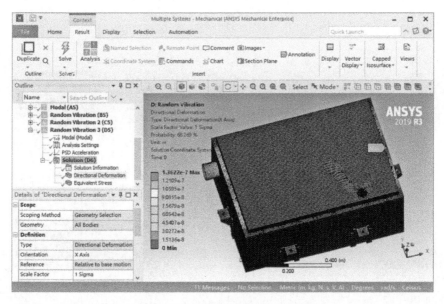

图 3-4-33　X 轴 PSD 振动 X 向位移

同样单击"Solution（D6）"下方的"Equivalent Stress"，如图 3-4-34 所示，可以看到在 1Sigma 范围内整个电池包在 X 方向 PSD 加速度激励下，最大应力也出现在电池包内部。

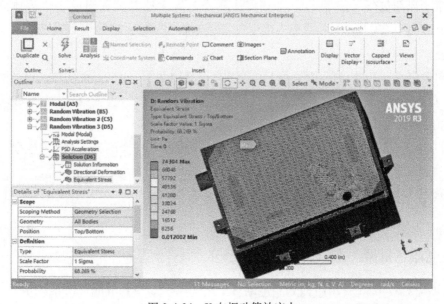

图 3-4-34　X 向振动等效应力

在图形窗口中鼠标选择"箱体盖板"，然后右键在菜单中选择"Hide Body"，将"箱体盖板"隐藏掉，如图 3-4-35 所示，可以看到最大应力的位置出现在电池模组 3 的"绝缘板"上端固定位置，最大应力为 0.074MPa。

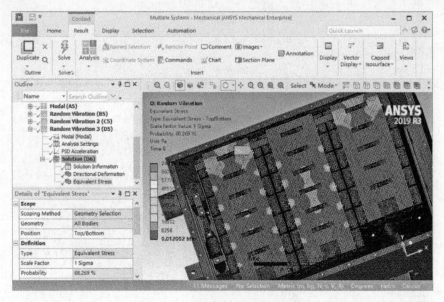

图 3-4-35　X 向振动最大等效应力

由以上分析可以得到结论：

1）整个电池包在 Z 方向 PSD 加速度激励下，"箱体盖板"出现最大位移 2.81mm 和最大应力 11.78MPa，不会发生损伤破坏。

2）整个电池包在 Y 方向 PSD 加速度激励下，最大位置位置出现在"箱体盖板"和"风道"接口处 0.0011mm，最大应力出现在"箱体盖板"的上端为 0.157MPa，不会发生损伤破坏。

3）整个电池包在 X 方向 PSD 加速度激励下，最位移出现在电池包的"箱体盖板"的右端为 0.00013mm，最大应力出现在电池模组 3 的"绝缘板"上端固定位置为 0.074MPa，也不会发生破坏。

总结：电池包在 X、Y、Z 三个方向 PSD 加速度激励下结构稳定，不会发生损坏。

3.5　电池包机械冲击仿真分析

3.5.1　电池包机械冲击仿真模型处理

国标 GB/T 31467.3—2015 规定了电动汽车用锂离子动力蓄电池包和系统安全性的要求和测试方法。其中，对机械冲击的要求为：

测试对象：蓄电池包或系统。

测试对象：对测试对象施加 25g、15ms 的半正弦冲击波形，Z 轴方向冲击 3 次，观察 2h。

要求：蓄电池包或系统无泄漏、外壳破裂、着火或爆炸等现象。试验后的绝缘电阻值不小于 100Ω/V。

在 Workbench 平台左侧的工具箱中将 "Workbench LS-DYNA" 拖入到工作区域，如图 3-5-1 所示，创建电池包机械冲击工作流程，其中 A2 "Engineering Data" 与电池包跌落仿真案例中材料设置一致，这里不再叙述。

图 3-5-1　创建电池包机械冲击流程

在分析流程 A3 "Geometry" 中右键，选择导入几何→浏览，找到跌落分析时的电池包几何模型，如图 3-5-2 所示。

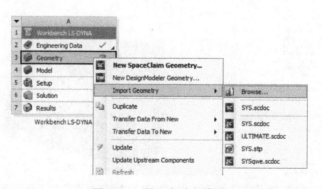

图 3-5-2　导入电池包模型

双击 A3 "Geometry"，用 SCDM 打开电池包模型以后，如图 3-5-3 所示，在跌落仿真时已经处理好的电池包可以直接使用，不需要修改。

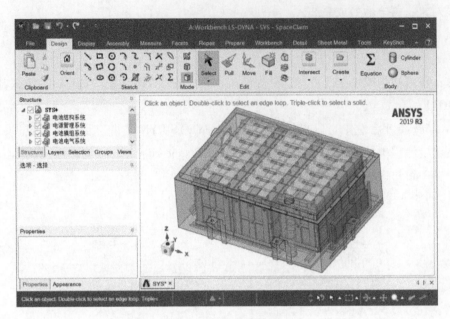

图 3-5-3　电池包模型

关闭 SCDM 界面，然后在 Workbench 界面下双击 A4 进入 Mechanical 界面，如图 3-5-4 所示，展开结构树中的"Geometry"，电池包仍然是由"电池电气系统""电池模组系统""电池管理系统""电池结构系统"组成。结构树"Materials"中材料的设置和分配和电池包跌落仿真一致，"Coordinate Systems"保留原始全局坐标系即可。

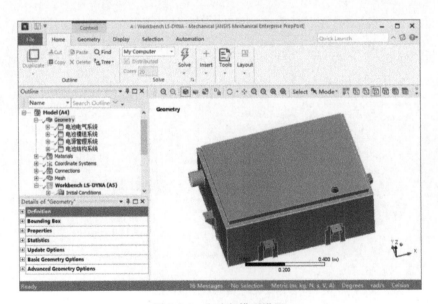

图 3-5-4　电池包模型设置

展开结构树中的"Connections"和"Mesh"，如图 3-5-5 所示，所有的连接关系，接触关系和网格划分方法都与跌落仿真中的设置一致。

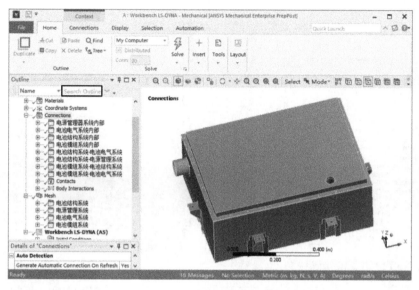

图 3-5-5　连接关系和网格划分

3.5.2　电池包机械冲击仿真求解设置

在结构树中展开"Workbench LS-DYNA（A5）"，如图 3-5-6 所示，单击"Analysis Settings"进行分析设置，仿真要求对电池包在 15ms 时间内施加 25g 半正弦加速度冲击波，所以在"Analysis Settings"的详细信息"Step Controls"中，结束时间设定为 0.015s，自动质量缩放打开为"Yes"，确定求解时间步长为 1E-07。

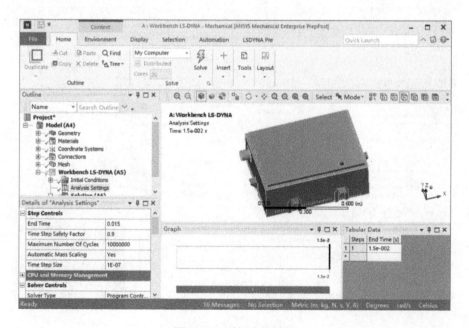

图 3-5-6　时间步长设置

展开"CPU and Memory Management"进行 CPU 和内存设置，这里需要根据电脑硬件配置进行相应设置，根据本机硬件设置内存为 2048MB，CPU 个数为 40，如图 3-5-7 所示。

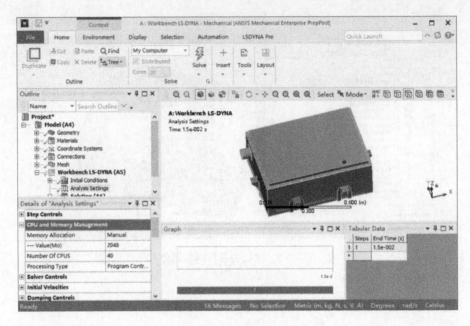

图 3-5-7　CPU 和内存设置

在结构树中鼠标右键"Workbench LS-DYNA（A5）"，选择 Insert-Fixed Support，在求解设置中插入固定约束，如图 3-5-8 所示。

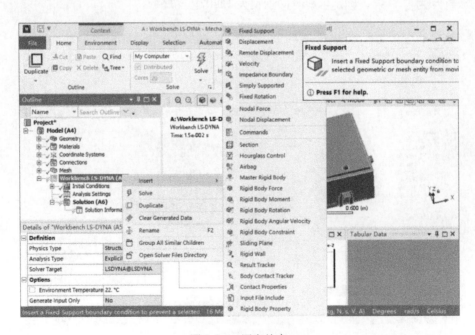

图 3-5-8　固定约束

在图形窗口上方选择方式中选中"Edge",然后按住"Ctrl 键",选择电池包 6 个"箱体安装板"的安装孔位,如图 3-5-9 所示,所有安装孔位变为绿色,最后在左侧"Fixed Support"详细信息"Geometry"中单击"Apply"进行确定。

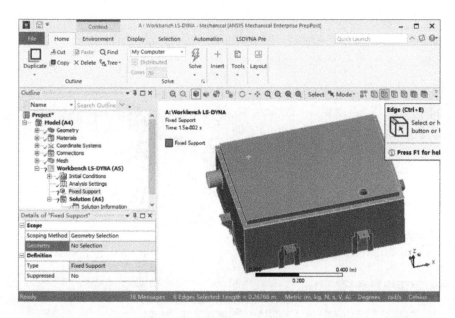

图 3-5-9　添加固定约束

在结构树中鼠标右键"Workbench LS-DYNA(A5)",选择 Insert-Acceleration,在求解设置中插入加速度激励选项,如图 3-5-10 所示。

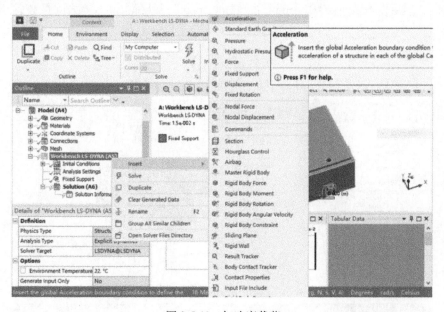

图 3-5-10　加速度载荷

在左侧"Acceleration"详细信息中，单击 Definition-Magnitude 右侧箭头，在下拉选项中将默认的"Constant"改为"Tabular"，然后将加速度数据从文档中复制出来，在图形窗口右下角"Tabular Data"的第一行右键选择"Paste Cell"，如图 3-5-11 所示。加速度载荷数据文档在附件中。

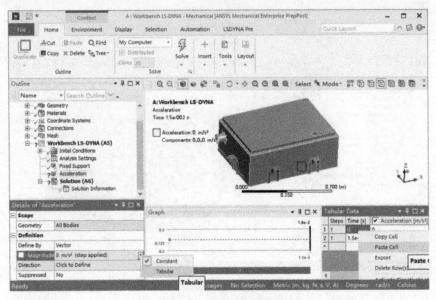

图 3-5-11　加速度载荷数据添加

加速度载荷添加以后，如图 3-5-12 所示，从"Graph"中可以看出，在 15ms 内加速度是半个正弦冲击波，加速度数值从 0 到最大值 25g 再回到 0。最后在图形界面选择"电池包盖板"上表面，然后在 Definition-Direction 中单击"Apply"，以确定加速度方向是 Z 轴正方向。

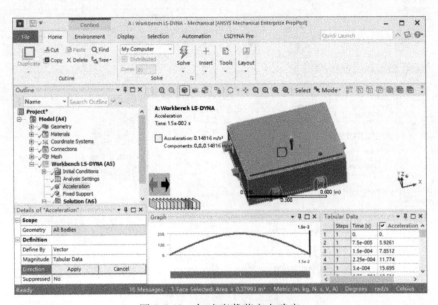

图 3-5-12　加速度载荷方向确定

在结构树中右键"Solution（A6）"，选择 Insert-stress-Equivalent（von-Mises），插入等效应力结果，如图 3-5-13 所示，用同样的方法在结果中插入位移结果"Total Deformation"。

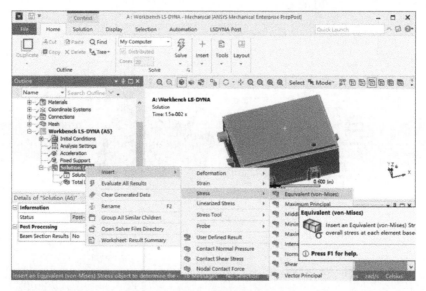

图 3-5-13　后处理位移和应力

在结构树中右键"Solution（A6）"，选择"Solve"进行求解，如图 3-5-14 所示。

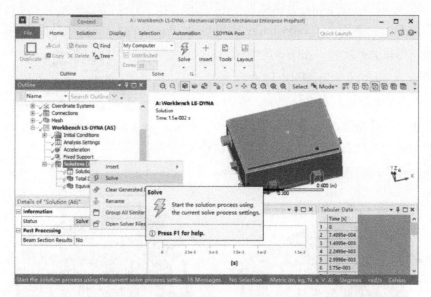

图 3-5-14　求解

3.5.3　电池包机械冲击仿真结果分析

求解完成以后，单击 Solution（A6）→Total Deformation，如图 3-5-15 所示，单击图形窗

口下方 "Graph" 里 "Animation" 的播放键，可以看到电池包在 Z 方向加速度冲击下变形动画，由于电池包四周有 6 个 "箱体安装板" 被固定，电池包中间部分随着冲击发生剧烈振动，其中位移最大值出现在电池包箱体底部，最大值为 17.9mm。

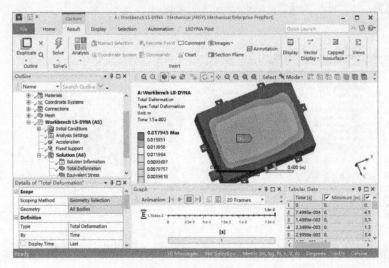

图 3-5-15　总体位移结果

在左侧结构树中展开 Geometry→电池结构系统，按住 "Ctrl 键"，选择 "中间面-箱体盖板" 和 "中间面-箱体"，然后右键选择 "Hide Body"，将电池包箱体和箱体盖板隐藏起来，如图 3-5-16 所示。

再次单击 Solution（A6）→Total Deformation，可以看到电池包内部上方和下方位移视图，如图 3-5-17 所示，从图中可以看出电池包模组 2 中间电芯区域和空冷支撑板中间区域发生较大位移，最大位移发生在空冷支持板中间位置，大小也是 17.9mm。

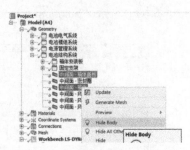

图 3-5-16　隐藏电池包箱体和盖板

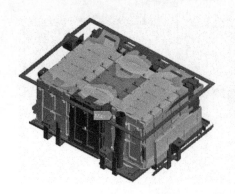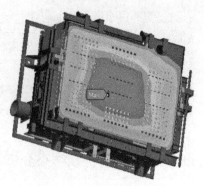

图 3-5-17　内部位移结果

单击 Solution（A6）→Equivalent Stress，如图 3-5-18 所示，从图中可以看出箱体安装板和箱体连接区域附近的应力会比较大，但是最大应力出现在电池包内部，同样单击图形窗口下方"Graph"里"Animation"的播放键，可以看到整个电池包在加速度机械冲击下的应力变化过程动画。

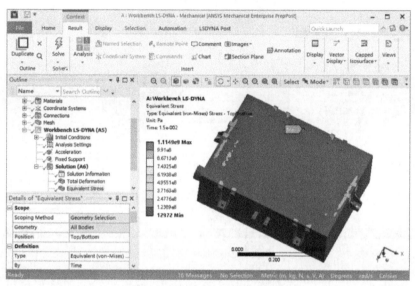

图 3-5-18　总体等效应力结果

用同样的方法隐藏掉电池包箱体和箱体盖板，然后再单击 Solution（A6）→Equivalent Stress，如图 3-5-19 所示，可以看出电池包内部应力较大的位置是风冷支撑板，应力分布相对来说比较分散，最大应力出现位置在风冷支撑板边缘与箱体连接部位，最大应力为 1114.9MPa，已经超出材料的屈服极限，发生损坏。

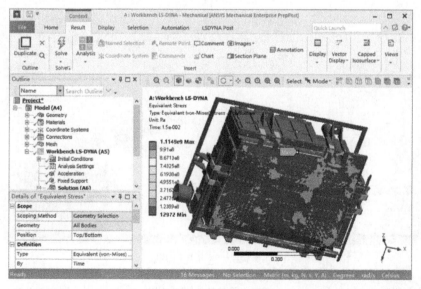

图 3-5-19　内部应力结果

为了单独观察电池包箱体和盖板的应力结果，如图 3-5-20 所示，在结构树中右键 "Solution（A6）"，选择 Insert-stress-Equivalent（von-Mises），插入等效应力结果。

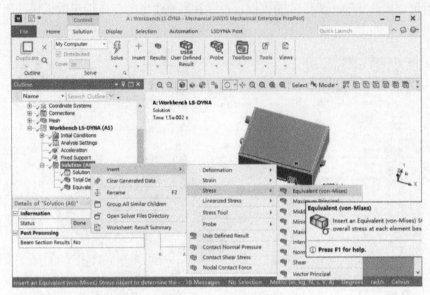

图 3-5-20　插入等效应力

在 "Equivalent Stress2" 的详细信息里单击 Scope-Geometry，然后在图形窗口上方的选择类型中单击 "Body"，随后在图形窗口中鼠标选中电池包箱体和盖板，选中以后箱体和盖板变为绿色，最后单击 "Apply" 以确定，如图 3-5-21 所示。右键 "Equivalent Stress2"，选择 "Evaluate All Results" 更新所有显示结果。

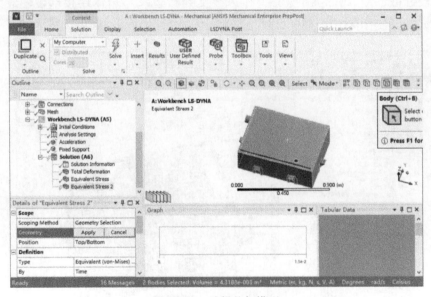

图 3-5-21　选择几何模型

单击 Solution（A6）→Equivalent Stress2，如图 3-5-22 所示，电池包箱体盖板风道接口附

近的应力最大，最大值为 218MPa，未超过材料的屈服强度，并未发生破坏。电池包箱体底板应力相对较大，主要集中在底板两侧，并且最大应力值也未超过材料屈服强度。

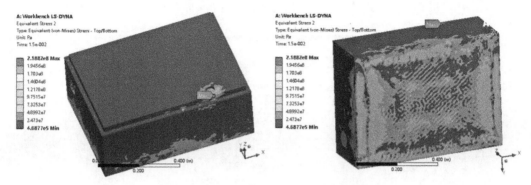

图 3-5-22　电池包箱体和盖板应力结果

由以上分析可以得到结论：

1）在第一次 15ms 的加速度冲击下，由于电池包周围有 6 个箱体安装板，所以位移比较小，而电池包盖板中间区域、模组 2 中间电芯、风冷支撑板中间区域以及电池包箱体底板中间区域均发生很大位移，最大位置的位置在电池包箱体底板中间，最大值是 17.9mm。

2）整个电池包等效应力主要集中在箱体安装板和电池包箱体连接部位，以及风冷支撑板与电池包箱体连接部位，其中最大应力出现位置在风冷支撑板边缘与箱体连接部位，最大应力为 1114.9MPa，已经发生严重破坏。

3）电池包箱体和盖板的最大应力出现在电池包箱体盖板风道接口附近，最大值为 218MPa，并未发生损坏。

国标 GB/T 31467.3—2015 机械冲击要求沿 Z 轴冲击 3 次，这里需要用到 LS-DYNA 的重启动功能，如图 3-5-23 所示，关闭 Mechancial 并且返回 Workbench 界面，在左侧选择"Restart Workebcnh LS-DYNA"，将其拖动到已经求解完成的 A6 上，完成第二次机械冲击分析流程的创建。用同样的方法将"Restart Workebecn LS-DYNA"拖动到 B6 上，完成第三次机械冲击分析流程的创建。

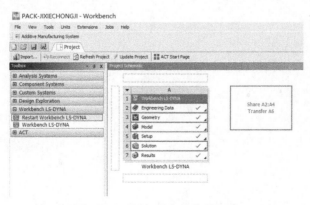

图 3-5-23　添加重启动分析流程

在 Workbench 中三次加速度机械冲击分析流程已经创建完成，如图 3-5-24 所示。

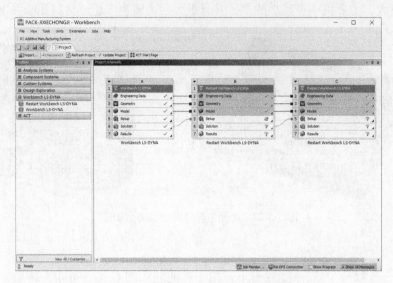

图 3-5-24　三次加速度机械冲击分析流程

第4章　电池包结构疲劳仿真计算

4.1　疲劳分析理论介绍

4.1.1　疲劳裂纹的生成过程

由于制造零件的材料具有夹杂、偏析或缺陷；或由于设计不合理；或由于加工制造的工艺不合理等，往往会在零件的某些部位产生应力集中，在反复的应力交变下出现裂纹。

金属的疲劳一般分3个阶段：疲劳裂纹萌生阶段、疲劳裂纹生长阶段、疲劳断裂阶段。疲劳裂纹生长阶段正是疲劳的第二阶段，指的是在疲劳裂纹在扩展区生长，如图4-1-1所示。

从微观角度分析，金属裂纹形成中最常见解释为滑移带开裂。随着载荷作用循环次数的不断增加，金属结构材料内部晶体的位错密度不断加大，当位错密度增大到一定值时，晶体内部形成位错，进而构

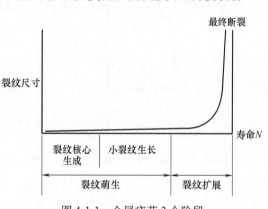

图4-1-1　金属疲劳3个阶段

成高密度的位错带和低密度的位错区域，这些区域对位错运动产生了阻碍作用。在疲劳载荷继续作用下，位错之间相互作用，并从高能向低能方向转换，逐渐形成位错胞，继而发展成为亚晶结构。在这种方式下，晶体内部位错的演变和相互运动，导致金属内部出现滑移带。

滑移带的产生顺序一般是出现滑移线、形成滑移带和形成驻留滑移带这3部分。在疲劳载荷的循环作用下，首先在金属材料内部薄弱晶粒上出现位错运动，这种运动导致金属表面留下痕迹，即滑移线。在持续循环作用下，滑移线不断累积，逐渐形成滑移带。而滑移带不断地被循环载荷挤入和挤出晶界面时，滑移带则转变成驻留滑移带。痕迹就是由驻留滑移带在材料表面留下的，当这种痕迹作用足够深时，便形成了初始的裂纹，如图4-1-2所示。因此，驻留滑移带是裂纹形成的关键因素。裂纹的方向与最大剪应力的方向相同，也与施加的

交变载荷方向成 45°角，如图 4-1-3 所示。

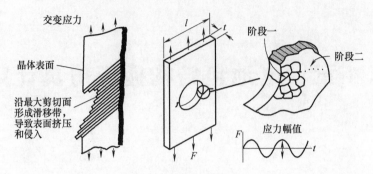

图 4-1-2　裂纹生成原理

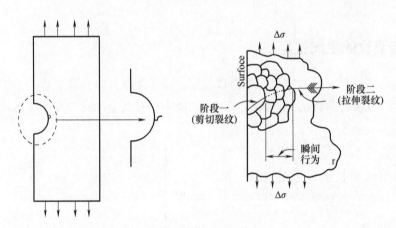

图 4-1-3　裂纹方向

　　驻留滑移带形成后，在承受高应力的情况下，滑移带逐渐成核并受到控制。成核后的驻留滑移带转变成持久滑移带，在疲劳交变载荷的不断作用下，持久驻留滑移带在最大剪应力平面不断扩展，此时，裂纹区域的变化由分散到相互连接。随着裂纹区域逐渐扩大，微裂纹之间不断汇聚、融合，最终形成一条主裂纹，并沿最大剪应力面逐步扩展。

　　随着裂纹的扩展，当主裂纹的长度大于临界裂纹尺寸时，裂纹扩展进入失稳断裂阶段。在此阶段中，一旦截面有效承载力小于循环载荷时，疲劳失稳在无任何前兆的情况下发生，由此可见，裂纹在此阶段寿命比较复杂，长短不一。因此，疲劳裂纹寿命基本等于裂纹形成和扩展两个阶段时间的总和。

　　因此，整个过程可以简单地描述为零件在交变载荷作用下，由于缺陷在晶体内出现滑移带，滑移带又形成

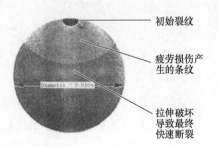

图 4-1-4　裂纹生成到失效过程

微裂纹，微裂纹又形成疲劳裂纹，疲劳裂纹最终导致零件失效，如图 4-1-4 所示。

4.1.2　CAE 疲劳分析过程

CAE 可以提供方法来预测疲劳损伤，这种疲劳仿真方法称为"五框图法"，如图 4-1-5 所示，在虚线框中输入条件有 3 个，分别是"有限元（FE）分析结果文件""材料的疲劳特性曲线""施加的载荷谱"，将此条件输入到"CAE 疲劳分析"求解器，求解完成以后通过"疲劳分析结果"进行后处理，查看疲劳损伤值。其中，"有限元分析结果文件"是可以用任何有限元分析软件分析得到的结果，"材料的疲劳特性曲线"需要通过实验获取或者通过材料已知特性进行估算，"载荷谱"可以从实际施加的载荷中提取，也可以通过已知条件在载荷谱生成器中生成。另外，最好对疲劳分析零件进行疲劳实验分析，将疲劳实验分析得到的疲劳结果与疲劳仿真分析得到的疲劳结果进行对比，然后在疲劳仿真求解器中进行参数修正，以便在后续仿真中得到更真实的疲劳结果。最后，根据疲劳仿真的疲劳结果对零件进行重新设计，以满足零件对疲劳寿命的需求。

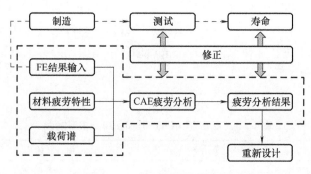

图 4-1-5　CAE 疲劳分析过程

4.1.3　nCode DesignLife 功能介绍

ANSYS 现在提供一套先进的疲劳分析系统，即 nCode DesignLife™ HBM。ANSYS® nCode DesignLife 产品集成在 ANSYS Workbench® ™ 平台上，用户可以进行多种类型的疲劳分析。

使用 ANSYS nCode DesignLife 软件可以减少在整个生命周期中零件的后期维修和验证设计而获益，并生产出具有成本效益和有利可图的产品。ANSYS nCode 设计寿命技术可以有效地预测和预防零件的失效模式。

应力-寿命（SN）求解器使用应力-寿命曲线方法来进行疲劳寿命计算。它包括对温度敏感的材料疲劳曲线的插值能力。Python 脚本可以用来添加新的应力-寿命方法。应力-寿命求解器的主要应用在高周疲劳（长寿命），其中名义应力控制疲劳寿命。

应变-寿命求解器可以使用局部应变方法进行疲劳寿命预测。求解器包括在每个位置进行温度敏感材料曲线之间插值的能力。它可以应用于很多的问题，包括局部弹塑性应变的疲劳寿命。

Dang Van 求解器可以进行 Dang Van 安全系数计算。该准则是预测复杂载荷情况下耐久性极限的一种方法。分析的输出是安全系数，而不是疲劳寿命。通过拉伸和扭转试验可以得到具体的材料参数。

ANSYS nCode DesignLife 可以进行点焊和焊缝疲劳寿命计算。每种焊缝类型都支持几种模型方法。点焊方法基于 LBF 法（SAE 950711），点焊采用刚性梁单元进行模拟，并使用截面力和弯矩来计算焊接点边缘的结构应力，用线性损伤总和最坏情况对点焊进行寿命计算。焊缝焊接方法是基于 Volvo 方法（SAE 982311），并经过多年的工业应用验证。ANSYS nCode DesignLife 焊接软件支持角焊、重叠和激光焊接的失效分析。

ANSYS nCode DesignLife 振动可以基于有限元（FE）的频率响应函数和功率谱密度（PSD）或正弦扫掠加载来进行应力-寿命的疲劳计算，包括静态偏置加载情况。这为分析频域疲劳问题提供了一种有效的方法，特别是在模拟振动筛试验或典型的频域载荷，如风或波的状态。

ANSYS nCode DesignLife Parallel 用于在具有多个处理器的机器上进行并行处理（仅限SMP），每个并行许可都允许使用更多核心。

ANSYS nCode DesignLife 加速测试提供了基于实测数据创建具有代表性的 PSD 或正弦扫掠振动测试的能力。该软件可以将多个时域或频域数据集组合成具有代表性的谱，从而在不超过实际水平的情况下进行加速测试。这个选项创建了与振动疲劳求解器选项一起使用的频谱来模拟振动测试。

ANSYS nCode DesignLife 求解功能见表 4-1-1。

表 4-1-1　ANSYS nCode DesignLife 求解功能

功　　能	描　　述
ANSYS nCode DesignLife 应力-寿命	应力-寿命疲劳分析
ANSYS nCode DesignLife 应变-寿命	应变-疲劳寿命分析
ANSYS nCode DesignLife 振动分析	扫描正弦和 PSD 载荷的振动疲劳
ANSYS nCode DesignLife 焊接分析	焊缝和点焊的疲劳评定
ANSYS nCode DesignLife 并行计算	多线程并行解算器
ANSYS nCode DesignLife 加速测试	模拟加速的虚拟和物理测试

ANSYS nCode DesignLife 软件是集成在 ANSYS Workbench 平台下，当在计算机安装了 ANSYS nCode DesignLife 软件后，在 Workbench 左侧工具箱中分析系统里会出现 7 个已经搭建好分析流程的疲劳分析系统，分别是在时域内的恒定振幅载荷、时间序列载荷、时间步载荷的应力-寿命（SN）疲劳分析模块，恒定振幅载荷、时间序列载荷、时间步载荷的应变-寿命（EN）疲劳分析模块，在频域里进行的振动疲劳分析模块。如图 4-1-6 所示，可以直接使用这些预定义的疲劳模块，也可以根据需要对模块内流程进行相应修改。

为了共享工程数据，并且将 Mechanical 数据导入到 nCode DesignLife 中，可以用"线"将其连接，在图 4-1-6 中将其连接以后，A2 和 B2 表示 Mechanical 和 nCode DesignLife 共享工程数据，包括单位制、材料属性，以及 ANSYS 中的命名选择集合等，而 A6 和 B3 则表示 nCode DesignLife 打开读取了 Mechanical 的 file.rst 文件，即 Mechanical 的结果文件，包括节点的数量、节点的位置、单元连接关系、单元属性、应力和应变等。

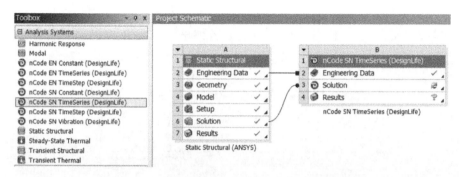

图 4-1-6　Mechanical 到 nCode DesignLife 数据传递

ANSYS Workbench 使用工程文件、工程目录和子目录来管理 Workbench 的各个分析项目，当在 Workbench 平台下联合使用 Mechanical 和 nCode DesignLife 时，nCode DesignLife 也用同样的方式管理文件，如图 4-1-7 所示，在 workshop1 文件目录下能找到疲劳分析文件 dl. fdb 文件；当单独使用 nCode DesignLife 时，在打开软件时就需要指定文件存放目录。

图 4-1-7　文件存储目录

当单击图 4-1-6 所示静态结构分析 A2 可以进入 ANSYS Workbench 的工程数据库，如图 4-1-8 所示，第一次使用 nCode DesignLife 时，nCode 材料库不会自动出现，需要按照图中粗线框中的目录进行加载 nCode_matml. xml 文件。

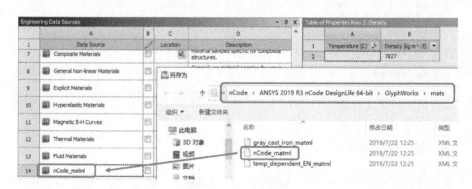

图 4-1-8　疲劳数据库加载

加载完成单击打开 nCode_matml 疲劳数据库，如图 4-1-9 所示，一共有常用的 226 种常用的材料，其中包含各种牌号的碳钢、铁和合金。每种材料除了包含基本的材料特性，比如密度、弹性模量、泊松比、体积模量等，还包含各种疲劳特性曲线，比如拉伸强度极限、屈服强度极限、S-N 曲线、应变-寿命参数、多曲线应力寿命参数等。

	A	B	C	D	E
	Contents of nCode_matml	Add		Source	Description
1					
3	15-5PH (H1025)				SN R-ratio dataset: reference = "MIL-HDBK-5J, Figure 2.6.7.2.8(b), p2-180"
4	2014-T6				SN R-ratio dataset: reference = "MIL-HDBK-5J, Figure 3.2.1.1.8(a), p3-60"
5	2014-T6_125_HF				EN and SN dataset: reference = Winston Wong, SAE Pub 840120, Feb/March 1984
6	2024-T3				SN R-ratio dataset: reference = "MIL-HDBK-5J, Figure 3.2.3.1.8(e), p3-116"
7	2024-T4				SN R-ratio dataset: reference = "MIL-HDBK-5J, Figure 3.2.3.1.8(a), p3-112"
8	2TA11				EN and SN dataset: reference = Smith, Hirschberg and Manson, NASA TN D-1574, April 1963
9	304SS				EN and SN dataset: reference = Based on Ph.D Thesis of R.K.Zhu University of Sheffield
10	440W GA				EN and SN dataset: reference = AISI TRP0038
11	5052-H32				EN and SN dataset: reference = WINSTON WONG, SAE PUB 840120 FEB/MARCH 1984

图 4-1-9　疲劳数据库中材料

ANSYS nCode DesignLife 同样也可以使用 Workbench 平台下的参数化分析功能，如图 4-1-10 所示，A8 和 B5 可以将参数传递到参数化分析平台中，除了在 Mechanical 中常用的参数化分析类型，也可以将 nCode DesignLife 中求解得到的疲劳寿命和疲劳损伤值传递到参数化分析平台中进行参数优化分析。

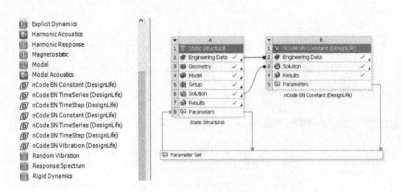

图 4-1-10　疲劳参数化分析

4.1.4　nCode DesignLife 界面和交互方式介绍

在图 4-1-10 中单击 B3 求解方案就打开了 nCode DesignLife 求解界面，如图 4-1-11 所示，在中间工作区域有五个图框，这就是 4.1.2 节中讲述的五框图求解法，中间是疲劳求解器，左上侧是有限元输入图框，左下侧是载荷谱，疲劳材料特性在其他地方设置，所以这里省略，右上侧是图像后处理图框，右下侧是求解疲劳结果数据表格。这 5 个框被称为"功能图标"用来实现特定的功能，而连接"功能图标"的线被称为"管道"，通过"功能图标"和"管道"搭建的结构被称为工作流程，也被称为"流文件"，"流文件"仅仅是一个框架，需要在"功能图标"里输入求解条件和设置才能求解得到疲劳结果。

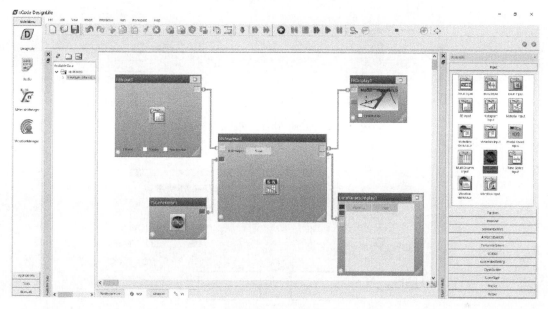

图 4-1-11　五框图法

如图 4-1-12 所示，最上侧是主菜单和主工具栏，它们不会随光标的位置改变而发生变化，其中包含控制功能、求解、界面布局及新建、打开、关闭文件功能等，下面为背景工具栏，它包括显示和控制一系列功能，会随着不同的"功能图标"被激活而发生相应的变化。左侧是可用数据栏，在这里面会显示导入的有限元结果文件，时间序列载荷文件和其他导入的各种数据文件，这些文件可以直接拖拽到相应的"功能图标"里进行加载，也可以在"功能图标"里的设置选项进行加载。右侧"功能图标"面板，提供各种可用的"字形符号"，包括输入、输出、基本功能、基础设置、求解器、加速测试、显示、输出等。中间是工作区域，所有操作流程在这里实现。

在工作区域中所有"功能图标"由"管道"连接起来，如图 4-1-13 所示，这样数据可以通过该"管道"从左向右传输，"管道"在"功能图标"中的连接部位称为"接头"，"接头"不同的颜色代表传递不同的数据类型，如图 4-1-14 所示，蓝色表示时间序列数据，红色表示直方图数据，橙色表示多通道数据，绿色表示 FE 结果数据，黄色表示复杂频谱数据，灰色表示其他类型数据。必须是相同颜色的"接头"才能用"通道"连接起来。

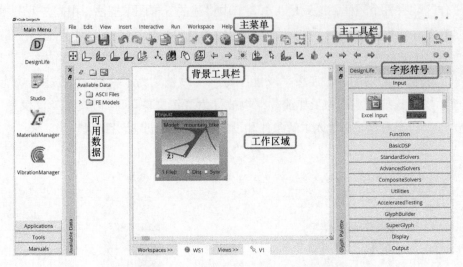

图 4-1-12　nCode DesignLife 工作界面

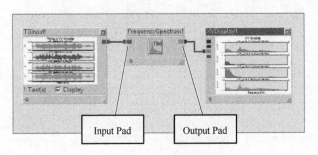

图 4-1-13　数据传递过程

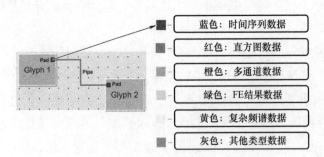

图 4-1-14　接头颜色的含义

　　除了上述的方式连接不同"功能图标"的"接头"以外，还可以用鼠标左键把上游的"功能图标"拖到中间工作区域，然后再拖出下游"功能图标"到上游"功能图标"的"接头"处松开，系统会自动连接相同数据类型的"接头"，如图 4-1-15 所示。

　　在工作界面中的每个"字形符号"都有自己的属性控制界面，如图 4-1-16 所示，有限元输入"功能图标"，右键单击属性，就可以打开有限元输入的属性，这和 Mechanical 非常相似，在属性界面中，包含选择的数据、FE 结果显示、高级设置选项。

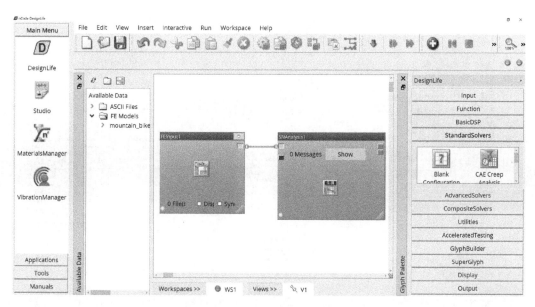

图 4-1-15 "功能图标"连接方式

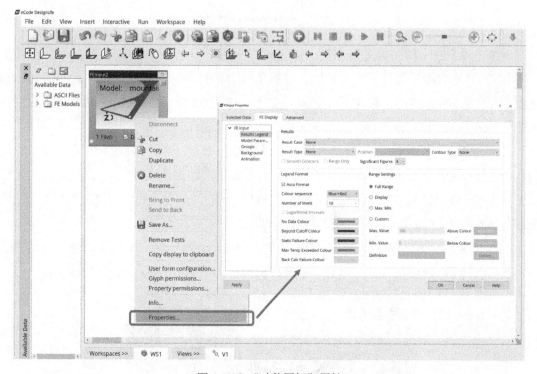

图 4-1-16 "功能图标"属性

对于求解器"功能图标"来说，单击右键除了有求解器的属性设置以外，还有对整个疲劳分析流程设置的"高级选项"，如图 4-1-17 所示，右键单击求解器，选择高级编辑，在高级编辑选项卡中的设置有 FE 有限元结果、载荷、材料、分析运行、后处理，这些基本包含所有设置条件。

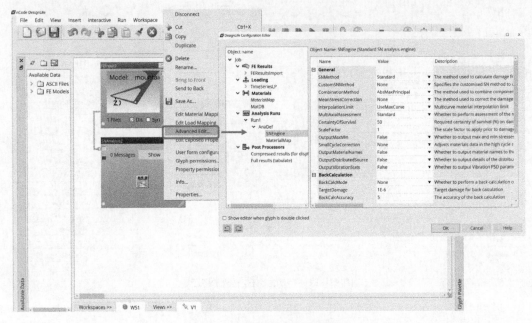

图 4-1-17　求解器高级编辑属性

　　由"功能图标"和"管道"搭建，以及对"属性"的设置就构成了五框图，也就是"流文件"，"流文件"仅仅是一个框架，里面不包含任何数据，可以单独地保存为 file. flo 文件，并且保存在指定的文件夹里。如果需要可以打开空白的 nCode DesignLife，然后直接加载已经创建好的 file. flo 文件，可以省去搭建和设置的过程。

　　当然，在 nCode DesignLife 中也可以在"流文件"基础上输入有限元结果文件、载荷谱、疲劳材料文件并且求解得到疲劳结果，这就形成了"数据流文件"，"数据流文件"可以保存为 file. fdb 文件，并且存储在 ANSYS Workbench 的目录下。简单地讲，"流文件"是流程文件的集合，"数据流文件"是流程文件和数据文件的集合。

　　"数据流文件"的求解是单击主工具栏中的求解按钮，如图 4-1-18 所示，当开始求解以后，在每个"字形符号"左下角红色小点亮起，表示该"功能图标"正在处理数据。

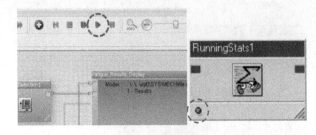

图 4-1-18　求解方法

4.1.5　有限元分析结果的输入

打开 nCode DesignLife 界面并且加载
了"流文件"以后，如图 4-1-19 所示，
将左侧可用数据 FE Models 文件夹下有
限元结果文件用鼠标拖拽到工作区域的
FE Input1"功能图标"上松开，有限元
结果文件就被加载到 FE Input1 中，单击
FEInput1 下方 Display，将在窗口中显示
有限元模型。

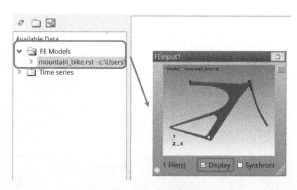

图 4-1-19　有限元模型导入

右键单击 FEInput1"功能图标"选择属性，如图 4-1-20 所示，第一个卡片是可选择的
数据，这些数据就是有限元分析结果文件，前面显示有限元分析结果数据类型，图 4-1-20
中显示为 file. rst，当然也可以是其他格式的有限元分析结果文件，在数据类型后面则显示该
结果文件所存储的具体位置目录。

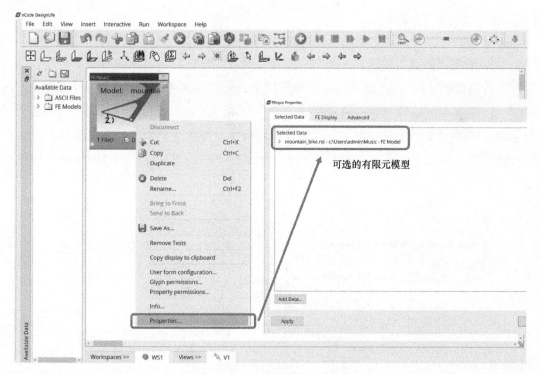

图 4-1-20　有限元模型可选数据

第二个卡片是有限元模型显示，如图 4-1-21 所示，在结果里可以显示有限元结果的类
型。在列表中选择 Von Mises 应力，在右侧显示有限元模型的应力结果，这个应力结果和
ANSYS Mechanical 中分析的结果一样。

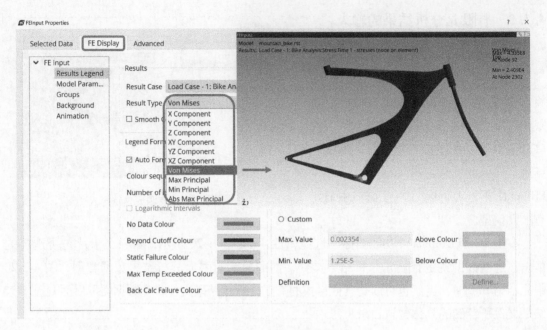

图 4-1-21　有限元模型显示

　　nCode DesignLife 可以将有限元模型结果文件分组，单击第三个"组"选项，如图 4-1-22 所示，可以看到组的类型包括单元类型、属性、材料、单元设定、用户自定义。通过勾选"对号"可以显示不同的数据。其中选择单元类型，会在右侧列表中显示所有单元类型，如壳体单元、实体单元或梁单元；选择属性，会在右侧列表显示所有单元截面属性；选择材料，会在右侧列表显示所有材料类型；选择单元设定，会在右侧列表显示所有单元设定类型；选择用户自定义，会在右侧列表显示用户自己定义或导入的组，如在 Mechanical 中的命名选择组。

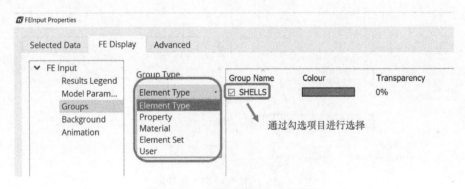

图 4-1-22　有限元模型显示组类型

　　第三个卡片是高级选项，如图 4-1-23 所示，将 UserGroups-ImportUserGroups 的选项由默认状态的假改为真实，则在 Mechanical 中自定义的命名选择组就会被导入进来。如图 4-1-24 所示，导入以后会在右侧列表显示已经定义好的命名选择组。

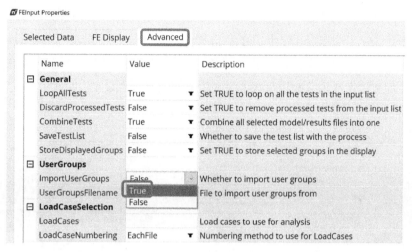

图 4-1-23　命名选择组导入设置

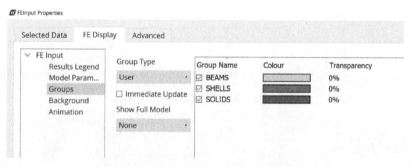

图 4-1-24　用户自定义的组导入后显示

除了在有限元输入"功能图标"属性里设置输入命名选择组，也可以在求解器属性里设置，如图 4-1-25 所示，打开求解器属性标签，在"分析组_材料分配组"可以选择有限元模型相关的一些属性，包括命名选择组。

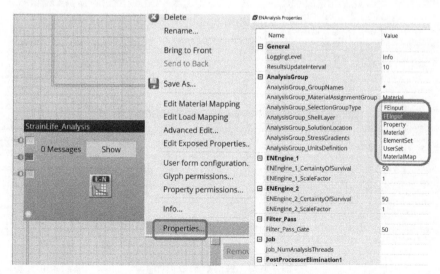

图 4-1-25　求解器属性选择类型

打开求解器高级编辑界面也可以选择有限元模型相关的一些属性，如图 4-1-26 所示，选择了"分析组"-"高级"选项卡，在"选择组类型"后也可以选择有限元输入、属性、材料、单元设定、用户自定义组。选择了其中一个类型后，在第二个选项卡"选择组"中就可以根据当前类型选择部分有限元模型，进行疲劳数据求解。

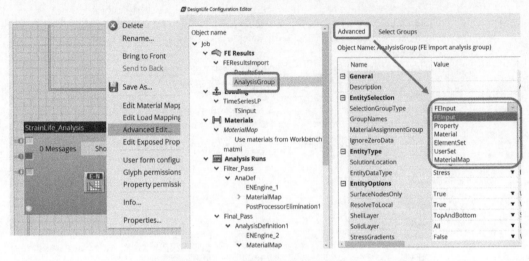

图 4-1-26　求解器高级编辑选择类型

4.1.6　疲劳材料设定

在 4.1.3 节中已经介绍了在 Mechanical 工程数据中添加疲劳数据库 nCode_matml. xml，添加完成以后，如图 4-1-27 所示，有 200 多种材料，每种材料都有应力-寿命（SN）或应变-寿命（EN）疲劳属性，而有些材料两种属性都有。

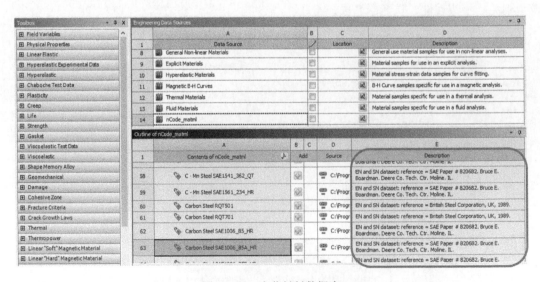

图 4-1-27　疲劳材料数据库

如果材料库的材料不能满足使用要求，最简单的添加新材料的方法就是复制已有材料，然后修改属性，如图 4-1-28 所示。

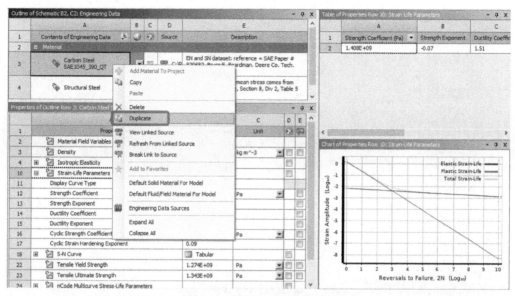

图 4-1-28　添加新材料的方法

如图 4-1-29 所示，复制完成以后修改材料的名称，并且在需要修改的地方进行数据修改，然后单击"更新项目"，新材料的数据和曲线就会改变并且保存。

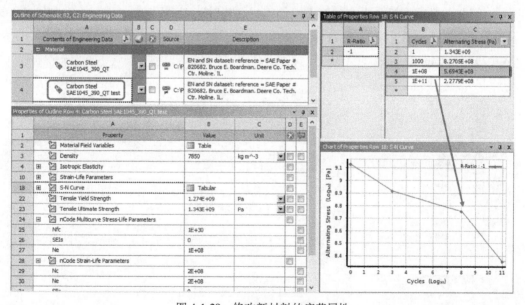

图 4-1-29　修改新材料的疲劳属性

进入 ANSYS nCode DesignLife 界面以后，如图 4-1-30 所示，粗线框内为五框图中材料设置"功能图标"，单击鼠标右键选择属性进入属性界面，左选项卡"可以被选择的数据"中看到 dlbom. csv 文件，此文件就是 Mechanical 材料库中选中的材料，并且把材料属性全部传递过来，生成 file.csv 格式保存起来。当然，如果有已经生成的 file.csv 格式的疲劳材料文件，也可以不从 Mechanical 材料库传递过来，而是直接单击属性界面左下角"添加数据"进行加载。

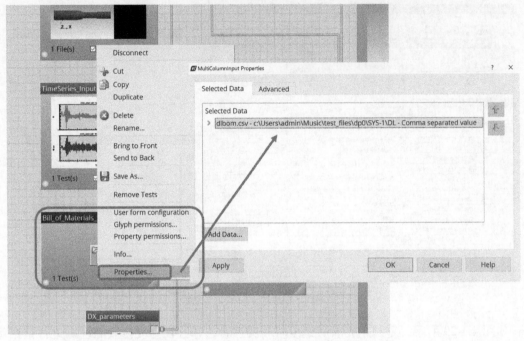

图 4-1-30　nCode DesignLife 疲劳材料属性

在求解器"功能图标"上右键单击"编辑材料映射"，打开编辑材料界面，如图 4-1-31 所示，在下方显示传递过来的疲劳材料名称以及重要属性，而在上方"材料名称"一栏中是空白，因为 nCode DesignLife 不会自动将疲劳材料属性赋予模型，而是需要手动分配。

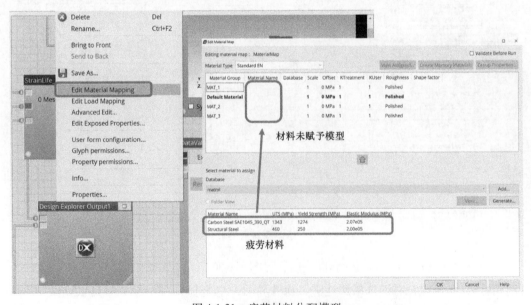

图 4-1-31　疲劳材料分配模型

手动分配材料需要先选中模型，然后选中材料，最后单击"向上箭头"就赋予成功，如图 4-1-32 所示。模型中不同的部件可以赋予相同材料，也可以赋予不同材料。

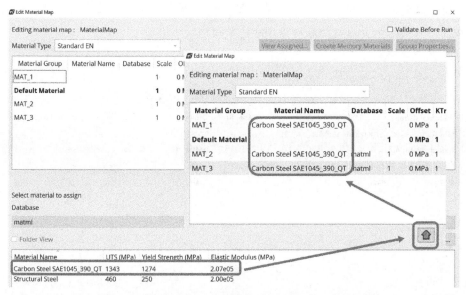

图 4-1-32　手动分配疲劳材料

不仅可以在 Mechanical 的工程数据中查看材料的疲劳数据和材料曲线，也可以在 nCode DesignLife 查看相关属性数据，如图 4-1-33 所示，先选中材料，然后单击右上角"查看"，在左选项卡"属性"可以看到材料名称、材料类型、拉伸极限、弹性模型，以及不同应力比疲劳数据，选择右选项卡，则显示应力比为 0 和应力比为 1 时的曲线。如果有更多曲线，可以选中"选择曲线"里的曲线进行显示。

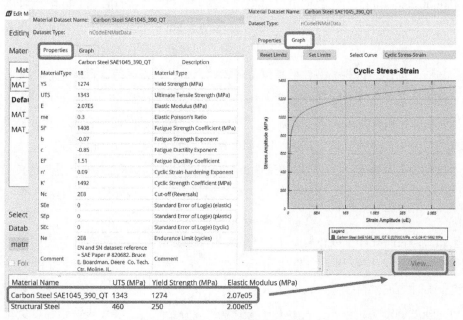

图 4-1-33　材料疲劳属性展示

除了从 Mechanical 的工程数据中传递材料，nCode DesignLife 中也自带疲劳材料数据库，如图 4-1-34 所示，单击"数据库"后面的"添加"可以找到 nCode DesignLife 自带数据库，所有疲劳材料都会在下方显示，选中其中一种材料，然后单击"向上箭头"把材料分配给模型。在这个材料库中大概有 300 种常用的疲劳材料。

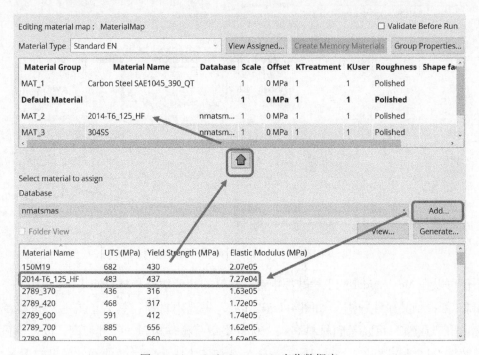

图 4-1-34　nCode DesignLife 疲劳数据库

除了在 Mechanical 的工程数据中可以创建新材料，在 nCode DesignLife 中也可以创建新材料，如图 4-1-35 所示，单击"创建"则会显示创建材料对话框，在此对话框填入材料名称、数据类型、拉伸极限、材料类型、弹性模量、缩减面积和标准差，就能创建一个带有疲劳性质的材料，创建的材料类型包括有色金属、铝合金、钛合金等，因为它们的疲劳曲线相似，有了这些参数就可以大致估计疲劳曲线并求解得到较高准确度。

材料表面光洁度和处理方式也会影响疲劳行为，粗糙的表面通常会减小疲劳强度，表面处理方式通常会增加疲劳强度。nCode DesignLife 将表面光洁度和表面处理方式用一个变量表示，即材料表面系数 K_{sur}，它可以用来调整材料的疲劳曲线。K_{sur} 由 3 个用户定义的系数组成，即

$$K_{sur} = K_{treatment} * K_{user} * K_{roughness}$$

式中，$K_{treatment}$ 为表面处理系数；K_{user} 为用户定义表面系数；$K_{roughness}$ 为表面粗糙度类型，在材料编辑界面中如图 4-1-36 粗线方框中所示。$K_{treatment}$ 表示表面处理对疲劳寿命的影响，当 $K_{treatment}$ 大于 1 时增加材料疲劳寿命，当 $K_{treatment}$ 小于 1 时减少材料疲劳寿命。K_{user} 表示不确定因素对疲劳强度的影响，当 K_{user} 大于 1 时减少疲劳寿命。$K_{roughness}$ 表示表面粗糙度类型对疲劳

寿命影响，不同的粗糙度类型对疲劳寿命影响不一样。

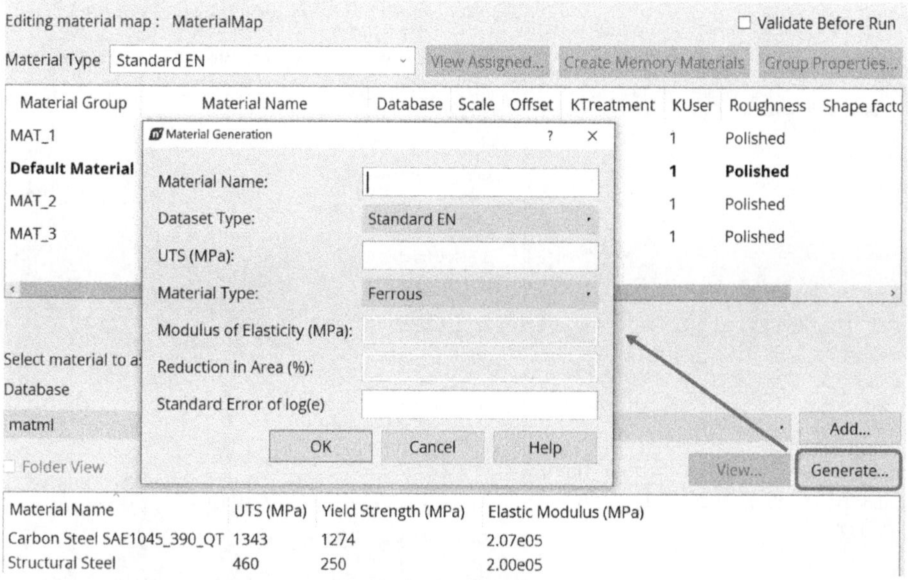

图 4-1-35　创建新材料

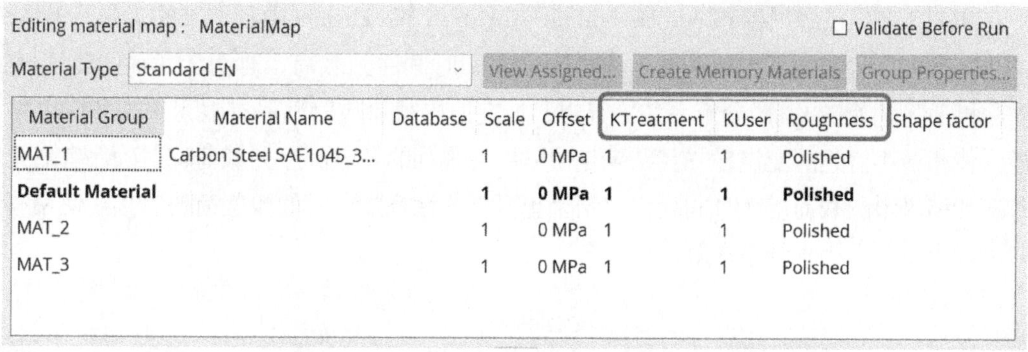

图 4-1-36　材料表面系数

为了编辑材料表面系数，如图 4-1-37 所示，需要先选中某一种材料，然后单击右上角"组属性"，在"材料组参数"界面的"表面参数"下可以填入表面处理系数 $K_{treatment}$、用户定义表面系数 K_{user} 和选中粗糙度类型 $K_{roughness}$，单击"确定"以后就会在"编辑材料映射"界面显示。

4.1.7　疲劳载荷设定

疲劳损伤是由交变应力产生的，交变应力和时间相关，而有限元求解得到的应力和应变数值不随时间发生变化，这里就需要用载荷的映射将不随时间发生变化的应力应变结果变为随时间变化的应力应变历程结果。

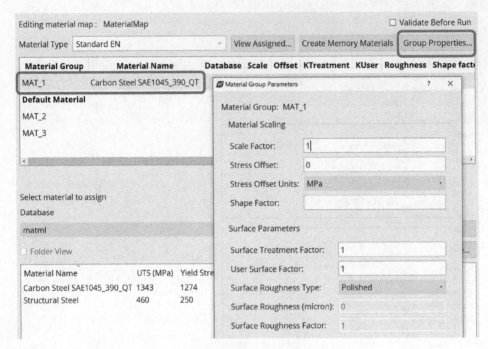

图 4-1-37　材料表面系数设置

在 4.1.3 节中已经提到 nCode DesignLife 在 ANSYS Workbench 中预定义的 7 个分析系统，如图 4-1-38 所示，其中 6 个系统是恒定振幅载荷、时间序列载荷、时间步载荷的应力-寿命（SN）和应变-寿命（EN）分析系统。其中，恒定振幅载荷映射确保有限元应力和应变循环在最大值和最小值之间变化，并且结果是可以线性叠加的。时间序列载荷映射确保有限元应力和应变结果跟随载荷谱随时间变化，结果也可以线性叠加。时间步载荷映射直接使用有限元应力和应变时间历程结果求解。

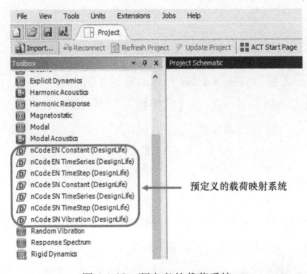

图 4-1-38　预定义的载荷系统

恒定振幅载荷是最简单的载荷，如图 4-1-39 所示，可以把其看作一条正弦曲线，纵坐标是幅值，横坐标是时间，有限元结果的应力和应变随时间在最大值和最小值之间变化。在这种情况下最大应力和最小应力为 σ_{max} 和 σ_{min}，则应力范围为 $\Delta\sigma=\sigma_{max}-\sigma_{min}$，平均应力为 $\sigma_m=(\sigma_{max}-\sigma_{min})/2$，应力幅或交变应力为 $\sigma_a=\Delta\sigma/2$，应力比例 $R=\sigma_{min}/\sigma_{max}$。当 $R=-1$ 时，载荷谱就如图 4-1-39 所示谱型。

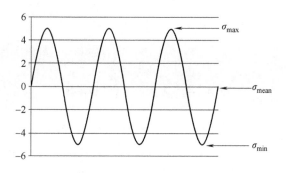

图 4-1-39　恒定振幅载荷

如图 4-1-40 所示，在应力寿命求解器单击鼠标右键，选择"编辑载荷"，就可以打开"编辑载荷谱"界面。在这个界面可以进行所有载荷相关属性的设置。

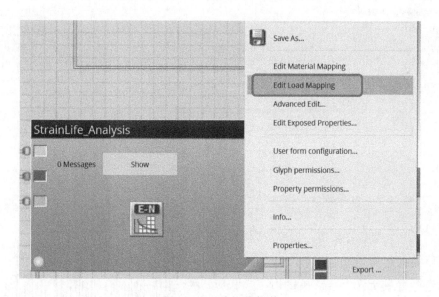

图 4-1-40　编辑载荷谱

如图 4-1-41 所示，在左上角载荷类型选择"恒定振幅"，在右侧粗线方框内看到最大系数为 1，最小系数为-1，则时间历程的最大载荷为 $\sigma_{max}=1*\sigma$，最小载荷为 $\sigma_{min}=-1*\sigma$，应力范围为 $\sigma_{range}=\sigma_{max}-\sigma_{min}=2\sigma$，应力比为 $R=\sigma_{min}/\sigma_{max}=-1$。

以上是默认为应力比 $R=-1$ 的情况，也可以手动配置最大系数和最小系数，如图 4-1-42

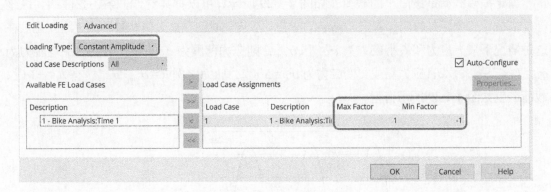

图 4-1-41　最大值和最小值系数

所示，将"编辑载荷谱"界面右上角"自动配置"前"对号"取消，最大值和最小值输入框底色由灰色变为白色，即进行可编辑状态，这里最大系数为 5，则时间历程的最大载荷为 $\sigma_{max} = 5 * \sigma$，最小载荷为 $\sigma_{min} = 0 * \sigma = 0$，时间历程应力范围为 $\sigma_{range} = \sigma_{max} - \sigma_{min} = 5\sigma$，应力比为 $R = \sigma_{min} / \sigma_{max} = 0$。

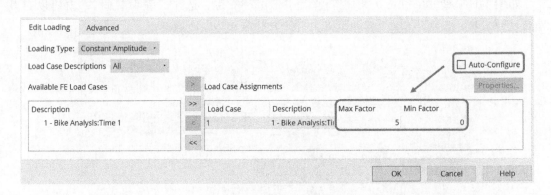

图 4-1-42　手动配置比例系数

时间序列载荷和恒定幅值载荷很相似，如图 4-1-43 所示，纵坐标是幅值，横坐标是时间，幅值和周期跟随时间是没有规律变化的。时间序列载荷也将有限元分析结果映射为应力和应变的时间历程结果，这些有限元分析结果也是可以线性叠加的。

如图 4-1-44 所示，将"编辑载荷谱"界面右上角"自动配置"前的"对号"取消，也可以手动配置比例系数，只不过这里配置系数略有不同。

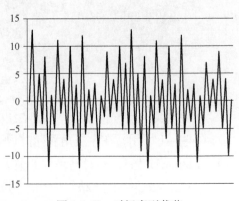

图 4-1-43　时间序列载荷

图 4-1-44　手动配置比例系数

时间序列配置系数公式为 $\sigma(t)=\dfrac{(P(t)*\text{ScaleFactor}+\text{Offset})*\sigma_{\text{FE}}}{\text{Divider}}$，其中 $\sigma(t)$ 为用于疲劳计算的时间历程应力，σ_{FE} 为有限元分析结果的应力，$P(t)$ 为时间序列通道的载荷乘子，ScaleFactor 缩放系数为用户自定义的值，默认值为 1，Offset 偏置系数也为用户自定义的值，默认值为 0，Divider 分割系数也为用户自定义的值，默认为 1。所以，通常情况下，时间序列配置系数公式可以简化为 $\sigma(t)=P(t)*\sigma_{\text{FE}}$，即有限元分析应力和应变结果乘以时间序列载荷谱。

时间序列载荷也有周期，如图 4-1-45 所示，上面简单的时间序列是一个周期，下面复杂的时间序列也是一个周期，一个周期可以是汽车在试车场跑道跑一圈，也可以是机器工作了一个小时，还可以是飞机的起飞或者降落过程。

一个简单的周期，如图 4-1-46 所示，载荷乘子系数 $P(t)$ 可以从图中找出，分别是 5、−4、3、−3、1、3、2、5、−5、2。如果是复杂的周期则用同样的原理进行处理。

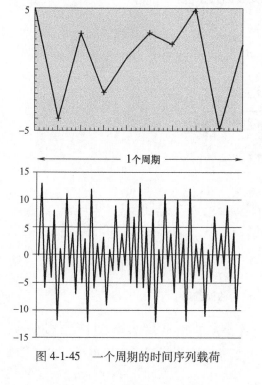

图 4-1-45　一个周期的时间序列载荷

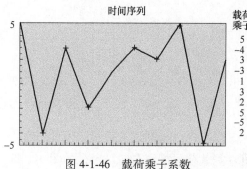

图 4-1-46　载荷乘子系数

在五框图中找到时间序列输入"功能图标",右键单击"属性",进入时间序列输入属性界面,如图 4-1-47 所示,再单击"添加数据",进入测试选择界面,在此界面中进行时间序列载荷的加载。

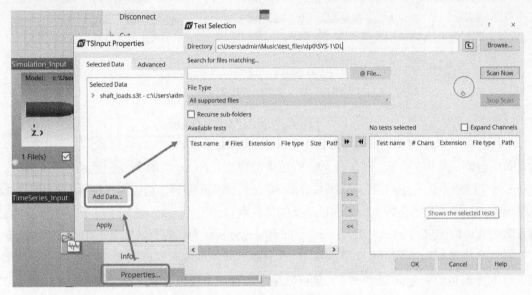

图 4-1-47　时间序列载荷输入属性

如图 4-1-48 所示,假设已经准备好时间序列载荷文件并存放在某个文件夹下,单击浏览找到该文件夹,然后单击"现在扫描",则系统会把文件夹下的时间序列载荷显示在可用测试目录下,但是右侧显示没有添加到选择的测试数据目录里。

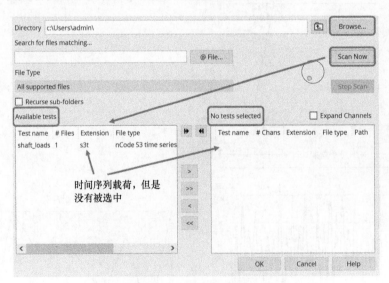

图 4-1-48　时间序列载荷的加载

通过左侧可用测试数据目录和右侧选择的测试数据目录之间的选择键,可将可用的两个时间序列载荷添加到右侧目录,如图 4-1-49 所示,目录上方粗线方框中显示"一个文件被选中",添加到该目录中,就表示从文件夹中将需要的时间序列载荷加载到了时间序列"功能图标"当中,方便后面求解使用。

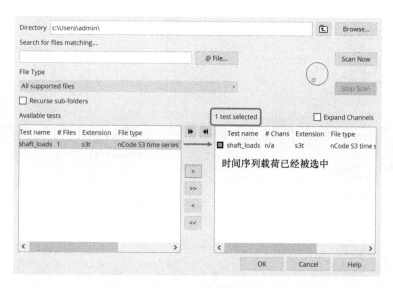

图 4-1-49　时间序列载荷的加载方法一

当然,还有另一种添加时间序列载荷的方法,如图 4-1-50 所示,在 nCode DesignLife 界面左侧的可用数据栏也会显示工作文件夹下的时间序列载荷文件,可以选中并且直接拖拽到时间序列载荷"功能图标"上,系统就会将时间序列载荷加载到时间序列"功能图标"当中,用鼠标左键勾选"功能图标"上的"显示",则时间序列载荷波形图就会在"功能图标"上显示出来。

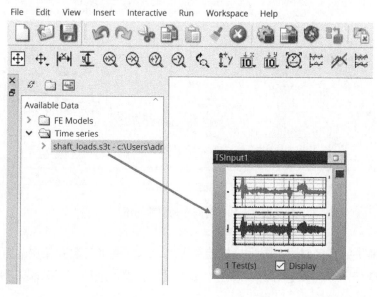

图 4-1-50　时间序列载荷加载方法二

在求解器单击鼠标右键选中"编辑载荷映射",进行时间序列载荷的分配,如图 4-1-51 所示,单击"添加",将载荷添加到下方目录中。

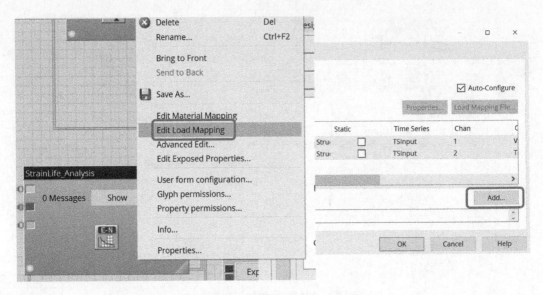

图 4-1-51　时间序列载荷的分配

如图 4-1-52 所示,在下方目录会显示可以用的时间序列载荷,选中需要的载荷,拖拽到上方有限元分析结果的目录中,目录中"时间序列"一栏也会显示相应的名称。

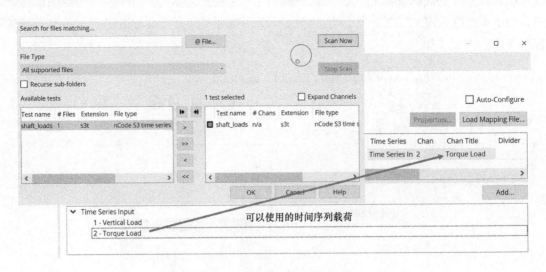

图 4-1-52　时间序列载荷的添加

时间步载荷映射直接使用有限元分析结果求解,只需要确定需要使用的有限元分析步结果,如图 4-1-53 所示,在疲劳寿命求解器中单击鼠标右键,选中"编辑载荷映射",则在目录中就会显示所有的载荷步。

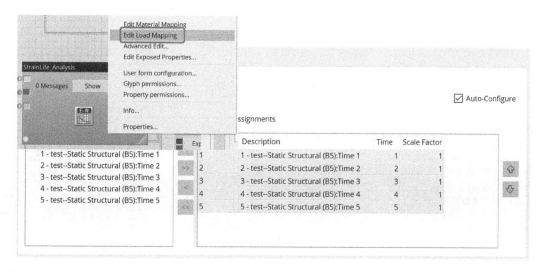

图 4-1-53　时间步载荷映射

如图 4-1-54 所示,在左侧目录显示一共有 5 个载荷步,每个载荷步的时间是 1s,这 5 个载荷步是从 Mechanical 的有限元分析结果文件 file.rst 中得到的,即 Mechanical 中的分析设置的 5 个载荷步,当然也可以从别的有限元软件中导入时间步载荷。右侧目录代表 5 个选中的载荷步都用来做疲劳分析。

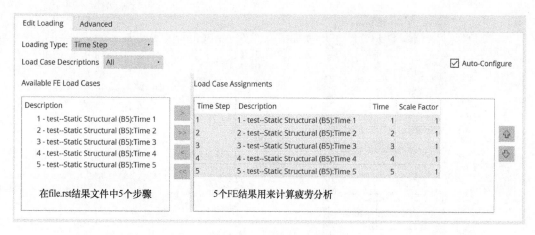

图 4-1-54　设置时间步载荷

也可以选用部分载荷步来进行疲劳分析,如图 4-1-55 所示,在界面右上角取消"自动配置"前方的"对号",就可以用两个目录中间的箭头进行选择,图中选择了载荷步 2 后面跟随载荷步 5 进行疲劳计算。

4.1.8　占空比设定

在现实世界中,真实的载荷往往都不是简单的恒定振幅载荷、时间序列载荷、时间

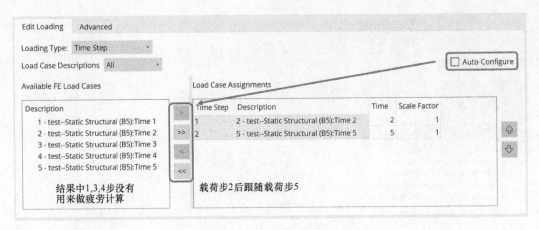

图 4-1-55　手动配置时间步载荷

步载荷，而是这些载荷的不同组合。占空比就是这些载荷按照不同的顺序和重复次数组合成的一个合成载荷。它可以更加有效和灵活地代表更复杂的载荷，可以包含任何形式的恒定振幅载荷、时间序列载荷、时间步载荷，也可以在占空比载荷里嵌套占空比载荷。在疲劳求解器上单击鼠标右键，选择"编辑载荷映射"，进入载荷编辑界面，如图 4-1-56 所示。

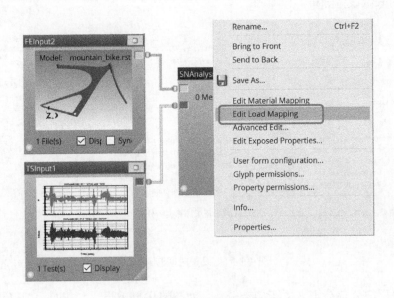

图 4-1-56　编辑载荷映射

　　在载荷类型目录下，有时间序列载荷、时间步载荷、恒定振幅载荷、占空比载荷、振动载荷、混合载荷，在这里选择占空比载荷，如图 4-1-57 所示。
　　在配置方法一栏选择"交互模式"，这样可以在下方出现配置窗口，在配置窗口可以进行各种载荷的组合，如图 4-1-58 所示。

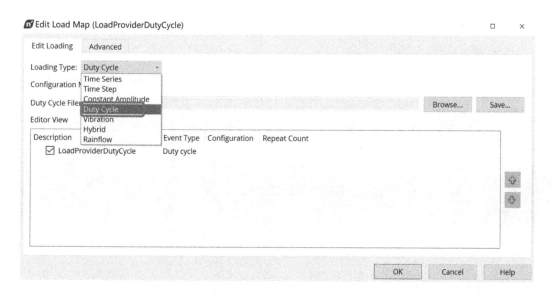

图 4-1-57 占空比载荷

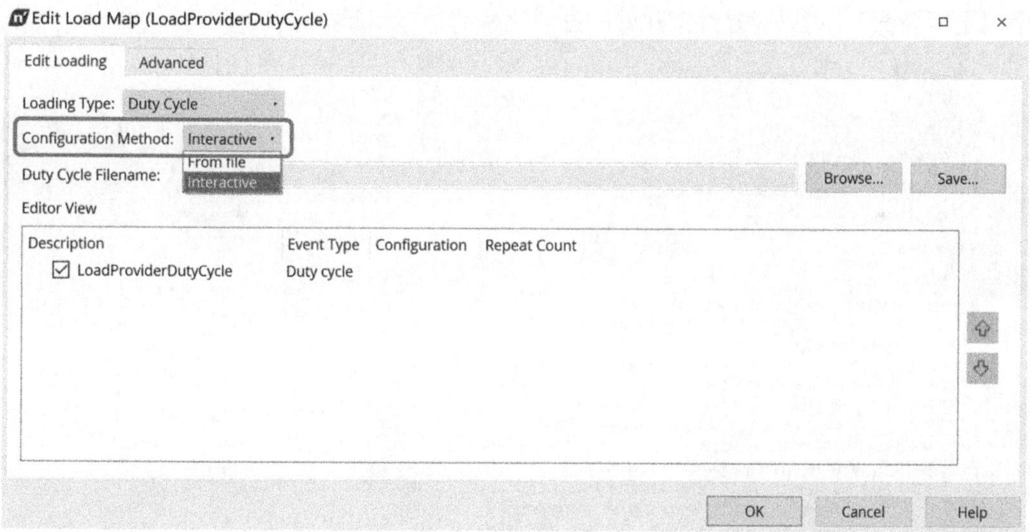

图 4-1-58 交互模式

在载荷组合编辑界面已经显示了一个占空比载荷产生器，如图 4-1-59 所示，单击鼠标右键选择"添加"，然后可以添加"占空比载荷产生器""振动载荷产生器""时间序列载荷产生器""恒定振幅载荷产生器""时间步载荷产生器""混合载荷产生器"，如果选择了"占空比载荷产生器"以外的载荷，则这些载荷都是按照顺序排列，如果选择"占空比载荷产生器"则产生一个新的占空比嵌套，在这个嵌套里面再进行载荷排列，依次类推可以无限嵌套。

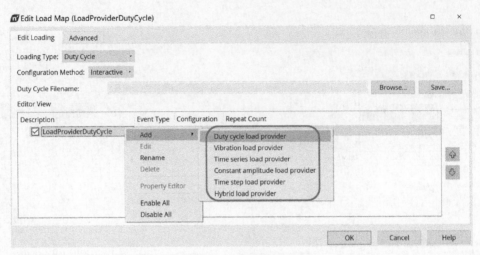

图 4-1-59 添加载荷产生器

如图 4-1-60 所示是一个已经创建好的占空比载荷，这些载荷按照从上到下的顺序排列，其中又嵌套了两个占空比载荷，这两个占空比载荷里面一个有两个载荷，一个有三个载荷。在每个载荷右边有一个"重复计数"，默认值为 1，可以修改任意载荷重复次数。在右侧有一个"上下箭头"，可以对已经创建好的占空比载荷进行重新排序。

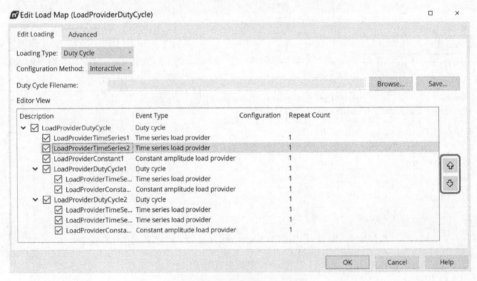

图 4-1-60 编辑占空比载荷

4.2 电池包振动疲劳分析案例

4.2.1 模态分析——谐响应分析求解设置

如电池包振动分析一样，在 Workbench 中创建模态分析并且求解，然后用鼠标将

"Analysis Systems"中的"Harmonic Response"分析拖入到模态分析的 A6 中，如图 4-2-1 所示，对电池包进行谐响应分析，观察电池包的扫频响应。

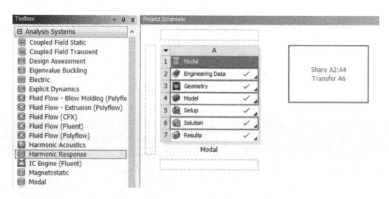

图 4-2-1　创建谐响应分析流程

在 Workbench 界面单击"B5"Setup，进入谐响应分析界面，如图 4-2-2 所示，在左侧结构树中可以看到模态分析设置和求解结果已经完成，只需对"B5"谐响应分析求解设置和"B6"谐响应分析结果项设置。

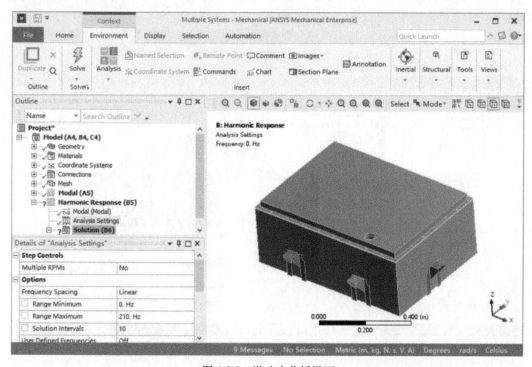

图 4-2-2　谐响应分析界面

单击"B5"下方"Analysis Settings"，进行谐响应分析求解设置，如图 4-2-3 所示，在"Analysis Settings"的详细信息中，在"Options"下方"Frequency Spacing"选择"Linear"，在"Range Minimum"填入"0Hz"，在"Range Maximum"填入"210Hz"，因为疲劳振动的范围

是 0~200Hz，谐响应分析的频率范围要比其稍微大一点。默认"Solution Intervals"为 10，即进行 10 个频点求解，默认"Solution Method"为"Mode Superposition"，即用模态叠加法进行求解。在"Damping Controls"下方进行阻尼设置，"Damping Ratio"设置为 0.02，即为全局阻尼率。

Details of "Analysis Settings"	▼ ₽ □
Options	
Frequency Spacing	Linear
☐ Range Minimum	0. Hz
☐ Range Maximum	210. Hz
☐ Solution Intervals	10
User Defined Frequencies	Off
Solution Method	Mode Superposition
Include Residual Vector	No
Cluster Results	No
Store Results At All Frequencies	Yes
⊞ **Rotordynamics Controls**	
⊞ **Output Controls**	
Damping Controls	
Eqv. Damping Ratio From Modal	No
☐ Damping Ratio	2.e-002

图 4-2-3 求解分析设置

在结构树"Harmonic Response (B5)"中单击鼠标右键，选择"Insert"→"Force"插入力载荷选项，如图 4-2-4 所示，这里需要对整个电池包施加一个载荷，使整个电池包按照这个载荷大小和方向进行正弦扫频分析，然后找到电池包的频率响应函数，为后续振动疲劳分析做准备。

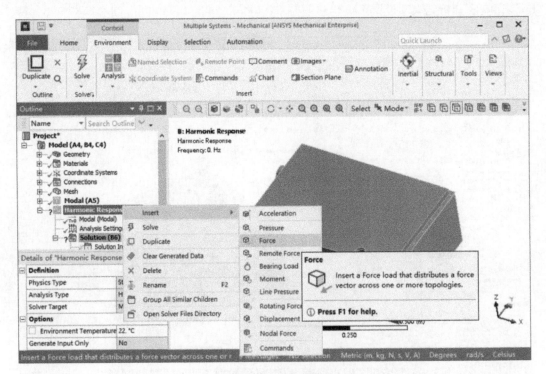

图 4-2-4 施加载荷

在图形窗口上方选择方式"Mode"，下拉选项中选择"Box Select"，在选择类型中选择"Face"，如图 4-2-5 所示，然后在图形窗口中拖动鼠标选中整个电池包，最后在"Force"的详细信息中"Geometry"单击"Apply"，结果显示一共 2540 个面被选中。

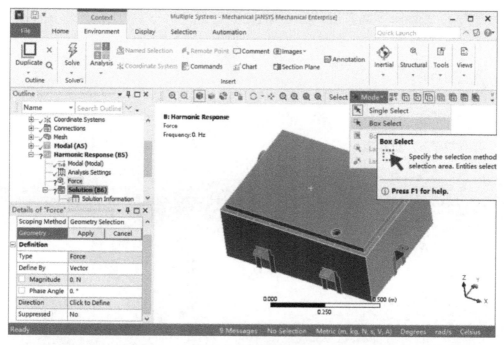

图 4-2-5 载荷位置设置

在"Force"的详细信息中,"Definition"中默认载荷方式为"Vector",在"Magnitude"中填入 10N,在"Direction"中定义载荷方向,单击"Click to Define",然后在图形窗口上方将选择模式改为"Single Select",选择方式仍然是"Face",在图形窗口中单击"电池包盖板",如图 4-2-6 所示,然后在"Direction"中单击"Apply",确定载荷方向指向 Z 轴正方向。

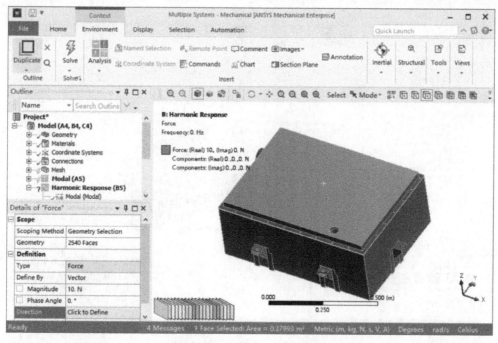

图 4-2-6 载荷大小方向设置

在结构树"Solution（B6）"中单击鼠标右键，选择"Insert"→"Frequency Response"→"Stress"，在后处理中插入应力的频率响应曲线图，如图 4-2-7 所示。

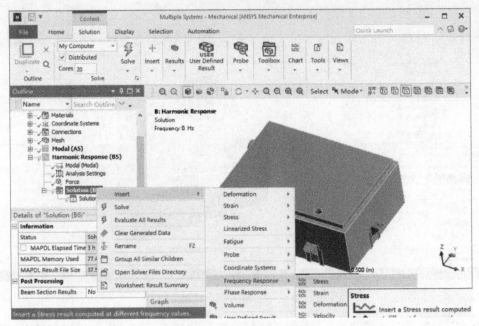

图 4-2-7　添加频率响应项目

在"Frequency Response"的详细信息中，选择"Scope"→"Geometry"，然后在图形窗口上方选择模式"Mode"中选择"Single Select"，并且选择类型为"Face"，最后在图形窗口中选择电池包盖板，如图 4-2-8 中所示，最后在"Geometry"单击"Apply"确认。

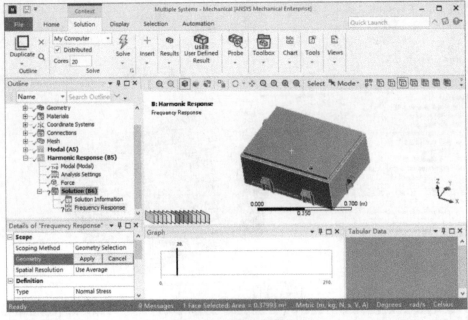

图 4-2-8　选择几何模型

用同样的办法添加位移的频率响应曲线图，然后再添加等效应力项和总的变形项，如图 4-2-9 所示，其中等效应力项和总的变形项都保持默认设置，即默认选择所有几何体并且显示最后频率的结果。

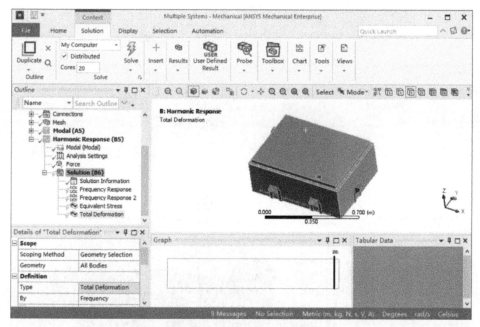

图 4-2-9　添加其他结果项目

在结构树"Solution（B6）"中单击鼠标右键并且单击"Solve"开始求解，如图 4-2-10 所示。

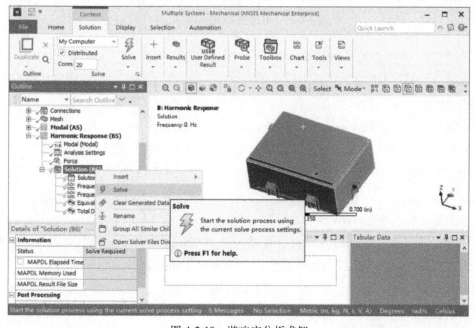

图 4-2-10　谐响应分析求解

4.2.2　模态分析——谐响应结果分析

求解完成以后单击"Solution（B6）"→"Total Deformation"，如图 4-2-11 所示，显示电池包在 210Hz 时的位移云图，从图中可知电池包盖板中间位移较大，但是最大位移发生在电池包内部，最大位移值为 1.1239e-6mm，位移非常小。

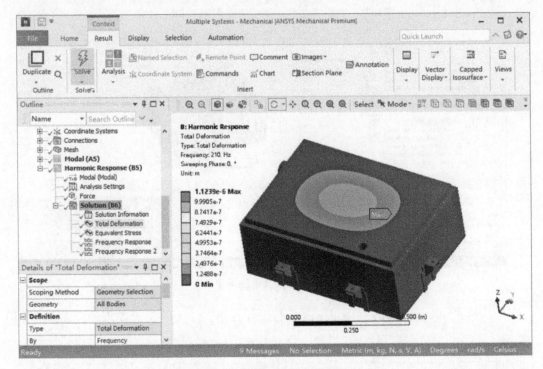

图 4-2-11　电池包 210Hz 位移云图

再单击"Solution（B6）"→"Equivalent Stress"，如图 4-2-12 所示，显示电池包在 210Hz 时的等效应力云图，电池包盖板应力分布相对较大，但是最大应力也出现在电池包内部，最大值为 1520.9Pa，应力也较小。

展开结构树"Geometry"→"电池结构系统"→"电池包盖板"中，用鼠标右键单击"Hide Body"，将其隐藏，如图 4-2-13 所示，目的是为了方便查看应力和位移最大值。

单击"Solution（B6）"→"Frequency Response"，如图 4-2-14 所示，查看电池包扫频以后的等效应力响应曲线，从图中可以看出，结构的等效应力先有小幅增大，然后逐渐降低，等效应力响应最大的频率在 40Hz 左右。

用鼠标右键单击"Solution（B6）"，再插入一个"Equivalent Stress2"项目，如图 4-2-15 所示，在"Equivalent Stress2"的详细信息中，将"Definition"→"Frequency"从默认的"last"改为 40Hz，然后用鼠标右键单击"Equivalent Stress2"，单击"Evaluate All Results"，即更新所有数据。

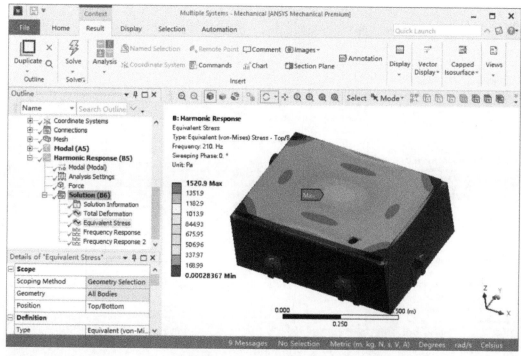

图 4-2-12　电池包 210Hz 应力云图

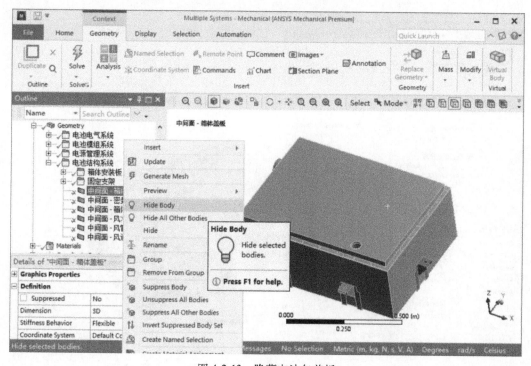

图 4-2-13　隐藏电池包盖板

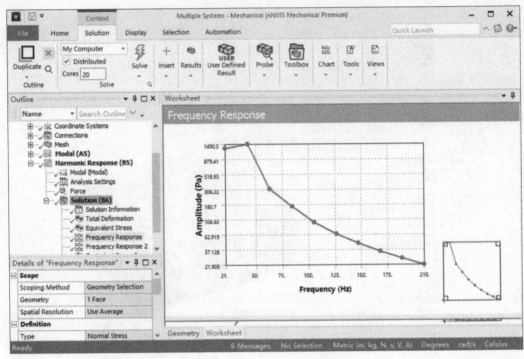

图 4-2-14　电池包应力响应曲线

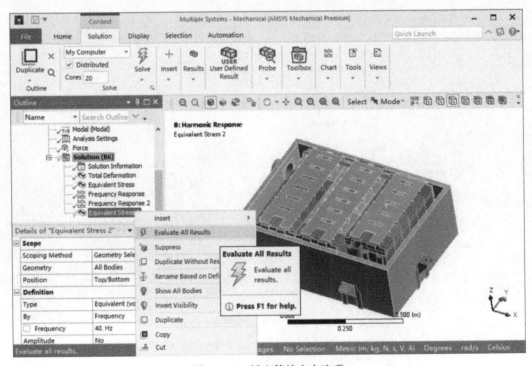

图 4-2-15　插入等效应力选项

更新完成以后单击"Equivalent Stress2"，如图 4-2-16 所示，可以看到在 40Hz 时，应力较大部位发生在绝缘板和电芯固定的位置，特别是电池包所有模组的上端，而最大应力在模组 1 上端，最大应力为 76293Pa。

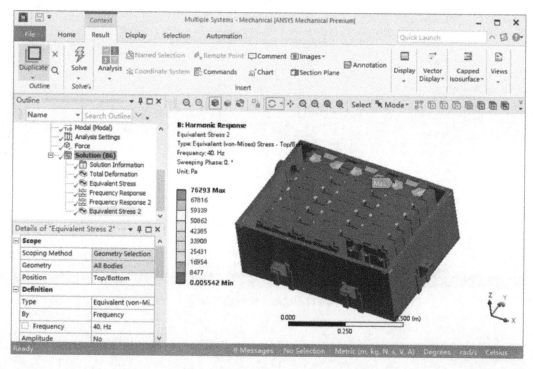

图 4-2-16　电池包 40Hz 应力云图

单击"Solution（B6）"→"Frequency Response2"，如图 4-2-17 所示，查看电池包扫频以后的位移响应曲线，从图中可以看出，电池包结构的位移先变小再变到最大，然后再逐渐变小，最大位移响应在频率为 75Hz 左右。

用鼠标右键单击"Solution（B6）"，再插入一个"Total Deformation2"项目，如图 4-2-18 所示，在"Total Deformation2"的详细信息中，将"Definition"→"Frequency"从默认的"last"改为 75Hz，然后用鼠标右键单击"Total Deformation2"，单击"Evaluate All Results"，即更新所有数据。

更新完成以后，单击"Total Deformation2"，如图 4-2-19 所示，可以看到在 75Hz 时，位移最大位置也发生在模组上方的绝缘板边缘，而且最大位移发生在模组 2 绝缘板上边缘位移，最大位移为 1.7994e-5mm。

由以上分析可以得到结论：

1）对电池包模组进行扫频分析以后，发现在 0~210Hz 范围之内，电池包应力的响应曲线是先变大，然后变小，等效应力最大响应频率在 40Hz 左右，最大等效应力发生在模组于绝缘板连接处，最大值为 76293Pa。

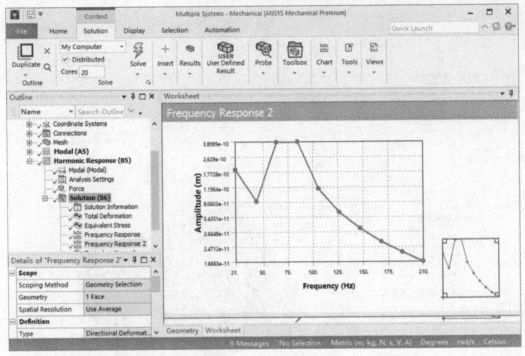

图 4-2-17　电池包位移响应曲线

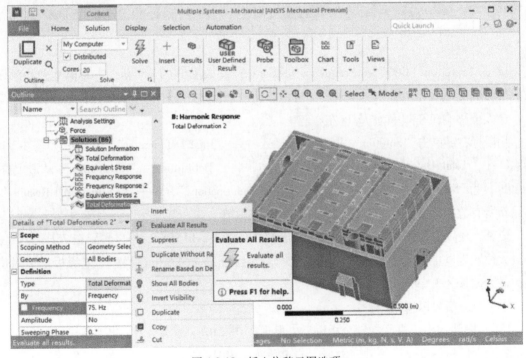

图 4-2-18　插入位移云图选项

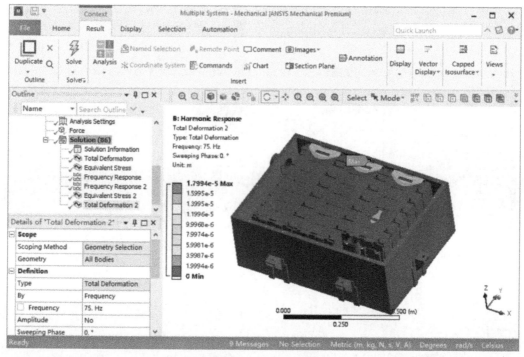

图 4-2-19　位移云图

2）电池包位移响应曲线变化趋势为先变小，再变到最大，最后逐渐变小，最大位移响应频率发生在 75Hz 左右，最大位移发生在模组上方绝缘板边缘，最大值为 1.7994e-2mm。

3）无论是等效应力还是位移最大响应值均发生在 100Hz 以内，100Hz 以上都逐渐减小，等效应力和位移发生最大响应的地方是电池包盖板和电池模组上方绝缘板，考虑这些地方容易在低频激励下发生较大响应。

4.2.3　nCode DesignLife 电池包疲劳分析设置

返回到 Workbench 界面，用鼠标将左侧"Analysis Systems"中的"nCode SN Vibration（DesignLife）"拖入到 B6"Solution"里，如图 4-2-20 所示，创建振动疲劳分析模块。

创建完成疲劳分析模块以后，B6"Solution"和 B7"Results"栏目条从绿色对号变为黄色闪电符号和对号加箭头符号，代表该项目需要更新，如图 4-2-21 所示，用鼠标右键单击 B6"Solution"，选择"Update"，更新完成以后双击 C5"Solution"，进入 nCode DesignLife 设置页面。

打开 nCode DesignLife 振动分析界面，如图 4-2-22 所示，在工作区域已经搭建好振动疲劳分析标准流程，该流程中包括有限元结果输入模块、振动载荷生成模块、振动分析求解器模块、云图输出模块、数据输出模块、热点检测和输出模块、振动载荷谱显示模块、优化设计分析模块、PSD 应力显示模块、损伤统计模块、循环统计模块、材料输入模块、以及其他输出模块。

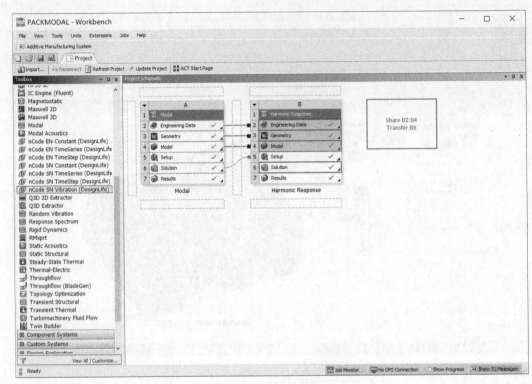

图 4-2-20　创建疲劳分析模块

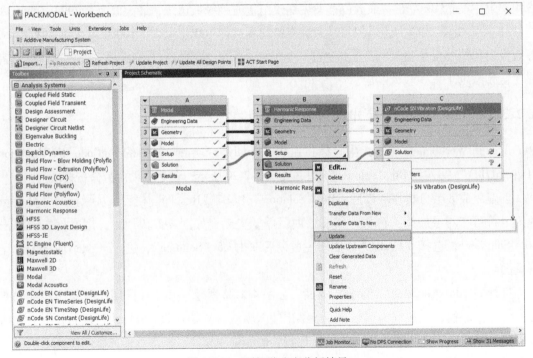

图 4-2-21　更新谐响应分析结果

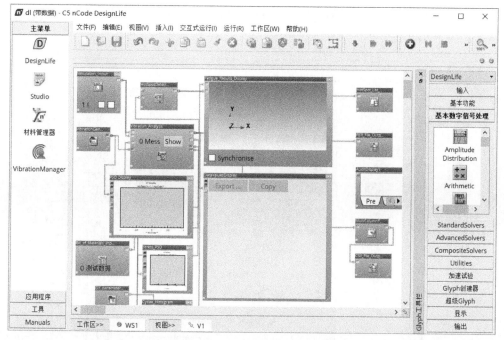

图 4-2-22　nCode DesignLife 振动分析界面

在该 PSD 振动分析中只需要其中部分模块,即保留如图 4-2-23 所示的模块、有限元结果输入模块、振动载荷生成模块、振动分析求解器模块、云图输出模块、数据输出模块、热点检测和输出模块、振动载荷谱显示模块。多余模块只需单击鼠标右键选择"删除"即可。

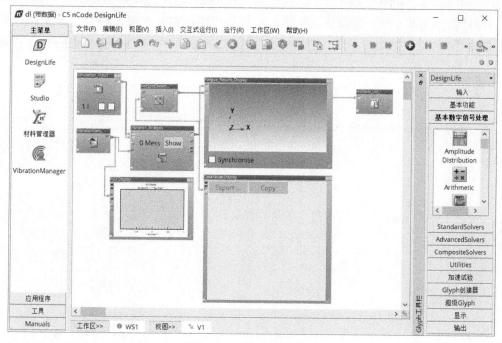

图 4-2-23　简化分析流程

用鼠标右键单击有限元结果输入模块，即"Simulation_Input"，如图 4-2-24 所示，选择"属性"，进入有限元结果输入模块属性界面。

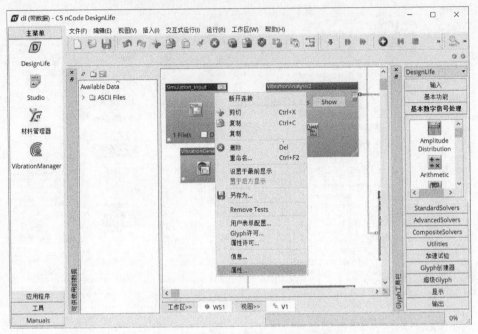

图 4-2-24　有限元结果输入模块属性

在有限元结果输入属性界面有 3 个选项卡，分别是有限元结果输入选择数据、有限元数据显示、高级设置，如图 4-2-25 所示，从有限元结果输入选择数据中可以看到只有一个有限元分析结果数据为 file. rst，后面是该文件在本计算机中所在文件夹的路径。该文件就是在 Mechanical 中做模态分析和谐响应分析的结果。最后单击确认，回到 nCode Designlife 主界面。

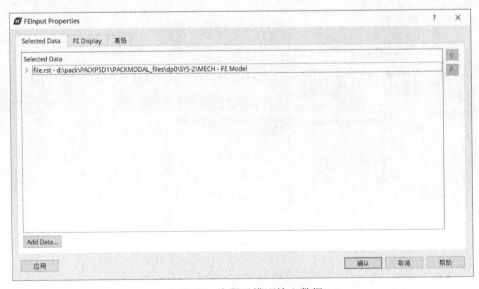

图 4-2-25　有限元模型输入数据

在默认状态下，有限元结果输入模块上只会显示字形符号，如图 4-2-26 所示，在模块下方"Display"前勾选对号，则在有限元输入模块上就会显示电池包的模型。

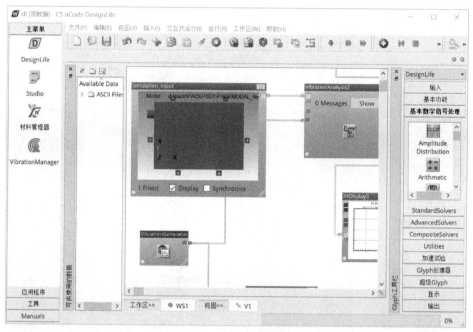

图 4-2-26　有限元结果模型显示

单击有限元结果输入模块右上角的"最大化"按钮，如图 4-2-27 所示，在主界面中显示电池包整个模型。再单击一下右上角的"恢复"按钮，则又恢复到之前状态。

图 4-2-27　有限元结果模型最大化

右键振动载荷生成模块，即"Vibration Generator"，如图 4-2-28 所示，选择"属性"，进入振动载荷生成模块属性界面。

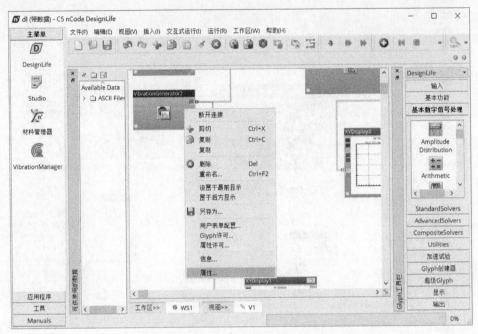

图 4-2-28　振动生成器属性设置

振动载荷生成模块的属性界面包括两个卡片，分别是振动属性和高级设置，在高级设置中可以设置振动载荷的类型有正弦扫掠，正弦驻频，PSD 随机振动，正弦随机振动，如图 4-2-29 所示，默认状态为 PSD 随机振动载荷，频率的单位是 Hz，加速度的单位是 g^2/Hz，单击振动属性右侧"Add Row"三次，在左侧共出现四行，按照 GB_T 31467.3——2015 电动汽车用锂离子动力蓄电池包和系统 第 3 部分：安全性要求与测试方法中 Z 轴方向振动 PSD 值输入到表格当中，输入完成以后单击"确认"，回到主界面。

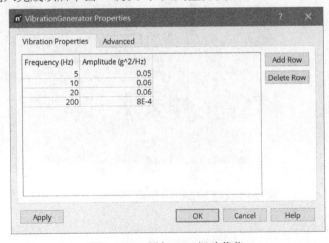

图 4-2-29　添加 PSD 振动载荷

在主界面上方单击蓝色三角形"运行",则与振动载荷生成模块连接的 XYDisplay1 就会显示 PSD 振动曲线,该曲线的横坐标是频率,范围从 0~200Hz,纵坐标是功率谱密度 PSD 值,范围从 $0~0.06g^2/Hz$,如图 4-2-30 所示。

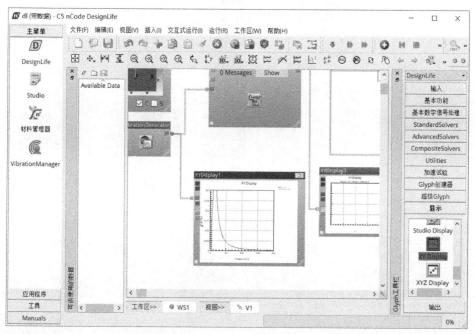

图 4-2-30　显示 PSD 振动载荷曲线

在主界面中右键"VibrationAnalysis",即振动求解器模块,然后单击"Advanced Edit"进入高级编辑界面,如图 4-2-31 所示,在运行流程文件的界面选择"Yes",如果需要传递数据选择"Yes",如果仅仅查看或者修改设置选择"No"。

进入振动求解器高级编辑界面以后,左侧是与"五框图求解法"对应的项目,分别是有限元分析结果设置、载荷设置、材料设置、求解器设置、后处理设置。单击"Loading"→"VibrationLoad"进入载荷设置界面,在右侧有两个卡片,分别是载荷编辑和高级设置,如图 4-2-32 所示,在载荷编辑界面载荷类型选择"Vibration",在下面 4 个卡片中默认 FRF,即传递函数,左边是可用的传递函数,右边是已经选择的传递函数,在最下面是可用载荷,类型为"Histogram Input",载荷名称为"1-Vibration Generator Channel",即 PSD 振动载荷生成器生成的载荷,鼠标左键拖动"1-Vibration Generator Channel"到右上方"Chan"栏目上,出现一个"加号"后松掉鼠标,将振动载荷赋予 FRF 以便后续求解。

选择高级设置,在最下面 PSD CycleCount Method,即 PSD 循环计数方法,可用的方法有 Lalanne、Dirlik、NarrowBand 和 Stein-berg。Lalanne 和 Dirlik 法是最常用的方法,适用于各种载荷条件。NarrowBand 方法实际上只适用于窄带条件,否则它非常保守。这里选择 Lalanne,Exposure Duration 表示 PSD 载荷持续作用的时间,在国标中规定,如果测试对象是 3 个则测试时间为 12 个小时,这里填入 4.32E4 秒,即延 Z 轴方向振动作用时间为 12 小时,

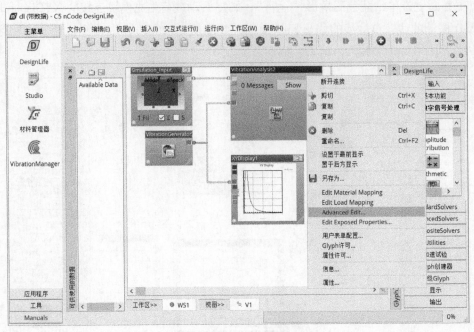

图 4-2-31　振动求解器高级编辑

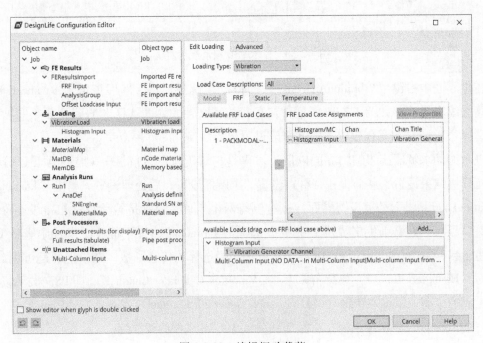

图 4-2-32　编辑振动载荷

如图 4-2-33 所示。

　　在左侧单击"Materials"→"MaterialMap"进入编辑材料映射界面，如图 4-2-34 所示，材料类型为标准 SN 曲线，下面列表中显示所有零件的材料信息，包括材料组、材料名称、材料所属数据库，以及各种材料疲劳属性修正系数。下面是材料数据库名称以及具体材料类

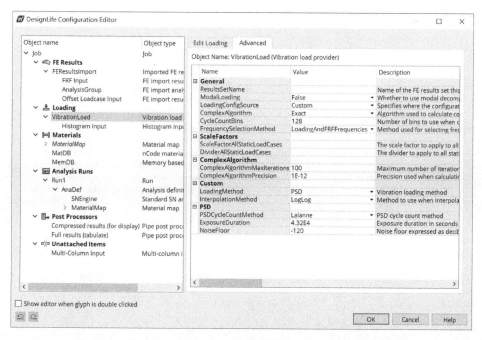

图 4-2-33　振动载荷高级设置

型。给零件添加材料的过程是，先在上方选择一个零件，然后在下方数据库中找到对应材料，中间向上的箭头由灰色变为橙色，最后单击即可赋予。

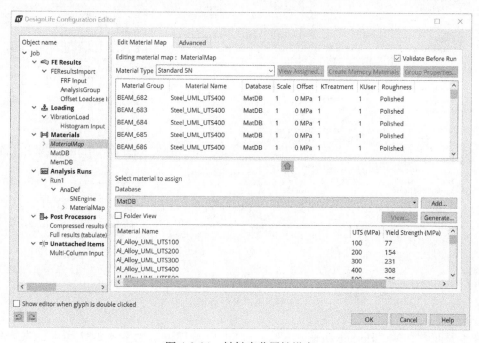

图 4-2-34　材料疲劳属性设定

根据图 4-2-35 所示表格内容，将材料全部加载到零件中，其他设置保持默认。

材料名称	零件名称
Steel_UML_UTS400	Beam682-Beam788
Steel_UML_UTS300	Shell1-Shell20，Shell22，Shell24，Shell53，Shell76
Al_Alloy_UML_UTS400	Shell21
Stainless steel_X6CrA13	Shell38-Shell40，Shell46-Shell48，Shell71-Shell73
Eurocode_3_100	Shell41，Shell44-Shell45，Shell49，Shell69，Shell74，Solid_0
Cooper	Shell52，Shell57-Shell59

图 4-2-35　材料分配表

在左侧单击"Analysis Runs"→"SNEngine"，进入求解器设置界面，如图 4-2-36 所示，在 SN 方法"SNMethod"中选择"Standard"，应力组合方法"CombinationMethod"中选择"CriticalPlane"，平均应力修正"MeanStressCorrection"选择"FKM"，存活率"CertaintyOf-Survival"中选择"50"，最后单击"OK"按钮完成设置。

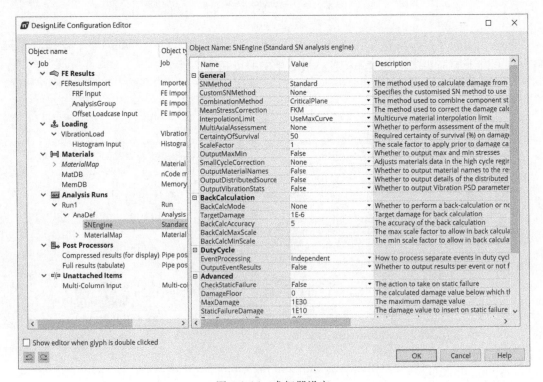

图 4-2-36　求解器设定

在主界面中右键"HotSpotDetection"，即热点探测模块，如图 4-2-37 所示，选择属性，进入热点探测属性设置界面。

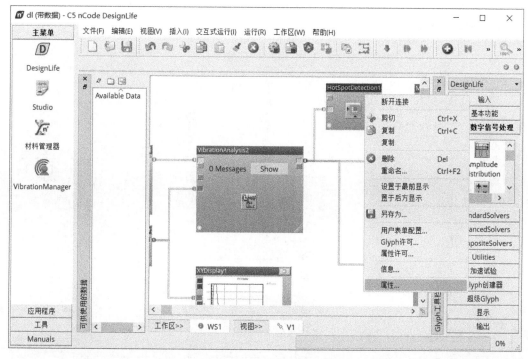

图 4-2-37　热点探测属性

在热点探测界面，如图 4-2-38 所示，用于寻找热点探测的实体类型是"Auto"，热点位于结果数据的位置选择"Max"，热点探测数目的最大值是"10"，最后单击确认，完成设置。

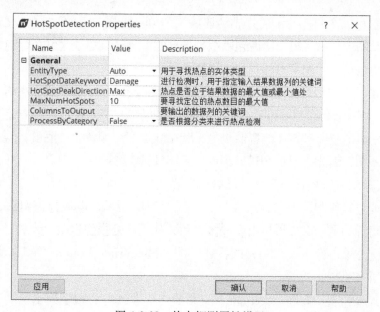

图 4-2-38　热点探测属性设置

返回主界面，如图 4-2-39 所示，单击窗口上方蓝色运行按钮，开始求解运算。

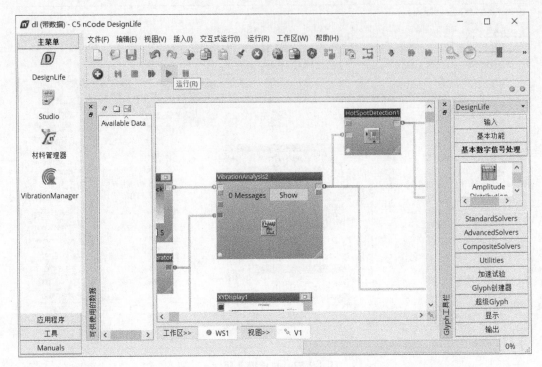

图 4-2-39　求解运算

4.2.4　nCode DesignLife 电池包疲劳分析结果

求解完成以后，单击有限元疲劳显示模块"FEDisplay"右上角的最大化，如图 4-2-40 所示，从损伤云图中可以看出，电池包盖板损伤非常严重，几乎全是红色，电池包箱体在箱体安装板附近也是红色，表示该部位损伤比较严重。

如前文所述，在"FEDisplay"右键选择属性，进入属性编辑界面，如图 4-2-41 所示，在最左侧选择"FE Display"-"Groups"进入组编辑界面，在"Group Type"中选择"Propetry"，则在右侧会显示电池包所有零件的属性类型，包括属性名、颜色、透明度，现在需要观察电池包内部损伤云图，因此，取消 SHELL_18 和 SHELL_20 前对号，SHELL_18 对应是电池包盖板，SHELL_20 对应是电池包箱体，最后单击确认。

隐藏掉电池包箱体和电池包盖板以后，如图 4-2-42 所示，电池包模组深蓝色损伤相对较小，在风道附近的风冷支撑板也出现较多红色，代表此处损伤也比较大。

在主界面上方单击像小太阳一样的按钮，即"Show/Hide Feature List"，如图 4-2-43 所示，可以显示所有热点的列表。

热点探测列表如图 4-2-44 所示，列表按照损伤从大到小的顺序列出所有节点，对于每个节点，还列出损伤位置、材料组、属性组、损伤值等。从列表中可知，前 10 个最大损伤点在 SHELL_18 和 SHELL_21 上，从所有损伤值来看，全部远远大于 1，所以已经发生很严重的损伤。

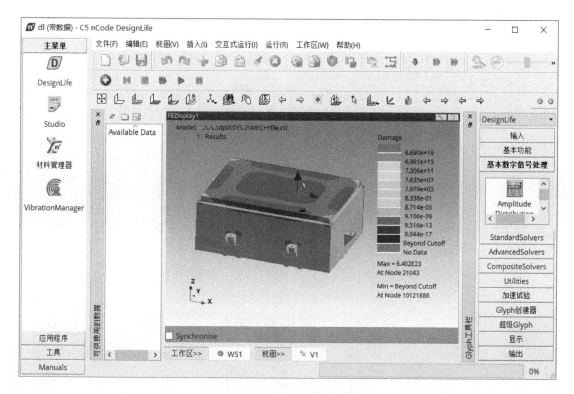

图 4-2-40　电池包损伤云图

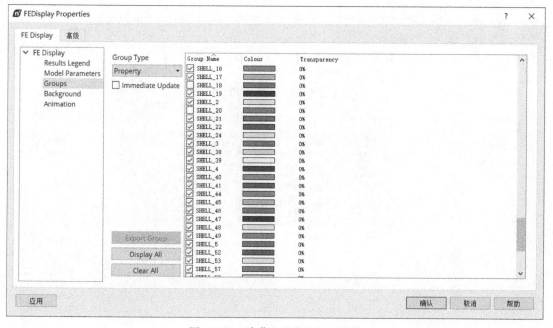

图 4-2-41　隐藏电池包盖板和箱体

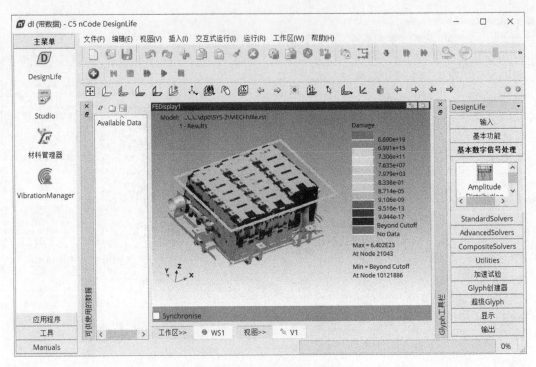

图 4-2-42　电池包内部损伤云图

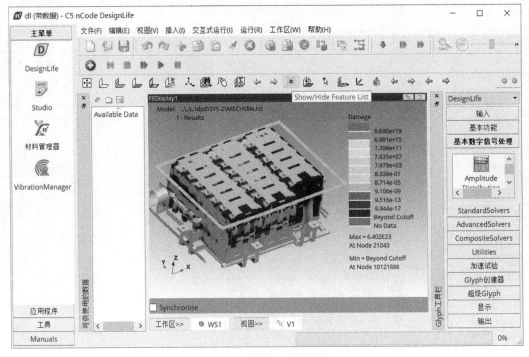

图 4-2-43　打开热点探测

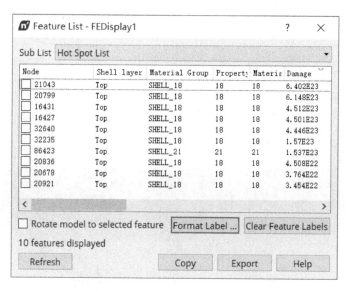

图 4-2-44　热点探测数据

按照图 4-2-41 的步骤单独勾选 SHELL_18，即单独显示电池包盖板，如图 4-2-45 所示，返回到图 4-2-44 所示的热点探测列表中，将 SHELL_18 所对应的节点 21043、20799、16431、16427、32640、32235、20836、20678、20921 前面方框中勾选对号，则在损伤云图中就会显示最大损伤节点位置，从图中可知，最大损伤节点分布在电池包盖板中间以及盖板 4 个边缘的中间位置，此处也是颜色最红的地方。

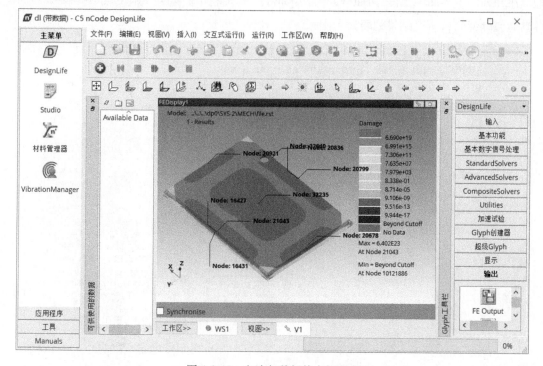

图 4-2-45　电池包盖板热点探测点

如上步操作，单独显示 SHELL_21，即单独显示风冷支撑板，如图 4-2-46 所示，再返回到图 4-2-44 所示的热点探测列表中，将 SHELL_21 所对应的节点 86423 在损伤图中显示出来，从图中可以看出，风冷支撑板的风道附近颜色最红。

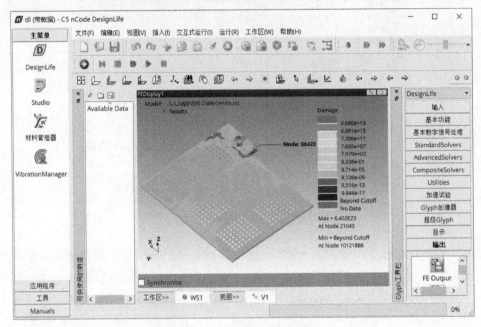

图 4-2-46   风冷支撑板热点探测点

在 nCode 主界面中单击 "DataValuesDisplay1" 模块右上方的最大化，如图 4-2-47 所示，将电池包疲劳分析所有结果列表显示出来。

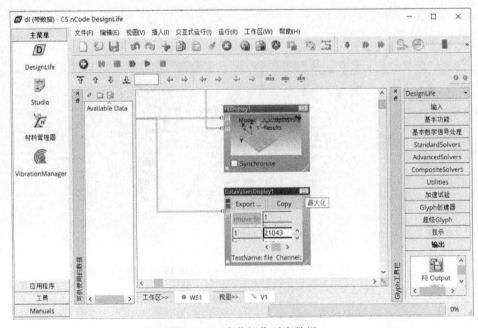

图 4-2-47   疲劳损伤列表数据

从图 4-2-48 所示的疲劳求解结果列表中会显示所有电池包节点的疲劳信息，这些信息中包括节点编号、损伤位置、材料组、属性 ID、材料 ID、损伤、最大应力幅、寿命等等，从这些数据中可以查看最全面的疲劳信息。

	1	2	3	4	5	6	7	8	9	10	11	12	13	14
Remove Sort	Node	Shell I	Material Gro	Prope	Materi	Damage	Plane degre	Plane angle degrees	RMS st MPa	Mear MPa	Retu s	Irregularity f	Largest Stress C MPa	Life Repeats
1	21043	Top	SHELL_18	18	18	6.402e+23	90	Not calculat	7.973e	0	0	0.7078	4.251e+05	1.562e-24
2	21044	Top	SHELL_18	18	18	6.378e+23	90	Not calculat	7.969e	0	0	0.7078	4.249e+05	1.568e-24
3	21042	Top	SHELL_18	18	18	6.367e+23	90	Not calculat	7.967e	0	0	0.7078	4.248e+05	1.57e-24
4	21045	Top	SHELL_18	18	18	6.316e+23	90	Not calculat	7.958e	0	0	0.7078	4.243e+05	1.583e-24
5	21041	Top	SHELL_18	18	18	6.294e+23	90	Not calculat	7.955e	0	0	0.7078	4.241e+05	1.589e-24
6	21046	Top	SHELL_18	18	18	6.225e+23	90	Not calculat	7.943e	0	0	0.7078	4.235e+05	1.607e-24
7	21040	Top	SHELL_18	18	18	6.195e+23	90	Not calculat	7.938e	0	0	0.7078	4.232e+05	1.614e-24
8	20799	Top	SHELL_18	18	18	6.148e+23	90	Not calculat	7.927e	0	0	0.7126	4.226e+05	1.627e-24
9	20800	Top	SHELL_18	18	18	6.145e+23	90	Not calculat	7.926e	0	0	0.7126	4.225e+05	1.627e-24
10	20798	Top	SHELL_18	18	18	6.119e+23	90	Not calculat	7.922e	0	0	0.7126	4.223e+05	1.634e-24
11	21047	Top	SHELL_18	18	18	6.108e+23	90	Not calculat	7.923e	0	0	0.7078	4.224e+05	1.637e-24
12	20801	Top	SHELL_18	18	18	6.107e+23	90	Not calculat	7.919e	0	0	0.7127	4.222e+05	1.637e-24
13	21039	Top	SHELL_18	18	18	6.075e+23	90	Not calculat	7.917e	0	0	0.7078	4.221e+05	1.646e-24
14	20797	Top	SHELL_18	18	18	6.056e+23	90	Not calculat	7.911e	0	0	0.7126	4.217e+05	1.651e-24
15	20802	Top	SHELL_18	18	18	6.036e+23	90	Not calculat	7.907e	0	0	0.7127	4.215e+05	1.657e-24
16	21048	Top	SHELL_18	18	18	5.966e+23	90	Not calculat	7.898e	0	0	0.7077	4.211e+05	1.676e-24
17	20796	Top	SHELL_18	18	18	5.961e+23	90	Not calculat	7.894e	0	0	0.7126	4.208e+05	1.678e-24
18	21038	Top	SHELL_18	18	18	5.932e+23	90	Not calculat	7.892e	0	0	0.7078	4.208e+05	1.686e-24
19	20803	Top	SHELL_18	18	18	5.93e+23	90	Not calculat	7.888e	0	0	0.7127	4.205e+05	1.686e-24
20	20795	Top	SHELL_18	18	18	5.835e+23	90	Not calculat	7.871e	0	0	0.7126	4.196e+05	1.714e-24
21	21049	Top	SHELL_18	18	18	5.798e+23	90	Not calculat	7.868e	0	0	0.7077	4.195e+05	1.725e-24
22	20804	Top	SHELL_18	18	18	5.794e+23	90	Not calculat	7.864e	0	0	0.7127	4.192e+05	1.726e-24
23	18476	Top	SHELL_18	18	18	5.76e+23	90	Not calculat	7.861e	0	0	0.7078	4.191e+05	1.736e-24
24	20794	Top	SHELL_18	18	18	5.677e+23	90	Not calculat	7.842e	0	0	0.7126	4.181e+05	1.762e-24
25	20805	Top	SHELL_18	18	18	5.624e+23	90	Not calculat	7.832e	0	0	0.7127	4.175e+05	1.778e-24

图 4-2-48　疲劳损伤表格

由以上分析可以得到结论：

1）从损伤云图中可知最大损伤位置在电池包盖板和风冷支撑板附近，根据热点探测列表和云图可知，最大损伤节点是在电池包盖板中间和盖板 4 个边缘中间，以及风冷支撑板风道附近位置。

2）从这些损伤位置的损伤值来看，都远远大于 1，代表这些位置在 Z 向 PSD 振动激励下都会发生失效，电池包结构在 12 个小时内无法承受 Z 向 PSD 振动冲击。

3）从谐响应分析中可知，电池包的盖板在 100Hz 以内会发生非常明显的响应，而 PSD 激励谱在 100Hz 以内也较强，所以电池包盖板的疲劳损伤会非常严重。所以电池包的设计需要加强电池包盖板和风冷支撑板的强度，避免低频响应。